"十二五"普通高等教育本科国家级

数学建模与数据处理方法及其应用丛书

数学建模与数学实验

（第三版）

汪晓银　李　治　周保平　主　编

科学出版社

北　京

版权所有，侵权必究

举报电话：010-64030229，010-64034315，13501151303

内 容 简 介

本书通过实例介绍了在科学研究和数学建模竞赛中常用的数学建模方法，包括主成分回归、岭回归、偏最小二乘回归、向量自回归、logistic 回归、Probit 回归、响应面回归、线性与非线性规划、多目标规划与目标规划、动态规划、智能优化算法、网络优化、计算机仿真、排队论、微分与差分、数据预处理、支持向量机等方法. 全书将数学建模技术与数学实验融为一体，引用了最新的案例，注重数学建模思想介绍，重视数学软件（MATLAB、Lingo）在实际中的应用. 全书案例丰富，通俗易懂，便于自学.

本书既可以作为高校数学建模、数学实验课程的教材，也可作为本科生、研究生数学建模竞赛的培训教材，也是科学研究人员一本有价值的参考书籍.

图书在版编目（CIP）数据

数学建模与数学实验 / 汪晓银，李治，周保平主编. —3 版. —北京：科学出版社，2019.3

（数学建模与数据处理方法及其应用丛书）

"十二五"普通高等教育本科国家级规划教材

ISBN 978-7-03-059745-8

Ⅰ. ①数… Ⅱ. ①汪… ②李… ③周… Ⅲ. ①数学模型－高等学校－教材 ②高等数学－实验－高等学校－教材 Ⅳ. ①O141.4 ②O13-33

中国版本图书馆 CIP 数据核字（2018）第 271484 号

责任编辑：吉正霞 曾 莉/责任校对：肖 婷
责任印制：吴兆东/封面设计：苏 波

科学出版社 出版
北京东黄城根北街 16 号
邮政编码：100717
http://www.sciencep.com
北京天宇星印刷厂印刷
科学出版社发行 各地新华书店经销
*
2010 年 1 月第 一 版
2012 年 8 月第 二 版 开本：787×1092 1/16
2019 年 3 月第 三 版 印张：18 1/4
2024 年 5 月第三次印刷 字数：427 000
定价：55.00 元
（如有印装质量问题，我社负责调换）

《数学建模与数学实验》(第三版)

编 委 会

主　编　汪晓银　李　治　周保平

副主编　任兴龙　齐立美　陈雅颂

编委会（按照拼音排序）

陈雅颂　关志伟　李　彪　李　治　齐立美

任洪宇　任兴龙　谭劲英　王姗姗　汪晓银

汪秀清　吴雄华　张金凤　周保平

第三版前言

近些年来，数学建模与各学科的交叉融合水平正逐步提高. 众多的科学研究机构和企业高度重视数学的应用，数学建模在大数据、人工智能等新工科领域里展现出强大的生命力，再加上一年一度的各级数学建模竞赛，推动了数学建模教学的快速发展.

为适应日益变化的数学建模需求，本书在总结多年人才培养、科技合作的实践经验的基础上，对书中内容进行了调整，将一些数学建模入门的方法调整到《数学建模方法入门及其应用》（科学出版社，汪晓银等主编）一书中，以适应初学者的需要. 而本书吸收了科研或竞赛中常用且有一定难度的方法，以适应有一定基础的数学建模爱好者的学习.

本书的内容经过多年的实践，在天津工业大学、华中农业大学、塔里木大学均取得了良好的效果. 自 2016 年开始使用本书以后，天津工业大学的数学建模成绩突飞猛进，三年内共获得全国大学生数学建模竞赛国家奖 22 项，美国大学生数学建模竞赛一等奖 28 项，2018 年还获得了美国大学生数学建模竞赛 O 奖，实现了历史性的突破. 华中农业大学是本书第一版和第二版的第一主编单位，使用本书之后，数学建模成绩长期居于湖北省前三位，全国前列. 作为西部边陲的塔里木大学，最近几年的数学建模成绩也是进步神速. 所有这些显著的效果充分显示了本书的实用性.

本书共分为 8 章，按照数学方法的属性分别设置了高级应用回归分析、实验数据分析、数学规划经典问题、现代智能优化算法简介、网络优化、计算机仿真与排队论、微分方程与差分方程模型、大数据统计初步. 全书内容翔实，通俗易懂，便于自学. 其重要特点是：

第一，本书所有程序都在计算机上进行过调试和优化，运行可靠；

第二，本书案例丰富、条理清晰，是我们多年来的教学总结，具有代表性；

第三，全书将建模技术与数学实验融为一体，注重数学建模思想介绍，重视数学软件（MATLAB、Lingo）在实际中的应用.

本书由汪晓银（天津工业大学）、李治（华中农业大学）、周保平（塔里木大学）共同编写. 天津工业大学教练组成员汪晓银、王姗姗、张金凤、陈雅颂、吴雄华编写了第 1 章、第 2 章、第 3 章、第 8 章；华中农业大学教练组成员李治、任兴龙、谭劲英改编了第 4 章、第 5 章和第 6 章；塔里木大学教练组成员周保平、齐立美改编了第 7 章；天津工业大学电子与信息工程学院汪秀清老师以及数学建模国赛队员关志伟（机械设计制造及其自动化 1601）、任洪宇（电子科学与技术 1501）、李彪（计算机科学与技术 1602）等同学提供了部分计算程序并对书稿进行了排版、校对.

为了方便读者更好地学习本书，我们将所有建模技术的软件实现代码放到码题在线小程序中，请读者从书中防伪标扫码进入，一起共同学习，交流..

本书得到了天津市高等学校创新团队（非线性分析与优化及其应用）、天津市"十三五"重点学科（数学）、天津市特色学科群等负责人姚永红教授、陈汝栋教授的大力支持，在此表示感谢！

　　本书是我们多年来教学的总结，但书中难免有疏漏之处，恳请读者批评指正，来信请发送至邮箱 wxywxq@126.com 进行交流，不胜感谢！

编　者

2018 年 11 月 12 日于天津

第二版前言

国家之间的竞争实质上就是创新人才的竞争. 因此, 高等院校都要把培养创新人才作为提高教育质量的重要着力点. 作为全国最大的课外科技活动, 数学建模竞赛是培养创新人才有效的方式和途径之一, 它可以有效激发学生创新思维, 培养学生创新意识. 20 年来, 开设"数学建模"课程和参与数学建模竞赛的高校越来越多, 这使得数学建模的影响力越来越大, 优秀创新人才不断涌现.

然而, 仅仅是竞赛, 难以形成一种有效机制保障学生创新能力的持久与广度. 因此, 近两年来, 我们通过构建"融合+模块+层次"数学建模课程体系, 进行课程的推广与普及, 实现数学与各学科的交叉融合, 拓展数学建模应用的广度, 为学生在数学建模竞赛、科技创新、社会服务上产生原创性成果提供坚实基础.

本书正是在这种理念下进行的改版. 本书得到了省教育厅省级教研项目"农林高校数理化基础课实践教学体系的创新与实践"(编号: 2009134)和"数学建模创新人才培养模式的研究与实践"(编号: 2011150)的大力支持.

这次改版除了继续保留原教材内容翔实、通俗易懂、便于自学的特点外, 重点结合了两年来的教学尝试, 对书中案例和文字的表述做了修改, 所有程序全部再次进行了调试. 本书将建模技术与数学实验融为一体, 注重数学建模思想的介绍, 重视数学软件(SAS、MATLAB、Lingo)在实际中的应用, 并努力实现数学和其他学科之间的交叉融合.

本书由汪晓银(华中农业大学)、周保平(塔里木大学)担任主编. 全书共设 9 章, 第 1 章、第 2 章的改版工作由汪晓银、齐立美(塔里木大学)负责; 第 3 章、第 4 章由李阳、朱夺宝(塔里木大学)负责; 第 5 章、第 6 章由付鹏、王伟(塔里木大学)负责; 第 7 章由杜佩、晁增福(塔里木大学)负责; 第 8 章由杨冬梅、蒋青松(塔里木大学)负责; 第 9 章由徐梅芳、周保平负责. 汪晓银、周保平审阅全稿, 并对全稿进行了排版、校对.

本书所有数学建模技术的软件实现代码放到中国数学建模网 http://www.shumo.cn/大学数学实验栏目里, 供读者下载.

编　者

2012 年 7 月

第一版前言

数学的应用正向几乎所有的科学领域渗透. 除了自然科学、工程技术、农业科学等领域外，还出乎意料地渗透到语言学、社会学、历史学等许多人文科学和其他领域，运用数学解决实际问题已经显得越来越重要.

"学数学，用数学"一直是我们的教学理念. 1997~2008 年，我们开展了以教学内容和课程体系改革为主体，以注重增强大学生"用数学"的意识，培养大学生"用数学"的能力为目标的教学改革. 改革解决了教学内容与课程体系的设置，建立了完善的数学应用推广机制，每年学习数学建模的人数从 1999 年的 15 人上升到 2008 年的 1400 人. 而且，最近几年我们国家建模成绩显著提升，初步显现了我们的教学改革成效.

但是我们发现，数学应用能力的培养仍然是大学数学课堂教学中最薄弱的环节之一，广大师生对数学建模技术的迫切需求，与缺乏实用有效、便于自学的教材的矛盾日益显现. 因此，我们编写了这本教材.

本书得到了湖北省教改项目"农林高校数理化基础课实践教学体系的创新与实践"的大力支持，建立提高大学生的实践动手能力与创新能力的教学体系是本项目改革的重点. 数学学习的目标不仅仅是锻炼学生的计算能力，更重要的是提高学生运用数学解决实际问题的能力. 要提高这种能力必须大力推广和普及数学建模方法与数学软件. 本书就是进行这种普及和推广所依赖的重要工具之一.

在本书中，我们依照科学研究、大学生科技创新以及国家建模竞赛所需要的数学建模方法，通过实例与算法程序设计介绍了多元统计、时间序列分析、线性与非线性规划、多目标规划与目标规划、图论、动态规划、排队论、智能优化算法、微分与差分、模糊数学、神经网络、计算机仿真、灰色系统和层次分析法等多种技术. 本书内容翔实，通俗易懂，便于自学，其主要特点有：

第一，本书所有程序都在计算机上进行过调试和优化，运行可靠；

第二，本书案例是我们多年来的教学总结，具有代表性；

第三，本书案例丰富、图文并茂、条理清晰；

第四，全书将建模技术与数学实验融为一体，注重数学建模思想介绍，重视数学软件（SAS、MATLAB、Lingo）在实际中的应用.

本书由汪晓银（华中农业大学）、周保平（塔里木大学）担任主编. 全书共 9 章，第 1 章、第 2 章介绍了统计建模与 SAS 编程，由汪晓银、成峰、何丽娟编写；第 3 章介绍了线性规划、非线性规划、多目标规划和目标规划及其 Lingo 编程，由任兴龙、宋双营编写；第 4 章介绍了图论与 MATLAB 编程，由周保平、任兴龙编写；第 5 章介绍了动态规划与排队论，由李治、齐立美（塔里木大学）编写；第 6 章介绍了智能优化算法，由谭劲英、王邦菊、杨前雨编写；第 7 章介绍了微分方程与差分方程及其 MATLAB 编程，由侯志敏、徐思、周林编写；第 8 章介绍了模糊数学方法及其 MATLAB 编程，由方红、李雪菲编写；第 9 章介绍了神经网络、计算机仿真、灰色系统和层次分析法，分别由石峰、徐艳玲、汪晓银、胡汉涛（塔里木大学）编写. 汪晓银、周保平审阅全稿，并对全稿进行了排版、校对.

为了方便读者更好地学习本书，我们将所有建模技术的软件实现代码放到中国数学建模网 http://www.shumo.cn/大学数学实验栏目，供读者下载.

本书是集体智慧的结晶，是多年来教学的总结，但书中难免有错误之处，恳请读者批评指正.

编　者

2009 年 12 月 22 日

目　　录

第1章 高级应用回归分析

在工业、农业、医学、气象、环境以及经济、管理等诸多领域中,常常需要同时观测多个指标. 当需要同时对多个随机变量的观测数据进行有效的分析和研究时,一种做法是将多个随机变量分开分析,每次分析一个变量;另一种做法是同时进行分析研究. 显然,第一种做法有时是有效的,但一般来说,由于变量多,变量间的相关性无法避免,如果分开处理不仅会丢掉很多信息,而且往往也不容易取得很好的研究结果. 自变量之间的多重相关性是多元分析中最为普遍且难以完全解决的问题,这个问题在许多数学建模竞赛中存在. 因此,本章结合定性与定量分析,通过理论与实例介绍几种常用的旨在解决多重共线性的多元统计方法.

1.1 普通线性回归分析

多元回归分析是研究多个变量之间关系的回归分析方法,按因变量和自变量的数量对应关系可划分为一个因变量对多个自变量的回归分析(简称为"一对多"回归分析)和多个因变量对多个自变量的回归分析(简称为"多对多"回归分析);按回归模型类型可划分为线性回归分析和非线性回归分析. 数学建模中建立变量之间相互影响的模型需要用到这类方法.

1.1.1 多元线性回归模型

设自变量 $x_1, x_2, \cdots, x_p$ 对应的观测值 $x_{i1}, x_{i2}, \cdots, x_{ip}$ 以及因变量 y 对应的观测值 y_i 满足关系式:

$$y_i = \beta_0 + \sum_{j=1}^{p} \beta_j x_{ij} + \varepsilon_i \quad (i = 1, 2, \cdots, n)$$

其中, $\varepsilon_1, \varepsilon_2, \cdots, \varepsilon_n$ 为相互独立且都服从正态分布 $N(0, \sigma^2)$ 的随机变量.

根据最小二乘法,由 n 组观测值 $(x_{i1}, x_{i2}, \cdots, x_{ip}, y_i)$ 确定参数 β_0 和 $\beta_1, \beta_2, \cdots, \beta_p$ 的估计值 b_0 和 $b_1, b_2, \cdots, b_p$ 后,所得到的估计式 $\hat{y} = b_0 + \sum_{j=1}^{p} b_j x_j$,称为多元回归方程. 建立多元回归方程的过程以及对回归方程与回归系数所进行的显著性检验,称为多元回归分析或多元线性回归.

若将 $x_{i1}, x_{i2}, \cdots, x_{ip}$ 代入多元线性回归方程,记 $\hat{y}_i = b_0 + \sum_{j=1}^{p} b_j x_{ij}$,则 $\hat{y}_i$ 与 y_i 之间的偏差平方和为

$$Q = \sum_{i=1}^{n} (y_i - \hat{y}_i)^2 = \sum_{i=1}^{n} \left(y_i - b_0 - \sum_{j=1}^{p} b_j x_{ij} \right)^2$$

由 $\dfrac{\partial Q}{\partial b_0} = 0, \dfrac{\partial Q}{\partial b_j} = 0 \, (j = 1, 2, \cdots, p)$ 可得方程组

$$\begin{cases} n b_0 + b_1 \sum_i x_{i1} + b_2 \sum_i x_{i2} + \cdots + b_p \sum_i x_{ip} = \sum_i y_i \\ b_0 \sum_i x_{i1} + b_1 \sum_i x_{i1}^2 + b_2 \sum_i x_{i1} x_{i2} + \cdots + b_p \sum_i x_{i1} x_{ip} = \sum_i x_{i1} y_i \\ \cdots\cdots \\ b_0 \sum_i x_{ip} + b_1 \sum_i x_{ip} x_{i1} + b_2 \sum_i x_{ip} x_{i2} + \cdots + b_p \sum_i x_{ip}^2 = \sum_i x_{ip} y_i \end{cases}$$

解这个方程组，即可算出 b_0 和 $b_j \, (j = 1, 2, \cdots, p)$. 根据最小二乘法，它们的值使上述偏差平方和 Q 取最小值. 称这个方程组为多元线性回归的正规方程组，b_0 为回归常数或截距，$b_j \, (j = 1, 2, \cdots, p)$ 为回归系数.

若记 $\bar{x}_j = \dfrac{1}{n} \sum_{i=1}^{n} x_{ij} \, (j = 1, 2, \cdots, p)$，$\bar{y} = \dfrac{1}{n} \sum_{i=1}^{n} y_i$，则由正规方程组的第一个方程可以导出：

$$\sum_{i=1}^{n} \left(b_0 + \sum_{j=1}^{p} b_j x_{ij} \right) = \sum_{i=1}^{n} y_i, \qquad b_0 + \sum_{j=1}^{p} b_j \bar{x}_j = \bar{y}$$

因此有结论：

（1）$\displaystyle\sum_{i=1}^{n} \hat{y}_i = \sum_{i=1}^{n} y_i$，$\dfrac{1}{n} \sum_{i=1}^{n} \hat{y}_i = \bar{y}$；

（2）当 $x_j = \bar{x}_j \, (j = 1, 2, \cdots, p)$ 时，$\hat{y} = \bar{y}$.

这说明，将 $x_1, x_2, \cdots, x_p$ 的 n 组观测值 $x_{i1}, x_{i2}, \cdots, x_{ip}$ 代入回归方程所得到的 n 个估计值 $\hat{y}_i$ 的平均值等于 $\hat{y}$，将 $\bar{x}_1, \bar{x}_2, \cdots, \bar{x}_p$ 代入回归方程所得到的估计值也等于 $\bar{y}$.

1.1.2　回归方程显著性检验

与一元线性回归方程相类似，多元线性回归方程的总平方和 SST 也可以分解为剩余平方和 SSE 与回归平方和 SSR，即

$$\mathrm{SST} = \mathrm{SSE} + \mathrm{SSR}$$

其中，

$$\mathrm{SST} = \sum_{i=1}^{n} (y_i - \bar{y})^2 = l_{yy}$$

$$\mathrm{SSR} = \sum_{i=1}^{n} (\hat{y}_i - \bar{y})^2 = \sum_{j=1}^{p} b_j l_{jy}$$

而 $l_{jy} = \displaystyle\sum_{i=1}^{n} (x_{ij} - \bar{x}_j)(y_i - \bar{y}) \, (j = 1, 2, \cdots, p)$，因此

$$\mathrm{SSE} = l_{yy} - \mathrm{SSR}$$

如果 SSR 的数值较大，SSE 的数值便较小，说明回归的效果好；如果 SSR 的数值较小，SSE 的数值便较大，说明回归效果差.

理论上证明：当原假设 H_0 为 $\beta_1=0,\beta_2=0,\cdots,\beta_p=0$ 且 H_0 成立时，有

$$\frac{\text{SST}}{\sigma^2}\sim\chi^2(n-1),\quad \frac{\text{SSR}}{\sigma^2}\sim\chi^2(p),\quad \frac{\text{SSE}}{\sigma^2}\sim\chi^2(n-p-1)$$

且 SSR 与 SSE 相互独立，$F=\dfrac{\text{SSR}/p}{\text{SSE}/(n-p-1)}\sim F(p,n-p-1),\hat{\sigma}^2=\text{MSE}=\dfrac{\text{SSE}}{n-p-1}$ 为 σ^2 的无偏估计量.

因此，给出显著性水平 α，即可进行回归方程的显著性检验.

1.1.3　回归系数显著性检验

对自变量系数的检验通常使用 t 检验法.

设随机变量 $x_1,x_2,\cdots,x_n$ 对应的系数为 $b_1,b_2,\cdots,b_n$. 各 x_i 都服从正态分布，所以 b_j 也服从正态分布，且

$$E(b_j)=\beta_j,\quad D(b_j)=\sigma^2c_{jj},\quad \frac{b_j-\beta_j}{\sqrt{\sigma^2c_{jj}}}\sim N(0,1)$$

其中，c_{jj} 为正规方程组系数矩阵的逆矩阵中第 j 行第 j 列的元素.

可以提出原假设 H_0 为 $\beta_j=0$，且当 H_0 成立时，由 $\dfrac{\text{SSE}}{\sigma^2}$ 服从 $\chi^2(n-p-1)$ 分布推出：

$$F_j=\frac{b_j^2/c_{jj}}{\text{SSE}/(n-p-1)}\sim F(1,n-p-1),\qquad t_j=\frac{b_j/\sqrt{c_{jj}}}{\sqrt{\text{SSE}/(n-p-1)}}\sim t(1,n-p-1)$$

因此，给出显著性水平 α 即可进行回归常数与回归系数的检验，得到各个系数显著的结论. 其中 F 的显著性以 Pr>F 表示，t 的显著性以 Pr>$|t|$ 表示，使用 Pr>$|t|$ 小于 α 时拒绝原假设 H_0，认为系数不为 0；否则接受原假设 H_0，认为系数为 0，系数没有通过检验.

1.1.4　案例分析

例 1.1.1　某品种水稻糙米含镉量 y(mg/kg)与地上部生物量 x_1（10 g/盆）及土壤含镉量 x_2（100 mg/kg）的 8 组观测值见表 1.1.1. 试建立多元线性回归模型.

表 1.1.1　某水稻糙米含镉量与地上部生物量及土壤含镉量的观测值

x_1/(10 g/盆)	1.37	11.34	9.67	0.76	17.67	15.91	15.74	5.41
x_2/(100 mg/kg)	9.08	1.89	3.06	10.2	0.05	0.73	1.03	6.25
y/(mg/kg)	4.93	1.86	2.33	5.78	0.06	0.43	0.87	3.86

解　程序中调用了 reglm 结果显示函数，运行 MATLAB 需把 reglm 函数文件放在工作目录下. 程序如下：

```
clear
clc
A=[1.37,9.08,4.93;11.34,1.89,1.86;9.67,3.06,2.33;0.76,10.2,5.78;17.67,
   0.05,0.06;15.91,0.73,0.43;15.74,1.03,0.87;5.41,6.25,3.86];
x=A(:,1:2);
y=A(:,3);
stats=reglm(y,x,'linear');    %reglm需要单独下载,函数文件见在线小程序
%%
x0=[1.37;11.34;9.67;0.76;17.67;15.91;15.74;5.41];
y0=stats.tstat.beta(1)+x0.*stats.tstat.beta(2);
alpha=0.05;
[m,n]=size(x);
sxx=sum(x.^2)-1/m.*sum(x).^2;
t=-tinv(alpha/2,m-2);
delta=t.*sqrt(stats.fstat.sse./(m-2)).*sqrt(1+1/m+(x0-mean(x)).^2./sxx);
fprintf('%6s\n','预测值:',y0);
fprintf('%6s\n','delta:',delta);
```

运行结果如下：

（1）回归方程显著性检验（表 1.1.2、1.1.3）.

表 1.1.2　方差分析表

方差来源	自由度	平方和	均方	F 值	Pr$>F$
模型	2	31.643 46	15.821 73	392.52	$<0.000\ 1$
残差	5	0.201 54	0.040 31		
总和	7	31.845 00			

表 1.1.3　其他检验表

均方根误差	0.200 77	R^2	0.993 7
因变量均值	2.515 00	调整 R^2	0.991 1
变异系数	7.982 89		

①由方差分析表可知，$F=392.52$，Pr$>F$ 的值小于 0.000 1，远小于 0.05，故拒绝原假设，接受备择假设，认为 y_1 与 x_1, x_2 之间具有显著的线性相关关系；

②由 R^2 的值为 0.988 可知，该方程的拟合度很高，样本观察值有 98.8% 的信息可以被模型所解释，故拟合效果较好，认为 y_1 与 x_1, x_2 之间具有显著的线性相关关系.

（2）参数显著性检验（表 1.1.4）.

表 1.1.4　参数估计

变量	自由度	参数估计	标准误差	t 值	$\mathrm{Pr}>|t|$
截距项	1	3.610 51	0.959 15	3.76	0.013 1
x_1	1	−0.198 28	0.058 22	−3.41	0.019 1
x_2	1	0.206 75	0.097 69	2.12	0.087 9

　　由参数估计表可知，对自变量 x_2 检验 t 值为 $t=2.12$，$\mathrm{Pr}>|t|$ 的值为 0.087 9，大于 0.05，因此，接受原假设认为 x_2 的系数应为 0，说明 x_2 的系数没有通过检验. 为此，需要在程序中将"x=A(:,1:2)"改成"x=A(:,1)".

　　再次运行得到结果见表 1.1.5.

表 1.1.5　参数估计

变量	自由度	参数估计	标准误差	t 值	$\mathrm{Pr}>|t|$
截距项	1	5.621 17	0.165 80	33.90	<0.000 1
x_1	1	−0.319 11	0.014 36	−22.23	<0.000 1

　　由参数估计表可知，对常数检验 t 值为 $t=33.9$，$\mathrm{Pr}>|t|$ 的值小于 0.000 1，远小于 0.05，说明截距项通过检验，估计值为 5.621 17.

　　由参数估计表可知，对自变量 x_1 检验 t 值为 $t=-22.23$，$\mathrm{Pr}>|t|$ 的值小于 0.000 1，小于 0.05，说明 x_1 的系数通过检验，估计值为 −0.319 11.

　　以上结果表明，所有变量的系数均通过检验，于是该线性模型即可得到. 然而，许多实际问题中可能还会出现某几个变量的系数并没有通过检验，此时，可以在原程序中不调用没有通过的变量数据列，直到所有的系数均通过检验；或者使用逐步回归方法，让软件自动保留通过检验的变量.

　　（3）预测区间（表 1.1.6）.

表 1.1.6　预测值与预测区间

序号	因变量的值	预测值	预测值的标准误差	95%的置信区间	残差
1	4.930 0	5.184 0	0.149 6	[4.466 2, 5.901 8]	−0.254 0
2	1.860 0	2.002 4	0.092 2	[1.345 1, 2.659 8]	−0.142 4
3	2.330 0	2.535 3	0.089 2	[1.880 4, 3.190 3]	−0.205 3
4	5.780 0	5.378 6	0.156 7	[4.651 8, 6.105 5]	0.401 4
5	0.060 0	−0.017 6	0.144 7	[−0.729 4, 0.694 2]	0.077 6
6	0.430 0	0.544 1	0.125 8	[−0.145 9, 1.234 0]	−0.114 1
7	0.870 0	0.598 3	0.124 1	[−0.089 8, 1.286 4]	0.271 7
8	3.860 0	3.894 8	0.108 7	[3.222 4, 4.567 1]	−0.034 8

以上为样本的预测结果，在运行程序结果中 Dep var y1 为因变量的原始值，Predicted value 为 y 的预测值，95%CL Predict 为预测值 95% 的预测区间，Residual 为残差. 例如，第一组原函数值为 4.93，预测区间为 [4.466 2, 5.901 8]，残差为 −0.254.

综合以上分析可以得到回归方程：

$$y = -0.319\ 11x_1 + 5.621\ 17$$

1.1.5　总结与体会

多元回归分析的优点是可以定量地描述某一现象和某些因素间的线性函数关系，将各变量的已知值代入回归方程便可求得因变量的估计值（拟合值），从而可以有效地拟合某种现象的发生和发展.

多元回归的应用有严格的限制. 首先，要用方差分析法检验自变量 y 与 p 个自变量之间的线性回归关系有无显著性；其次，如果 y 与 p 个自变量总的来说有线性关系，也并不意味着所有自变量都与因变量有线性关系，还需对每个自变量的偏回归系数进行 t 检验，以剔除在方程中不起作用的自变量. 也可以用逐步回归的方法建立回归方程，逐步选取自变量，从而保证引入方程的自变量都是重要的.

多元回归是多元统计分析中的一个重要方法，被广泛应用于社会、经济、技术以及众多自然科学领域的研究中. 其中，多元线性回归适用于各个指标间数据数量级相差不大、数据间没有多重共线性的情况.

然而，在进行多元线性回归分析时，经常会遇到自变量之间存在近似线性关系的现象，这种现象被称为多重共线性. 当共线性严重时，用最小二乘法建立的回归模型将会增加参数的方差，使得回归方程变得很不稳定；有些自变量对因变量影响的显著性被隐藏起来；某些回归系数的符号与实际意义不相符；回归方程和回归系数不能通过显著性检验. 处理共线性的主要方法有主成分回归分析、岭回归分析、偏最小二乘回归分析、逐步回归等.

1.2　主成分回归分析

主成分回归（principal components regression，PCR）是对普通最小二乘估计的一种改进，它的参数估计是一种有偏估计. 马西（W.F.Massy）于 1965 年根据多元统计分析中的主成分分析提出了主成分回归.

主成分回归分析是将多个彼此相关、信息重叠的指标通过适当的线性组合，使之成为彼此独立或不相关而又提取了原指标变异信息的综合变量（即主成分），然后建立因变量与主成分的回归关系式，最后还原为因变量与原自变量的回归方程.

1.2.1　主成分的定义

主成分分析（principal components analysis，PCA）是一种降维的思想，是在损失很少信息的前提下把多个指标利用正交旋转变换转化为几个综合指标的多元统计分析方法. 通常把转化生成的综合指标称为主成分, 其中每个主成分都是原始变量的线性组合, 且各个主成分之间互不相关. 这样在研究复杂问题时就可以只考虑少数几个主成分且不至于损失太多信息, 从而更容易抓住主要矛盾, 揭示事物内部变量之间的规律性, 同时使问题得到简化, 提高分析效率.

假设 $X_1, X_2, \cdots, X_p$ 是 p 个原始指标经过标准化处理后得到的变量, 构成的随机向量为 $\boldsymbol{X} = (X_1, X_2, \cdots, X_p)^\mathrm{T}$. 对 $\boldsymbol{X}$ 进行线性变换, 可以形成新的综合变量:

$$\begin{cases} Z_1 = u_{11}X_1 + u_{21}X_2 + \cdots + u_{p1}X_p = \boldsymbol{u}_1^\mathrm{T}\boldsymbol{X} \\ Z_2 = u_{12}X_1 + u_{22}X_2 + \cdots + u_{p2}X_p = \boldsymbol{u}_2^\mathrm{T}\boldsymbol{X} \\ \cdots\cdots \\ Z_p = u_{1p}X_1 + u_{2p}X_2 + \cdots + u_{pp}X_p = \boldsymbol{u}_p^\mathrm{T}\boldsymbol{X} \end{cases}$$

其中, $\boldsymbol{Z} = (Z_1, Z_2, \cdots, Z_p)^\mathrm{T}$; $\boldsymbol{U} = (\boldsymbol{u}_1, \boldsymbol{u}_2, \cdots, \boldsymbol{u}_p)^\mathrm{T}$. 上式可以简写为 $\boldsymbol{Z} = \boldsymbol{U}^\mathrm{T}\boldsymbol{X}$. 易知

$$\mathrm{Var}(Z_i) = \boldsymbol{u}_i^\mathrm{T}\boldsymbol{A}\boldsymbol{u}_i \quad (i = 1, 2, \cdots, p)$$
$$\mathrm{Cov}(Z_i, Z_j) = \boldsymbol{u}_i^\mathrm{T}\boldsymbol{A}\boldsymbol{u}_j \quad (i, j = 1, 2, \cdots, p)$$

假如希望用 Z_1 来代替原来的 p 个变量 $X_1, X_2, \cdots, X_p$, 就要求 Z_1 尽可能多地反映原来 p 个变量的信息, 这里说的"信息"最经典的方法是用 Z_1 的方差来表达. $\mathrm{Var}(Z_1)$ 越大, 表示 Z_1 包含的信息越多. 由上面的表达式可知, 对 $\boldsymbol{u}_1$ 必须有某种限制, 否则可使 $\mathrm{Var}(Z_1) \to \infty$. 常用的限制有 $\boldsymbol{u}_1^\mathrm{T}\boldsymbol{u}_1 = 1$. 若存在满足以上约束的 $\boldsymbol{u}_1$, 使 $\mathrm{Var}(Z_1)$ 达到最大, 则 Z_1 就称为第一主成分.

如果第一主成分不足以代表原来 p 个变量的绝大部分信息, 那么就需要寻找第二个乃至第三个、第四个主成分, 直到满意为止. 第二个主成分不应该再包含第一个主成分的信息, 统计上的描述就是让这两个主成分的协方差为 0, 几何上就是让这两个主成分的方向正交.

综上所述, 主成分的选取要满足以下三个原则:

(1) $\boldsymbol{u}_i$ 为单位向量, 即 $\boldsymbol{u}_i^\mathrm{T}\boldsymbol{u}_i = 1(i = 1, 2, \cdots, p)$.

(2) Z_i 与 Z_j 不相关, 即 $\mathrm{Cov}(Z_i, Z_j) = 0(i \neq j; \ i, j = 1, 2, \cdots, p)$.

(3) 信息递减, 即 $\mathrm{Var}(Z_1) \geqslant \mathrm{Var}(Z_2) \geqslant \cdots \geqslant \mathrm{Var}(Z_p)$.

1.2.2 主成分的计算

求第一主成分 $Z_1 = \boldsymbol{u}_1^\mathrm{T}\boldsymbol{X}$ 问题等价于求 $\boldsymbol{u}_1 = (u_{11}, u_{21}, \cdots, u_{p1})^\mathrm{T}$, 使得在 $\boldsymbol{u}_1^\mathrm{T}\boldsymbol{u}_1 = 1$ 的条件下, $\mathrm{Var}(Z_1)$ 达到最大. 这是条件极值问题, 用拉格朗日 (Lagrange) 乘数法. 令

$$\varphi = \mathrm{Var}(Z_1) - \lambda(\boldsymbol{u}_1^\mathrm{T}\boldsymbol{u}_1 - 1) = \boldsymbol{u}_1^\mathrm{T}\boldsymbol{A}\boldsymbol{u}_1 - \lambda(\boldsymbol{u}_1^\mathrm{T}\boldsymbol{u}_1 - 1)$$

考虑

$$\begin{cases} \dfrac{\partial \boldsymbol{\varphi}}{\partial \boldsymbol{u}_1} = 2(\boldsymbol{A} - \lambda \boldsymbol{I})\boldsymbol{u}_1 = 0 \\[2mm] \dfrac{\partial \boldsymbol{\varphi}}{\partial \lambda} = \boldsymbol{u}_1^{\mathrm{T}} \boldsymbol{u}_1 - 1 = 0 \end{cases}$$

其中，$\boldsymbol{I}$ 是单位矩阵. 因为 $\boldsymbol{u}_1$ 不是零向量，所以 $|\boldsymbol{A} - \lambda \boldsymbol{I}| = 0$，从而求解上式其实就是求 $\boldsymbol{A}$ 的特征值和特征向量的问题. 计算可得 $\mathrm{Var}(Z_1) = \boldsymbol{u}_1^{\mathrm{T}} \boldsymbol{A} \boldsymbol{u}_1 = \lambda$. 设 $\lambda = \lambda_1$ 是 $\boldsymbol{A}$ 的最大特征值，则 $\boldsymbol{u}_1$ 是相应的单位特征向量，即为所求. 一般地，求 $\boldsymbol{X}$ 的第 i 主成分就是求 $\boldsymbol{A}$ 的第 i 大的特征值对应的单位特征向量.

令 $\boldsymbol{A} = (\sigma_{ij}), \boldsymbol{\Lambda} = \mathrm{diag}\{\lambda_1, \lambda_2, \cdots, \lambda_p\}$，其中，$\lambda_1 \geqslant \lambda_2 \geqslant \cdots \geqslant \lambda_p$ 是 $\boldsymbol{A}$ 的特征值；$\boldsymbol{u}_1, \boldsymbol{u}_2, \cdots, \boldsymbol{u}_p$ 是相应的单位正交特征向量. 主成分 $\boldsymbol{Z} = (Z_1, Z_2, \cdots, Z_p)^{\mathrm{T}}$，其中，$Z_i = \boldsymbol{u}_i^{\mathrm{T}} \boldsymbol{X}(i = 1, 2, \cdots, p)$. 主成分有如下性质：

（1）第 i 个主成分的方差为 $\mathrm{Var}(Z_i) = \lambda_i(i = 1, 2, \cdots, p)$，且彼此不相关；

（2）$\mathrm{Var}(Z) = \boldsymbol{\Lambda}$；

（3）$\displaystyle\sum_{i=1}^{p} \mathrm{Var}(Z_i) = \sum_{i=1}^{p} \lambda_i = \sum_{i=1}^{p} \sigma_{ii} = \sum_{i=1}^{p} \mathrm{Var}(X_i) = p$，为系统总方差.

称 $\lambda_k \Big/ \displaystyle\sum_{i=1}^{p} \lambda_i$ 为第 k 个主成分 Z_k 的方差贡献率，$\displaystyle\sum_{i=1}^{k} \lambda_i \Big/ \sum_{i=1}^{p} \lambda_i$ 为主成分 $Z_1, Z_2, \cdots, Z_k(k \leqslant p)$ 的累积方差贡献率.

进行主成分分析的目的之一是希望用尽可能少的主成分 $Z_1, Z_2, \cdots, Z_k(k \leqslant p)$ 代替原来的 p 个指标. 实际上，主成分个数的多少以能够反映原来变量 80% 以上的信息量为依据，即当累积方差贡献率大于 80% 时，主成分的个数就足够了.

1.2.3　主成分回归的步骤

（1）进行多元线性回归分析及共线性诊断；

（2）若存在共线性，进行主成分分析；

（3）确定主成分个数，求主成分得分；

（4）将因变量对保留主成分进行回归分析；

（5）回代主成分，得到新的回归模型；

（6）对回归方程给予专业解释.

1.2.4　案例分析

例 1.2.1　表 1.2.1 是 1990～2007 年中国棉花单产与要素投入表格. 请对 5 个要素投入做共线性诊断，并建立单产对于 5 个要素投入的主成分回归模型，指出哪个要素投入是最重要的要素.

表 1.2.1　1990～2007 年中国棉花单产与要素投入

年份	单产 /(kg/hm²)	种子费 /(元/hm²)	化肥费 /(元/hm²)	农药费 /(元/hm²)	机械费 /(元/hm²)	灌溉费 /(元/hm²)
1990	1 017.0	106.05	495.15	305.10	45.90	56.10
1991	1 036.5	113.55	561.45	343.80	68.55	93.30
1992	792.0	104.55	584.85	414.00	73.20	104.55
1993	861.0	132.75	658.35	453.75	82.95	107.55
1994	901.5	174.30	904.05	625.05	114.00	152.10
1995	922.5	230.40	1 248.75	834.45	143.85	176.40
1996	916.5	238.20	1 361.55	720.75	165.15	194.25
1997	976.5	260.10	1 337.40	727.65	201.90	291.75
1998	1 024.5	270.60	1 195.80	775.50	220.50	271.35
1999	1 003.5	286.20	1 171.80	610.95	195.00	284.55
2000	1 069.5	282.90	1 151.55	599.85	190.65	277.35
2001	1 168.5	317.85	1 105.80	553.80	211.05	290.10
2002	1 228.5	319.65	1 213.05	513.75	231.60	324.15
2003	1 023.0	368.40	1 274.10	567.45	239.85	331.80
2004	1 144.5	466.20	1 527.90	487.35	408.00	336.15
2005	1 122.0	449.85	1 703.25	555.15	402.30	358.80
2006	1 276.5	537.00	1 888.50	637.20	480.75	428.40
2007	1 233.0	565.50	2 009.85	715.65	562.05	456.90

注：hm² 为公顷.

解　设 y 为因变量指标棉花每公顷的产量，x_1, x_2, x_3, x_4, x_5 分别为自变量指标每公顷的种子费、化肥费、农药费、机械费、灌溉费，此外令 t 为年份. 下面用主成分回归分析方法进行求解.

（1）MATLAB 程序.

建立主成分回归的 zhuchengfen 函数.

直接调用 zhuchengfen 函数，求本例数据的主成分回归结果，得到主成分回归方程的估计.

```
clc;clear;
X=[106.05,495.15,305.10,45.90,56.10;113.55,561.45,343.80,68.55,93.30;
   104.55,584.85,414,73.20,104.55;132.75,658.35,453.75,82.95,107.55;
   174.30,904.05,625.05,114,152.10;230.40,1248.75,834.45,143.85,176.40;
   238.20,1361.55,720.75,165.15,194.25;260.10,1337.40,727.65,201.90,
   291.75;270.60,1195.80,775.50,220.50,271.35;286.20,1171.80,610.95,
   195,284.55;282.90,1151.55,599.85,190.65,277.35;317.85,1105.80,553.80,
   211.05,290.10;319.65,1213.05,513.75,231.60,324.15;368.40,1274.10,
   567.45,239.85,331.80;466.20,1527.90,487.35,408,336.15;449.85,1703.25,
   555.15,402.30,358.80;537,1888.50,637.20,480.75,428.40;565.50,2009.85,
```

```
    715.65,562.05,456.90];
    Y=[1017;1036.50;792;861;901.50;922.50;916.50;976.50;1024.50;1003.50;
      1069.50;1168.50;1228.50;1023;1144.50;1122;1276.50;1233];
    xishu=zhuchengfen(Y,X);       %输出主成分回归方程的估计
```

（2）结果分析.

①将因变量直接对自变量进行多元回归，得到结果见表 1.2.2、表 1.2.3.

表 1.2.2　方差分析表

方差来源	自由度	平方和	均方	F 值	$\mathrm{Pr} > F$
模型	5	231 089	46 218	6.86	0.003 1
残差	12	80 872	6 739.294 23		
总和	17	311 961			

表 1.2.3　拟合优度检验

均方根误差	82.093 20	R^2	0.740 8
因变量均值	1 039.833 33	调整 R^2	0.632 7

表 1.2.2 给出了方差分析的结果，表 1.2.3 给出了拟合优度的检验结果，可见 $F = 6.86$，$\mathrm{Pr} > F$ 为 0.003 1，小于 0.05，调整的 $R^2 = 0.632\ 7$，这表明模型总体拟合效果较好.

表 1.2.4 展示了 t 检验的结果，给出了多元线性回归参数估计的结果，表格的最后一列是方差膨胀因子，其中有 4 个数值大于 10，说明自变量间存在共线性. 可以看到，回归系数均未通过 t 检验（p 值均大于 0.05），只有截距项通过 t 检验（p 值小于 0.05），这说明自变量对因变量的影响均不显著，被变量间的多重相关性隐藏了.

表 1.2.4　参数估计

变量	自由度	参数估计	标准误差	t 值	$\mathrm{Pr} > \lvert t \rvert$	方差膨胀因子
截距项	1	947.045 61	95.529 86	9.91	<0.000 1	0
x_1	1	0.776 24	1.152 24	0.67	0.513 3	68.232 93
x_2	1	−0.092 87	0.274 15	−0.34	0.740 6	35.880 32
x_3	1	−0.255 03	0.305 09	−0.84	0.419 5	4.957 32
x_4	1	−0.155 59	0.768 77	−0.20	0.843 0	32.384 79
x_5	1	0.637 83	0.686 55	0.93	0.371 2	16.329 10

值得一提的是，方差膨胀因子 VIF 是某变量相对于其余变量的回归方程的偏相关系数 R 的函数，即 $\mathrm{VIF} = \dfrac{1}{1 - R^2}$. 若 $\mathrm{VIF} > 10$，则表明模型中有很强的共线性问题.

②共线性诊断的结果（表 1.2.5）.

表 1.2.5　条件指数共线性诊断

序号	特征值	条件指数	x_1	x_2	x_3	x_4	x_5
1	4.09	1.00	0.000 8	0.001 6	0.003 9	0.001 7	0.003 4
2	0.79	2.27	0.001 1	0.000 2	0.216 5	0.002 8	0.001 1
3	0.08	7.08	0.000 1	0.038 5	0.000 1	0.080 5	0.505 5
4	0.02	14.06	0.000 0	0.770 6	0.581 7	0.547 4	0.003 0
5	0.01	19.80	0.998 1	0.189 1	0.197 9	0.367 6	0.486 9

首先，回顾条件指数的定义. 令 $\lambda_{\max}$ 和 $\lambda_{\min}$ 分别为方阵 $\boldsymbol{X}^{\mathrm{T}}\boldsymbol{X}$ 的最大和最小特征值，则称 $k = \sqrt{\lambda_{\max}/\lambda_{\min}}$ 为方阵 $\boldsymbol{X}^{\mathrm{T}}\boldsymbol{X}$ 的条件指数. 若 $0 < k < 10$，则认为多重共线的程度很小；若 $10 \leqslant k \leqslant 30$，则认为存在中等程度的多重共线性；若 $k > 30$，则认为存在严重的多重共线性.

由表 1.2.5 可知，条件数为 19.8，大于 10，表明自变量间存在严重的多重共线性.

③主成分分析的结果（表 1.2.6）.

表 1.2.6　简单统计量

	x_1	x_2	x_3	x_4	x_5
均值	290.225 0	1 188.508 3	580.066 7	224.291 7	251.975 0
标准差	142.737 3	435.030 8	145.303 0	147.385 4	117.190 3

表 1.2.6 给出了自变量的均值和标准差. 据此，可写出 $x_1, x_2, \cdots, x_5$ 的标准化变量，记为 $x_1^*, x_2^*, \cdots, x_5^*$，则有

$$x_1^* = \frac{x_1 - 290.225\ 0}{142.737\ 3}, \quad x_2^* = \frac{x_2 - 1\ 188.508\ 3}{435.030\ 8}, \quad x_3^* = \frac{x_3 - 580.066\ 7}{145.303\ 0}$$

$$x_4^* = \frac{x_4 - 224.291\ 7}{147.385\ 4}, \quad x_5^* = \frac{x_5 - 251.975\ 0}{117.190\ 3}$$

表 1.2.7 给出了自变量间的相关系数矩阵.

表 1.2.7　相关系数矩阵

	x_1	x_2	x_3	x_4	x_5
x_1	1.000 0	0.943 5	0.380 8	0.980 2	0.958 8
x_2	0.943 5	1.000 0	0.615 6	0.931 8	0.923 2
x_3	0.380 8	0.615 6	1.000 0	0.351 8	0.462 9
x_4	0.980 2	0.931 8	0.351 8	1.000 0	0.920 5
x_5	0.958 8	0.923 2	0.462 9	0.920 5	1.000 0

表 1.2.8 给出了相关系数矩阵的特征值、贡献率和累积贡献率. 从主成分的累积贡献率来看，前两个主成分包含了原来 5 个自变量信息的 97.74%. 因此，可以选择前两个主成分替代原来的 5 个自变量.

表 1.2.8　相关系数矩阵的特征值

序号	特征值	差分	贡献率	累积贡献率
1	4.094 50	3.301 9	0.818 9	0.818 9
2	0.792 70	0.711 0	0.158 5	0.977 4
3	0.081 65	0.061 0	0.016 3	0.993 8
4	0.020 70	0.010 3	0.004 1	0.997 9
5	0.010 45		0.002 1	1.000 0

表 1.2.9 给出了相关系数矩阵的特征向量.

表 1.2.9　特征向量

	Z_1	Z_2	Z_3	Z_4	Z_5
x_1^*	0.481 0	−0.238 4	−0.017 8	−0.003 9	0.843 5
x_2^*	0.487 5	0.079 2	−0.335 9	−0.756 5	−0.266 2
x_3^*	0.281 4	0.922 4	−0.004 5	0.244 3	0.101 2
x_4^*	0.473 2	−0.268 3	−0.461 3	0.605 8	−0.352 7
x_5^*	0.477 3	−0.118 5	0.821 0	0.032 1	−0.288 2

据此，可以写出由标准化变量所表达的各主成分的表达式，即

$$Z_1 = 0.481\ 0x_1^* + 0.487\ 5x_2^* + 0.281\ 4x_3^* + 0.473\ 2x_4^* + 0.477\ 3x_5^*$$
$$Z_2 = -0.238\ 4x_1^* + 0.079\ 2x_2^* + 0.922\ 4x_3^* - 0.268\ 3x_4^* - 0.118\ 5x_5^*$$
$$Z_3 = -0.017\ 8x_1^* - 0.335\ 9x_2^* - 0.004\ 5x_3^* - 0.461\ 3x_4^* + 0.821\ 0x_5^*$$
$$Z_4 = -0.003\ 9x_1^* - 0.756\ 5x_2^* + 0.244\ 3x_3^* + 0.605\ 8x_4^* + 0.032\ 1x_5^*$$
$$Z_5 = 0.843\ 5x_1^* - 0.266\ 2x_2^* + 0.101\ 2x_3^* - 0.352\ 7x_4^* - 0.288\ 2x_5^*$$

其中，$x_1^*, x_2^*, \cdots, x_5^*$ 为原自变量的标准化变量. 保留 Z_1, Z_2 两个主成分具有重要的实际意义，第一主成分与种子费、化肥费、机械费、灌溉费高度相关；第二主成分 Z_2 与农药费高度相关.

主成分得分见表 1.2.10.

表 1.2.10　主成分得分

序号	Z_1	Z_2	Z_3	Z_4	Z_5
1	−3.300 76	−1.041 46	−0.246 90	−0.038 43	0.053 00
2	−2.902 00	−0.875 07	−0.110 52	0.014 42	−0.061 98
3	−2.709 41	−0.429 97	−0.065 39	0.114 19	−0.119 37
4	−2.411 50	−0.232 12	−0.136 41	0.093 34	−0.000 72
5	−1.383 24	0.729 13	−0.121 75	0.092 79	0.029 92
6	−0.207 55	1.948 62	−0.324 65	−0.026 74	0.165 18
7	−0.133 95	1.177 51	−0.350 81	−0.321 85	−0.031 83
8	0.441 27	1.014 88	0.232 92	−0.091 11	−0.210 56
9	0.387 25	1.262 09	0.138 34	0.306 16	−0.029 92
10	0.066 17	0.220 14	0.332 33	−0.030 39	−0.002 07
11	−0.032 44	0.166 70	0.311 90	−0.033 60	0.011 21
12	0.062 32	−0.242 37	0.369 77	0.054 92	0.133 48
13	0.315 69	−0.551 93	0.462 19	−0.105 19	−0.082 33
14	0.710 04	−0.304 07	0.435 06	−0.086 38	0.167 24
15	1.726 48	−1.240 23	−0.266 45	0.027 27	0.121 00
16	2.073 15	−0.763 10	−0.225 42	−0.180 45	−0.077 76
17	3.268 71	−0.567 22	−0.139 85	−0.025 51	0.022 14
18	4.029 76	−0.271 52	−0.294 36	0.236 55	−0.093 68

④标准化因变量 Y 对主成分 Z_1, Z_2 进行多元回归分析的结果（表 1.2.11、表 1.2.12）.

表 1.2.11　方差分析表

方差来源	自由度	平方和	均方	F 值	$\Pr > F$
模型	2	219 985	109 993	17.94	0.000 1
残差	15	91 975	6 131.689 26		
总和	17	311 961			

表 1.2.12　拟合优度检验

均方根误差	78.305 10	R^2	0.705 2
因变量均值	1 039.833 33	调整 R^2	0.665 9

由表 1.2.11、表 1.2.12 知，$F = 17.94$，$\Pr > F$ 为 0.000 1，小于 0.05，调整的 $R^2 = 0.665\ 9$，这表明提取两个主成分的模型总体拟合效果较好.

由表 1.2.13 给出的估计结果，可得到标准化因变量 y^* 对主成分 Z_1, Z_2 的回归方程为

$$y^* = 0.354\ 4Z_1 - 0.490\ 9Z_2$$

表 1.2.13　参数估计

变量	参数估计	标准误差	t 值	$\Pr > \lvert t \rvert$
常数项	0.000 0	0.136 2	0.000 0	1.000 0
Z_1	0.354 4	0.069 3	5.114 7	0.000 1
Z_2	−0.490 9	0.157 5	−3.117 2	0.007 1

⑤因变量 y 与自变量 x 的回归方程.

将第三步结果 Z_1, Z_2 的表达式回代到第四步方程, 可以得到标准化因变量 y^* 与原自变量的标准化变量 x^* 之间的回归方程为

$$y^* = 0.287\ 5x_1^* + 0.133\ 9x_2^* - 0.353\ 1x_3^* + 0.299\ 4x_4^* + 0.227\ 3x_5^*$$

最后将标准化变量还原为原始变量, 最终得到因变量 y 对原始自变量 x 的回归方程为

$$y = 974.12 + 0.272\ 8x_1 + 0.041\ 7x_2 - 0.329\ 2x_3 + 0.275\ 2x_4 + 0.262\ 7x_5$$

1.2.5　总结与体会

主成分回归分析采用的方法是将原来的回归自变量变换到另一组自变量, 即主成分, 选择其中一部分重要的主成分作为新的自变量, 丢弃了一部分影响不大的自变量, 实际上达到了降维的目的, 然后用原来最小二乘法对选取主成分后的模型参数进行估计, 最后变换回原来的模型求出参数估计.

主成分回归方程使我们看到主成分分析在简化结构、消除变量之间的相关性方面起到了明显的效果, 但也给回归方程的解释带来了一定的复杂性, 它并没有像原来自变量的边缘效应那样简单的解释. 因此, 我们通常仅将主成分回归作为分析多重共线性问题的一种方法. 为了得到最终的估计结果, 必须把主成分还原成原始的变量.

1.3　岭回归分析

岭回归分析一般是在多元线性回归分析的基础上进行的, 即先进行多元线性回归分析, 通过共线性诊断判断数据是否存在多重共线性. 如果自变量之间存在多重共线性关系, 本节介绍用岭回归分析来进行参数估计, 消除或减弱自变量之间的多重共线性关系. 岭回归关键技术就是对回归系数进行参数估计时引入一个"岭参数", 变动岭参数的数值, 使构建的多元线性回归方程尽量合适.

岭回归是一种专用于共线性数据分析的有偏估计回归方法, 实质上是一种改良的最小二乘估计法, 是通过放弃最小二乘法的无偏性, 以损失部分信息、降低精度为代价, 获得回归系数更为符合实际、更可靠的回归方法, 对病态数据的耐受性远远强于最小二乘法.

1.3.1　岭回归的概念

设因变量 y 与自变量 $x_1, x_2, \cdots, x_p$ 线性相关，收集到的 n 组数据 $(x_{i1}, x_{i2}, \cdots, x_{ip}, y_i)(i = 1, 2, \cdots, n)$ 满足下列多元线性回归模型：

$$\begin{cases} y_1 = \beta_0 + \beta_1 x_{11} + \beta_2 x_{12} + \cdots + \beta_p x_{1p} + \varepsilon_1 \\ y_2 = \beta_0 + \beta_1 x_{21} + \beta_2 x_{22} + \cdots + \beta_p x_{2p} + \varepsilon_2 \\ \cdots\cdots \\ y_n = \beta_0 + \beta_1 x_{n1} + \beta_2 x_{n2} + \cdots + \beta_p x_{np} + \varepsilon_n \end{cases}$$

其中，$\beta_0, \beta_1, \cdots, \beta_p, \sigma^2$ 为未知参数；$\beta_1, \beta_2, \cdots, \beta_p$ 为回归系数. 令

$$\boldsymbol{y} = \begin{pmatrix} y_1 \\ y_2 \\ \vdots \\ y_n \end{pmatrix}, \quad \boldsymbol{X} = \begin{pmatrix} 1 & x_{11} & x_{12} & \cdots & x_{1p} \\ 1 & x_{21} & x_{22} & \cdots & x_{2p} \\ \vdots & \vdots & \vdots & & \vdots \\ 1 & x_{n1} & x_{n2} & \cdots & x_{np} \end{pmatrix}, \quad \boldsymbol{\beta} = \begin{pmatrix} \beta_0 \\ \beta_1 \\ \vdots \\ \beta_p \end{pmatrix}, \quad \boldsymbol{\varepsilon} = \begin{pmatrix} \varepsilon_1 \\ \varepsilon_2 \\ \vdots \\ \varepsilon_p \end{pmatrix}$$

则多元线性回归数学模型的矩阵形式为

$$\begin{cases} \boldsymbol{y} = \boldsymbol{X}\boldsymbol{\beta} + \boldsymbol{\varepsilon} \\ \boldsymbol{\varepsilon} \sim N(0, \sigma^2 \boldsymbol{I}_n) \end{cases}$$

其中，$\boldsymbol{I}_n$ 为 n 阶单位矩阵. 回归系数 $\boldsymbol{\beta}$ 的普通最小二乘估计为 $\hat{\boldsymbol{\beta}} = (\boldsymbol{X}^{\mathrm{T}}\boldsymbol{X})^{-1}\boldsymbol{X}^{\mathrm{T}}\boldsymbol{y}$. 当自变量间存在多重共线性时，有 $|\boldsymbol{X}^{\mathrm{T}}\boldsymbol{X}| \approx 0$，此时用最小二乘法进行回归系数的估计就会产生较大的偏差，使 $\hat{\boldsymbol{\beta}}$ 很不稳定，在具体取值上与真值有较大的偏差，甚至有时会出现系数的正负号与实际不符的情况. 为此，霍尔（Hall）和肯纳德（Kennard）于 1970 年提出岭回归方法. 设想给 $\boldsymbol{X}^{\mathrm{T}}\boldsymbol{X}$ 加上一个对角矩阵 $k\boldsymbol{I}(k \geqslant 0)$，那么 $\boldsymbol{X}^{\mathrm{T}}\boldsymbol{X} + k\boldsymbol{I}$ 接近奇异的程度就会比 $\boldsymbol{X}^{\mathrm{T}}\boldsymbol{X}$ 接近奇异的程度小得多.

从直观上讲，当 $|\boldsymbol{X}^{\mathrm{T}}\boldsymbol{X}| \approx 0$ 时，$\boldsymbol{X}^{\mathrm{T}}\boldsymbol{X}$ 的特征根至少有一个非常接近于 0，而 $\boldsymbol{X}^{\mathrm{T}}\boldsymbol{X} + k\boldsymbol{I}$ 的特征根则变成 $\lambda_1 + k, \lambda_2 + k, \cdots, \lambda_{p+1} + k$，它们中的某些接近于 0 的特征根就会得到改善，从而"打破"原来的多重共线性.

定义

$$\hat{\boldsymbol{\beta}}(k) = (\boldsymbol{X}^{\mathrm{T}}\boldsymbol{X} + k\boldsymbol{I})^{-1}\boldsymbol{X}^{\mathrm{T}}\boldsymbol{y}$$

为 $\boldsymbol{\beta}$ 的岭回归估计，其中，$k \geqslant 0$ 称为岭参数. 用岭回归估计建立的回归方程称为岭回归方程. 当 $k = 0$ 时的岭回归估计 $\hat{\boldsymbol{\beta}}(0)$ 就是普通的最小二乘估计.

1.3.2　岭回归估计的性质

性质 1.3.1　$\hat{\boldsymbol{\beta}}(k)$ 是回归系数 $\boldsymbol{\beta}$ 的有偏估计.

证　$E[\hat{\beta}(k)] = E[(\boldsymbol{X}^{\mathrm{T}}\boldsymbol{X} + k\boldsymbol{I})^{-1}\boldsymbol{X}^{\mathrm{T}}\boldsymbol{y}] = (\boldsymbol{X}^{\mathrm{T}}\boldsymbol{X} + k\boldsymbol{I})^{-1}\boldsymbol{X}^{\mathrm{T}}E(y) = (\boldsymbol{X}^{\mathrm{T}}\boldsymbol{X} + k\boldsymbol{I})^{-1}\boldsymbol{X}^{\mathrm{T}}\boldsymbol{X}\boldsymbol{\beta}$

显然，只有当 $k = 0$ 时，$E[\hat{\boldsymbol{\beta}}(0)] = \boldsymbol{\beta}$；当 $k > 0$ 时，$\hat{\boldsymbol{\beta}}(k)$ 为有偏估计.

性质 1.3.2 以 MSE 表示估计向量的均方误差，则存在 $k > 0$，使得
$$\mathrm{MSE}[\hat{\boldsymbol{\beta}}(k)] < \mathrm{MSE}[\hat{\boldsymbol{\beta}}]$$

1.3.3 岭参数的选择

1. 岭迹法

如图 1.3.1 所示，当岭参数 k 在 $(0, +\infty)$ 内变化时，每个自变量 x_i 的岭回归估计 $\hat{\beta}_i(k)$ 都是 k 的函数，在平面坐标系上把 $\hat{\beta}_i(k)$ 描绘出来，画出的曲线称为岭迹. 在实际中，可以根据岭迹曲线的变化形状来确定适当的 k 值. 选择 k 值的一般原则是：

（1）各回归系数基本稳定；

（2）用岭估计时回归系数变得合理；

（3）回归系数没有不合乎经济意义的绝对值；

（4）残差平方和增大不太多.

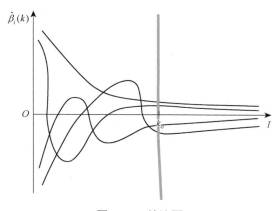

图 1.3.1 岭迹图

2. 方差膨胀因子法

方差膨胀因子（VIF）可以度量多重共线性的严重程度，一般当 VIF > 10 时，模型就有严重的多重共线性. 计算岭估计 $\hat{\boldsymbol{\beta}}(k)$ 的协方差矩阵，得

$$\begin{aligned}
\mathrm{Var}[\hat{\boldsymbol{\beta}}(k)] &= \mathrm{Cov}[\hat{\boldsymbol{\beta}}(k), \hat{\boldsymbol{\beta}}(k)] \\
&= \mathrm{Cov}[(\boldsymbol{X}^{\mathrm{T}}\boldsymbol{X} + k\boldsymbol{I})^{-1}\boldsymbol{X}^{\mathrm{T}}\boldsymbol{y}, (\boldsymbol{X}^{\mathrm{T}}\boldsymbol{X} + k\boldsymbol{I})^{-1}\boldsymbol{X}^{\mathrm{T}}\boldsymbol{y}] \\
&= (\boldsymbol{X}^{\mathrm{T}}\boldsymbol{X} + k\boldsymbol{I})^{-1}\boldsymbol{X}^{\mathrm{T}}\mathrm{Cov}(\boldsymbol{y}, \boldsymbol{y})\boldsymbol{X}(\boldsymbol{X}^{\mathrm{T}}\boldsymbol{X} + k\boldsymbol{I})^{-1} \\
&= \sigma^2(\boldsymbol{X}^{\mathrm{T}}\boldsymbol{X} + k\boldsymbol{I})^{-1}\boldsymbol{X}^{\mathrm{T}}\boldsymbol{X}(\boldsymbol{X}^{\mathrm{T}}\boldsymbol{X} + k\boldsymbol{I})^{-1} \\
&= \sigma^2\boldsymbol{C}(k)
\end{aligned}$$

其中，矩阵 $\boldsymbol{C}(k) = (\boldsymbol{X}^{\mathrm{T}}\boldsymbol{X} + k\boldsymbol{I})^{-1}\boldsymbol{X}^{\mathrm{T}}\boldsymbol{X}(\boldsymbol{X}^{\mathrm{T}}\boldsymbol{X} + k\boldsymbol{I})^{-1}$，其对角元素 $c_{jj}(k)$ 为岭估计的方差膨胀因子. 应用方差膨胀因子选择 k 的做法是：选择 k 使所有方差膨胀因子 $c_{jj}(k) \leqslant 10$. 当 $c_{jj}(k) \leqslant 10$ 时，所对应的 k 值的岭估计 $\hat{\boldsymbol{\beta}}(k)$ 就会相对稳定.

1.3.4 案例分析

例 1.3.1 为了研究我国民航客运量的变化趋势及其成因, 以民航客运量作为因变量, 国民收入、消费额、铁路客运量、民航航线里程、来华旅游入境人数为影响民航客运量的主要因素, 数据见表 1.3.1, 试应用岭回归分析法建模.

表 1.3.1 1978～1993 年中国民航客运量数据表

年份	民航客运量/万人	国民收入/亿元	消费额/亿元	铁路客运量/万人	民航航线里程/万 km	来华旅游入境人数/万人
1978	231	3 010	1 888	81 491	14.89	180.92
1979	298	3 350	2 195	86 389	16.00	420.39
1980	343	3 688	2 531	92 204	19.53	570.25
1981	401	3 941	2 799	95 300	21.82	776.71
1982	445	4 258	3 054	99 922	23.27	792.43
1983	391	4 736	3 358	106 044	22.91	947.70
1984	554	5 652	3 905	110 353	26.02	1 285.22
1985	744	7 020	4 879	112 110	27.72	1 783.30
1986	997	7 859	5 552	108 579	32.43	2 281.95
1987	1 310	9 313	6 386	112 429	38.91	2 690.23
1988	1 442	11 738	8 038	122 645	37.38	3 169.48
1989	1 283	13 176	9 005	113 807	47.19	2 450.14
1990	1 660	14 384	9 663	95 712	50.68	2 746.20
1991	2 178	16 557	10 969	95 081	55.91	3 335.65
1992	2 886	20 223	12 985	99 693	83.66	3 311.50
1993	3 383	24 882	15 949	105 458	96.08	4 152.70

解 设 y 为因变量指标民航客运量, x_1, x_2, x_3, x_4, x_5 分别为自变量指标国民收入、消费额、铁路客运量、民航航线里程、来华旅游入境人数. 下面用岭回归分析法进行求解.

（1）MATLAB 详情见在线小程序.

建立岭回归的 linghuigui 函数.

输入 Y 和 X, 调用 linghuigui(Y,X), 得到计算结果.

（2）结果分析.

①多元线性回归的结果（表 1.3.2、表 1.3.3）.

表 1.3.2 方差分析表

方差来源	自由度	平方和	均方	F 值	$\mathrm{Pr} > F$
模型	5	13 818 877	2 763 775	1 128.30	<0.000 1
残差	10	24 495	2 449.498 1		
总和	15	13 843 372			

表 1.3.3　拟合优度检验

均方根误差	49.492 4	R^2	0.998 2
因变量均值	1 159.125 0	调整 R^2	0.997 3

表 1.3.2 给出了方差分析的结果，表 1.3.3 给出了拟合优度的检验结果，可见 $F = 1\,128.3$，$\Pr > F$ 为 0.000 1，小于 0.05，调整的 $R^2 = 0.997\,3$，这表明模型总体拟合效果较好.

表 1.3.4 展示了 t 检验的结果，给出了多元线性回归参数估计的结果，可以看到，回归系数均通过 t 检验（$\Pr > |t|$ 的值小于 0.05）. 但要注意，表格的最后一列是方差膨胀因子，其中有 4 个数值大于 10，说明自变量间存在共线性. 此外，参数估计中自变量消费额 x_2 的系数为 $-0.561\,5$，符号为负号，这与实际情形不符，其原因可能是变量之间存在共线性. 这表明用多元线性回归建模不太适合.

表 1.3.4　参数估计

变量	自由度	参数估计	标准误差	t 值	$\Pr > |t|$	方差膨胀因子
截距项	1	450.909 2	178.077 7	2.532 1	0.029 8	0.000 0
x_1	1	0.353 9	0.085 2	4.152 3	0.002 0	1 963.336 9
x_2	1	−0.561 5	0.125 4	−4.478 0	0.001 2	1 740.507 6
x_3	1	−0.007 3	0.002 1	−3.509 8	0.005 6	3.171 2
x_4	1	21.577 9	4.030 1	5.354 2	0.000 3	55.488 3
x_5	1	0.435 2	0.051 6	8.440 5	<0.000 1	25.192 7

②共线性诊断的结果（表 1.3.5）.

表 1.3.5　共线性诊断

序号	特征值	条件指数	x_1	x_2	x_3	x_4	x_5
1	3.991 3	1.000 0	0.000 0	0.000 0	0.003 4	0.001 1	0.002 4
2	0.932 1	2.069 4	0.000 0	0.000 0	0.299 5	0.000 9	0.000 8
3	0.065 2	7.826 6	0.000 0	0.000 0	0.323 6	0.095 9	0.354 2
4	0.011 2	18.889 4	0.008 8	0.013 9	0.139 6	0.591 4	0.582 2
5	0.000 3	121.221 1	0.991 1	0.986 1	0.233 9	0.310 7	0.060 5

由表 1.3.5 可知，条件数为 121.221 1，大于 30，表明自变量间存在严重的多重共线性.
③标准数据岭回归分析结果.

由图 1.3.2 绘制的岭迹图可以看出，当 $k \geqslant 0.02$ 后，各回归系数的岭迹曲线趋于稳定. 取 $k = 0.02$ 的岭回归估计建立岭回归方程，由表 1.3.6 中 Obs 为 6 的行后面几个相应数值可以得到标准化因变量 y^* 与原自变量的标准化变量 x^* 之间的岭回归方程为

$$y^* = 0.187\,3x_1^* + 0.092\,8x_2^* - 0.095\,6x_3^* + 0.458\,0x_4^* + 0.300\,9x_5^*$$

这时得到的岭回归方程回归系数的符号都是有意义的；各个回归系数的方差膨胀因子均小于 8（见表 1.3.6 中 Obs 为 5 的行 x_1, x_2, x_3, x_4, x_5 对应的数值），说明克服了多重共线性的影响.

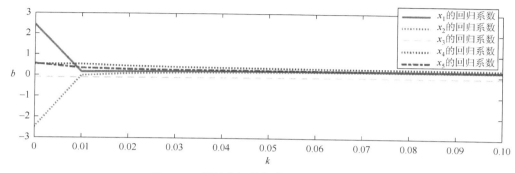

图 1.3.2　民航客运量标准化数据的岭迹图

表 1.3.6　标准化数据岭回归分析估计结果

Obs	TYPE	RIDGE	RMSE	x_1	x_2	x_3	x_4	x_5
1	RIDGEVIF	0.00	.	1 963.34	1 740.51	3.17	55.49	25.19
2	RIDGE	0.00	0.010 5	2.447 4	−2.485 1	−0.083 1	0.530 5	0.563 5
3	RIDGEVIF	0.01	.	6.35	8.00	1.84	13.27	10.87
4	RIDGE	0.01	0.019 9	0.164 0	−0.004 5	−0.104 8	0.536 9	0.351 9
5	RIDGEVIF	0.02	.	2.72	3.49	1.58	7.45	7.19
6	RIDGE	0.02	0.021 9	0.187 3	0.092 8	−0.095 6	0.458 0	0.300 9
7	RIDGEVIF	0.03	.	1.56	2.00	1.42	5.02	5.34
8	RIDGE	0.03	0.023 1	0.204 5	0.137 1	−0.090 2	0.415 7	0.275 5
9	RIDGEVIF	0.04	.	1.04	1.31	1.30	3.72	4.2
10	RIDGE	0.04	0.023 9	0.215 8	0.162 6	−0.086 5	0.389 1	0.260 4
11	RIDGEVIF	0.05	.	0.75	0.93	1.21	2.91	3.42
12	RIDGE	0.05	0.024 5	0.223 4	0.179 2	−0.083 5	0.370 6	0.250 4
13	RIDGEVIF	0.06	.	0.58	0.71	1.14	2.36	2.85
14	RIDGE	0.06	0.025 0	0.228 8	0.190 7	−0.081 1	0.356 9	0.243 3
15	RIDGEVIF	0.07	.	0.46	0.56	1.08	1.96	2.43
16	RIDGE	0.07	0.025 5	0.232 8	0.199 0	−0.078 9	0.346 2	0.238 0
17	RIDGEVIF	0.08	.	0.38	0.46	1.03	1.67	2.09
18	RIDGE	0.08	0.025 8	0.235 7	0.205 4	−0.076 9	0.337 6	0.233 9
19	RIDGEVIF	0.09	.	0.33	0.39	0.99	1.44	1.83
20	RIDGE	0.09	0.026 2	0.237 9	0.210 3	−0.075 1	0.330 5	0.230 5
21	RIDGEVIF	0.10	.	0.29	0.33	0.95	1.26	1.61
22	RIDGE	0.10	0.026 5	0.239 5	0.214 1	−0.073 4	0.324 4	0.227 8

④原始数据岭回归分析结果.

最后将标准化变量还原为原始变量，可以得到因变量 y 对原始自变量 x 的岭回归方程为

$$y = 453.267 + 0.027\,1x_1 + 0.021\,0x_2 - 0.008\,3x_3 + 18.626\,2x_4 + 0.232\,4x_5$$

1.3.5　总结与体会

有学者建议在做岭回归之前，有必要对数据进行标准化处理，如果不对数据进行标准化处理，那么岭回归估计的结果将受到自变量的量纲影响，参数的估计值在数量级上相差较大，这会使得在绘制岭迹图时遇到障碍. 在实际处理中，不同的软件所采用的标准化公式不尽相同，这又使得岭回归的结果在不同的软件上表现出一些差异. Marquard & Snee、Obenchain、Weinsberg 以及陈希孺、何晓群等人的论著中证明采用如下标准化变换: 对自变量和因变量先作中心化变换，再作标准化变换，其标准化因子为 $\sqrt{n-1}S$，其中，n 为观测数据组数，S 为样本标准差. 这种标准化虽然与经典教科书的标准化公式不同，但是在岭回归估计中几乎已成通用标准，这种变换带来的好处在于，变换之后的矩阵 $\boldsymbol{X}^{\mathrm{T}}\boldsymbol{X}$ 正好是自变量的相关系数矩阵，其主对角元素均为 1，只要岭参数 k 作微小变动就会使得 $\boldsymbol{X}^{\mathrm{T}}\boldsymbol{X}$ 的病态程度急剧降低，提高了岭回归估计算法的运行效率. 采用这种标准化变换后，得到岭回归标准化系数估计为

$$\hat{\boldsymbol{\beta}}(k) = (\boldsymbol{Z}^{\mathrm{T}}\boldsymbol{Z} + k\boldsymbol{I})^{-1}\boldsymbol{Z}^{\mathrm{T}}\boldsymbol{y}^{*}$$

其中，$\boldsymbol{Z}$ 和 $\boldsymbol{y}^{*}$ 分别为自变量和因变量的标准化数据. 此外，岭回归原始数据系数估计为

$$\hat{\boldsymbol{\beta}}(k) = \boldsymbol{D}^{-1/2}(\boldsymbol{Z}^{\mathrm{T}}\boldsymbol{Z} + k\boldsymbol{I})^{-1}\boldsymbol{Z}^{\mathrm{T}}\boldsymbol{y}$$

其中，$\boldsymbol{y}$ 为因变量原始数据；

$$\boldsymbol{D} = \mathrm{diag}\left\{\sum_{i=1}^{n}(X_{i1} - \overline{X}_1)^2, \sum_{i=1}^{n}(X_{i2} - \overline{X}_2)^2, \cdots, \sum_{i=1}^{n}(X_{ip} - \overline{X}_p)^2\right\}$$

$X_{ij}(i=1,2,\cdots,n;\ j=1,2,\cdots,p)$ 为自变量原始数据；$\overline{X}_1, \overline{X}_2, \cdots, \overline{X}_p$ 为第 $j(j=1,2,\cdots,p)$ 个自变量的样本均值.

岭回归主要是当自变量之间存在共线性时的一种处理方法，因为此时矩阵 $\boldsymbol{X}^{\mathrm{T}}\boldsymbol{X}$ 将会呈病态，若应用最小二乘法估计有可能会得出错误的结论. 在进行岭回归分析时，岭参数 k 的估计非常重要. 岭回归分析法确定 k 值缺少严格的令人信服的理论依据，存在着一定的主观性，这是岭回归分析法的一个明显缺点. 但是从另一方面说，岭回归分析法确定 k 值的这种主观性正好有助于实现定性分析与定量分析的有机结合.

1.4　偏最小二乘回归分析

偏最小二乘（PLS）回归分析是近年来应实际需要而产生和发展的一个有广泛适用性的多元统计分析方法. 在常见的多因变量对多自变量的回归建模中，特别是在观察值数量少且存在多重相关性等问题时，该方法具有传统回归方法所不具备的许多优点.

　　在多因变量对多自变量的回归建模中，当各个变量之间存在较高程度的相关性时，用偏最小二乘回归分析建模，比对逐个因变量进行多元回归更加有效，其结论更加可靠，整体性更强.

　　偏最小二乘回归类似于主成分回归的方式克服了多重共线性的问题. 不同的是，它不仅吸取了主成分回归中从自变量提取信息的思路，同时还注意了主成分回归中所忽略的自变量对因变量的解释问题.

　　偏最小二乘回归分析在建模过程中，可以同时实现回归建模、数据结构简化（主成分分析）以及两组变量间的相关分析（典型相关分析）. 因此，在分析结果中，除了可以提供一个更为合理的回归模型外，还可以同时完成一些类似于主成分分析和典型相关分析的研究内容，提供更丰富、深入的信息.

1.4.1　偏最小二乘回归的基本思想

　　考虑 p 个因变量 $\{Y_1, Y_2, \cdots, Y_p\}$ 与 m 个自变量 $\{X_1, X_2, \cdots, X_m\}$ 的建模问题. 为了研究因变量与自变量之间的关系，观测 n 个样本点，于是可以得到自变量与因变量的数据表 $\boldsymbol{X} = (X_1, X_2, \cdots, X_m)_{n \times m}$ 和 $\boldsymbol{Y} = (Y_1, Y_2, \cdots, Y_p)_{n \times p}$. 偏最小二乘回归的基本思想是分别在 $\boldsymbol{X}$ 与 $\boldsymbol{Y}$ 中提取出第一成分 $\boldsymbol{T}_1$ 和 $\boldsymbol{U}_1$，显然这两个成分分别是对应变量组的线性组合. 在提取这两个成分时，$\boldsymbol{T}_1$ 和 $\boldsymbol{U}_1$ 必须满足下面两个条件：

　　（1）$\boldsymbol{T}_1$ 和 $\boldsymbol{U}_1$ 应尽可能多地提取各自集合中的变异信息；

　　（2）$\boldsymbol{T}_1$ 和 $\boldsymbol{U}_1$ 的相关程度应达到最大.

　　之所以提出上面的要求，原因在于 $\boldsymbol{T}_1$ 和 $\boldsymbol{U}_1$ 应尽可能好地代表数据表 $\boldsymbol{X}$ 和 $\boldsymbol{Y}$，同时自变量的成分 $\boldsymbol{T}_1$ 对因变量的成分 $\boldsymbol{U}_1$ 有最强的解释能力.

　　在第一对成分 $\boldsymbol{T}_1$ 和 $\boldsymbol{U}_1$ 被提取后，偏最小二乘回归分别实施 $\boldsymbol{X}$ 对 $\boldsymbol{T}_1$ 的回归，$\boldsymbol{Y}$ 对 $\boldsymbol{U}_1$ 的回归，以及 $\boldsymbol{Y}$ 对 $\boldsymbol{T}_1$ 的回归. 若回归方程已经达到满意的精度，则算法终止；否则，利用 $\boldsymbol{X}$ 被 $\boldsymbol{T}_1$ 解释后的残余信息以及 $\boldsymbol{Y}$ 被 $\boldsymbol{T}_1$ 解释后的残余信息进行第二对成分提取. 如此下去，直到达到一个较满意的精度为止. 若最终对自变量 $\boldsymbol{X}$ 共提取了 r 个成分 $\boldsymbol{T}_1, \boldsymbol{T}_2, \cdots, \boldsymbol{T}_r$，偏最小二乘回归将通过建立 $Y_1, Y_2, \cdots, Y_p$ 对 $\boldsymbol{T}_1, \boldsymbol{T}_2, \cdots, \boldsymbol{T}_r$ 的回归方程，表示为 $Y_1, Y_2, \cdots, Y_p$ 对原自变量 $X_1, X_2, \cdots, X_m$ 的回归方程，即偏最小二乘回归方程.

1.4.2　偏最小二乘回归的计算方法

　　（1）样本数据标准化.

　　为了推导方便，首先对数据进行标准化处理. 设因变量与自变量经过标准化处理后的数据矩阵分别为 $\boldsymbol{Y}_0$ 和 $\boldsymbol{X}_0$，即

$$\boldsymbol{Y}_0 = \begin{pmatrix} y_{11}^* & y_{12}^* & \cdots & y_{1p}^* \\ y_{21}^* & y_{22}^* & \cdots & y_{2p}^* \\ \vdots & \vdots & & \vdots \\ y_{n1}^* & y_{n2}^* & \cdots & y_{np}^* \end{pmatrix}, \qquad \boldsymbol{X}_0 = \begin{pmatrix} x_{11}^* & x_{12}^* & \cdots & x_{1m}^* \\ x_{21}^* & x_{22}^* & \cdots & x_{2m}^* \\ \vdots & \vdots & & \vdots \\ x_{n1}^* & x_{n2}^* & \cdots & x_{nm}^* \end{pmatrix}$$

其中，

$$y_{ij}^* = \frac{y_{ij} - \overline{y}_j}{\tilde{s}_j} \quad (i=1,2,\cdots,n; \ j=1,2,\cdots,p)$$

$$\overline{y}_j = \frac{1}{n}\sum_{i=1}^{n} y_{ij}, \qquad \tilde{s}_j^2 = \frac{1}{n}\sum_{i=1}^{n}(y_{ij} - \overline{y}_j)^2$$

$$x_{ij}^* = \frac{x_{ij} - \overline{x}_j}{s_j} \quad (i=1,2,\cdots,n; \ j=1,2,\cdots,m)$$

$$\overline{x}_j = \frac{1}{n}\sum_{i=1}^{n} x_{ij}, \qquad s_j^2 = \frac{1}{n}\sum_{i=1}^{n}(x_{ij} - \overline{x}_j)^2$$

（2）分别提取两变量组的第一对成分 T_1 和 U_1，并使之相关性达到最大．

假设从两组变量分别提出第一对成分为 T_1 和 U_1，T_1 是自变量集 X_0 的线性组合，U_1 是因变量集 Y_0 的线性组合，即

$$T_1 = X_0\boldsymbol{\omega}_1 = \begin{pmatrix} x_{11}^* & x_{12}^* & \cdots & x_{1m}^* \\ x_{21}^* & x_{22}^* & \cdots & x_{2m}^* \\ \vdots & \vdots & & \vdots \\ x_{n1}^* & x_{n2}^* & \cdots & x_{nm}^* \end{pmatrix}\begin{pmatrix} \omega_{11} \\ \omega_{12} \\ \vdots \\ \omega_{1m} \end{pmatrix} = \begin{pmatrix} T_{11} \\ T_{21} \\ \vdots \\ T_{n1} \end{pmatrix}$$

$$U_1 = Y_0\boldsymbol{v}_1 = \begin{pmatrix} y_{11}^* & y_{12}^* & \cdots & y_{1p}^* \\ y_{21}^* & y_{22}^* & \cdots & y_{2p}^* \\ \vdots & \vdots & & \vdots \\ y_{n1}^* & y_{n2}^* & \cdots & y_{np}^* \end{pmatrix}\begin{pmatrix} v_{11} \\ v_{12} \\ \vdots \\ v_{1p} \end{pmatrix} = \begin{pmatrix} U_{11} \\ U_{21} \\ \vdots \\ U_{n1} \end{pmatrix}$$

如果要 T_1 和 U_1 能分别很好地代表 X_0 与 Y_0 中的数据变异信息，根据主成分分析原理，应当有 $\mathrm{Var}(T_1)$ 和 $\mathrm{Var}(U_1)$ 均取得最大值．

另一方面，由于回归建模的需要，又要求 T_1 对 U_1 有最大的解释能力，由典型相关分析的原理，T_1 与 U_1 的相关程度应达到最大值，即相关系数 $\rho(T_1,U_1)$ 取得最大值．

因此，综合起来，在偏最小二乘回归中，体现为 T_1 与 U_1 的协方差达到最大，即

$$\mathrm{Cov}(T_1,U_1) = \sqrt{\mathrm{Var}(T_1)\mathrm{Var}(U_1)}\rho(T_1,U_1) \to \max$$

于是上述问题的求解转化为下面的条件极值问题：

$$\max\{T_1,U_1\} = \langle X_0\boldsymbol{\omega}_1, Y_0\boldsymbol{v}_1 \rangle = \boldsymbol{\omega}_1^\mathrm{T} X_0^\mathrm{T} Y_0 \boldsymbol{v}_1$$

$$\mathrm{s.t.} \begin{cases} \boldsymbol{\omega}_1^\mathrm{T}\boldsymbol{\omega}_1 = \|\boldsymbol{\omega}_1\|^2 = 1 \\ \boldsymbol{v}_1^\mathrm{T}\boldsymbol{v}_1 = \|\boldsymbol{v}_1\|^2 = 1 \end{cases}$$

上式归结为求单位向量 $\boldsymbol{\omega}_1$ 和 $\boldsymbol{v}_1$，使目标函数 $\boldsymbol{\theta}_1 = \boldsymbol{\omega}_1^\mathrm{T} X_0^\mathrm{T} Y_0 \boldsymbol{v}_1$ 达到最大．采用拉格朗日算法，令

$$s = \boldsymbol{\omega}_1^\mathrm{T} X_0^\mathrm{T} Y_0 \boldsymbol{v}_1 - \lambda_1(\boldsymbol{\omega}_1^\mathrm{T}\boldsymbol{\omega}_1 - 1) - \lambda_2(\boldsymbol{v}_1^\mathrm{T}\boldsymbol{v}_1 - 1)$$

对 s 分别求关于 $\boldsymbol{\omega}_1, \boldsymbol{v}_1, \lambda_1, \lambda_2$ 的偏导数，并令之为 0，有

$$\frac{\partial \boldsymbol{s}}{\partial \boldsymbol{\omega}_1} = \boldsymbol{X}_0^{\mathrm{T}} \boldsymbol{Y}_0 \boldsymbol{v}_1 - 2\lambda_1 \boldsymbol{\omega}_1 = 0$$

$$\frac{\partial \boldsymbol{s}}{\partial \boldsymbol{v}_1} = \boldsymbol{Y}_0^{\mathrm{T}} \boldsymbol{X}_0 \boldsymbol{\omega}_1 - 2\lambda_2 \boldsymbol{v}_1 = 0$$

$$\frac{\partial \boldsymbol{s}}{\partial \lambda_1} = -(\boldsymbol{\omega}_1^{\mathrm{T}} \boldsymbol{\omega}_1 - 1) = 0$$

$$\frac{\partial \boldsymbol{s}}{\partial \lambda_2} = -(\boldsymbol{v}_1^{\mathrm{T}} \boldsymbol{v}_1 - 1) = 0$$

解方程组，得

$$2\lambda_1 = 2\lambda_2 = \boldsymbol{\omega}_1^{\mathrm{T}} \boldsymbol{X}_0^{\mathrm{T}} \boldsymbol{Y}_0 \boldsymbol{v}_1 = \theta_1$$

$$\boldsymbol{X}_0^{\mathrm{T}} \boldsymbol{Y}_0 \boldsymbol{v}_1 = \theta_1 \boldsymbol{\omega}_1$$

$$\boldsymbol{Y}_0^{\mathrm{T}} \boldsymbol{X}_0 \boldsymbol{\omega}_1 = \theta_1 \boldsymbol{v}_1$$

将上面的后两个式子整理可得

$$\boldsymbol{X}_0^{\mathrm{T}} \boldsymbol{Y}_0 \boldsymbol{Y}_0^{\mathrm{T}} \boldsymbol{X}_0 \boldsymbol{\omega}_1 = \theta_1^2 \boldsymbol{\omega}_1$$

$$\boldsymbol{Y}_0^{\mathrm{T}} \boldsymbol{X}_0 \boldsymbol{X}_0^{\mathrm{T}} \boldsymbol{Y}_0 \boldsymbol{c}_1 = \theta_1^2 \boldsymbol{c}_1$$

由此可见，$\boldsymbol{\omega}_1$ 是矩阵 $\boldsymbol{M} = \boldsymbol{X}_0^{\mathrm{T}} \boldsymbol{Y}_0 \boldsymbol{Y}_0^{\mathrm{T}} \boldsymbol{X}_0$ 的特征向量，对应的特征值为 θ_1^2. θ_1 是目标函数值，它要求取最大值，所以 θ_1^2 是 $\boldsymbol{M}$ 的最大特征值，$\boldsymbol{\omega}_1$ 是 $\boldsymbol{M}$ 的最大特征值对应的单位特征向量. 同理，$\boldsymbol{v}_1$ 是与矩阵 $\boldsymbol{Y}_0^{\mathrm{T}} \boldsymbol{X}_0 \boldsymbol{X}_0^{\mathrm{T}} \boldsymbol{Y}_0$ 的最大特征值 θ_1^2 对应的单位特征向量. 此外，$\boldsymbol{v}_1$ 还可以通过 $\boldsymbol{v}_1 = \dfrac{1}{\theta_1} \boldsymbol{Y}_0^{\mathrm{T}} \boldsymbol{X}_0 \boldsymbol{\omega}_1$ 计算得到.

利用上面求得的 $\boldsymbol{\omega}_1$ 和 $\boldsymbol{v}_1$，可以得到第一对成分为

$$\boldsymbol{t}_1 = \boldsymbol{X}_0 \boldsymbol{\omega}_1$$

$$\boldsymbol{u}_1 = \boldsymbol{Y}_0 \boldsymbol{v}_1$$

（3）两组变量分别对 $\boldsymbol{t}_1$ 建立回归方程.

假定回归模型为

$$\begin{cases} \boldsymbol{X}_0 = \boldsymbol{t}_1 \boldsymbol{\alpha}_1^{\mathrm{T}} + \boldsymbol{E}_1 \\ \boldsymbol{Y}_0 = \boldsymbol{t}_1 \boldsymbol{\beta}_1^{\mathrm{T}} + \boldsymbol{F}_1 \end{cases}$$

其中，$\boldsymbol{t}_1$ 为自变量集 $\boldsymbol{X}_0$ 提取的第一成分；$\boldsymbol{\alpha}_1 = (\alpha_{11}, \alpha_{12}, \cdots, \alpha_{1m})^{\mathrm{T}}, \boldsymbol{\beta}_1 = (\beta_{11}, \beta_{12}, \cdots, \beta_{1p})^{\mathrm{T}}$ 分别为"多对一"回归模型中的参数向量；$\boldsymbol{E}_1$ 和 $\boldsymbol{F}_1$ 为残差矩阵.

回归系数向量 $\boldsymbol{\alpha}_1, \boldsymbol{\beta}_1$ 的最小二乘估计为

$$\hat{\boldsymbol{\alpha}}_1 = \frac{\boldsymbol{X}_0^{\mathrm{T}} \boldsymbol{t}_1}{\|\boldsymbol{t}_1\|^2}$$

$$\hat{\boldsymbol{\beta}}_1 = \frac{\boldsymbol{Y}_0^{\mathrm{T}} \boldsymbol{t}_1}{\|\boldsymbol{t}_1\|^2}$$

称 $\hat{\boldsymbol{\alpha}}_1, \hat{\boldsymbol{\beta}}_1$ 为模型效应载荷量.

（4）用残差矩阵 E_1 和 F_1 代替 X_0 和 Y_0，重复以上步骤.

令 $\hat{X}_0 = t_1 \alpha_1^T$，$\hat{Y}_0 = t_1 \beta_1^T$，则残差矩阵分别为 $E_1 = X_0 - \hat{X}_0$，$F_1 = Y_0 - \hat{Y}_0$. 若残差矩阵 F_1 中元素的绝对值近似为零，则认为用第一对成分建立的回归方程精度已满足要求，可以停止抽取成分；否则用残差矩阵 E_1 和 F_1 代替 X_0 和 Y_0 重复以上的过程，抽取第二对成分 t_2 和 u_2，即

$$t_2 = E_1 \omega_2$$
$$u_2 = F_1 v_2$$

设 $\theta_2 = \omega_2^T E_1^T F_1 v_2$，则 ω_2 为矩阵 $E_1^T F_1 F_1^T E_1$ 对应的最大特征值 θ_2^2 的单位特征向量，c_2 为矩阵 $F_1^T E_1 E_1^T F_1$ 对应的最大特征值 θ_2^2 的单位特征向量. 回归系数向量为

$$\alpha_2 = \frac{E_1^T t_2}{\|t_2\|^2}$$

$$\beta_2 = \frac{F_1^T t_2}{\|t_2\|^2}$$

α_2, β_2 分别为第二对成分的载荷量. 从而得到对两个成分的回归方程：

$$\begin{cases} X_0 = t_1 \alpha_1^T + t_2 \alpha_2^T + E_2 \\ Y_0 = t_1 \beta_1^T + t_2 \beta_2^T + F_2 \end{cases}$$

（5）提取 r 对成分，建立偏最小二乘回归方程.

如此计算下去，假设提取了 r 个成分 $t_1, t_2, \cdots, t_r$，得到对 r 个成分的回归方程为

$$\begin{cases} X_0 = t_1 \alpha_1^T + t_2 \alpha_2^T + \cdots + t_r \alpha_r^T + E_r \\ Y_0 = t_1 \beta_1^T + t_2 \beta_2^T + \cdots + t_r \beta_r^T + F_r \end{cases}$$

将 $t_k = \omega_{k1} X_1^* + \omega_{k2} X_2^* + \cdots + \omega_{km} X_m^* (k = 1, 2, \cdots, r)$ 代入上式，可以得到标准化变量的偏最小二乘回归模型，再还原成原始变量的偏最小二乘回归模型为

$$\hat{Y}_j = a_{j0} + a_{j1} X_1 + a_{j2} X_2 + \cdots + a_{jm} X_m \quad (j = 1, 2, \cdots, p)$$

1.4.3　偏最小二乘回归成分数的选取

一般情况下，偏最小二乘回归并不需要选用全部的 A 个成分 $t_1, t_2, \cdots, t_A$ 进行回归建模，而像主成分分析一样，只选用前 $r(r \leqslant A)$ 个成分，即可得到预测能力较好的回归模型. 对于建模所需提取的成分数 r，可以通过交叉有效性检验来确定.

每次舍去第 $i(i = 1, 2, \cdots, n)$ 个观测数据，对余下的 $n-1$ 个观测数据用偏最小二乘回归法建模，并考虑抽取 $k(k \leqslant r)$ 个成分后拟合的回归方程，然后把舍去的自变量组第 i 个观测数据代入所拟合的回归方程式，得到 $Y_j (j = 1, 2, \cdots, p)$ 在第 i 个观测点上的预测值 $\hat{y}_{j(i)}(k)$. 对 $i = 1, 2, \cdots, n$ 重复以上验证，即得抽取 k 个成分时第 j 个因变量 $Y_j (j = 1, 2, \cdots, p)$ 的预测误差平方和为

$$\text{PRESS}_j(k) = \sum_{i=1}^{n} [y_{ij} - \hat{y}_{j(i)}(k)]^2 \quad (j = 1, 2, \cdots, p)$$

$Y = (Y_1, Y_2, \cdots, Y_p)$ 的预测误差平方和为

$$\text{PRESS}(k) = \sum_{j=1}^{p} \text{PRESS}_j(k)$$

当 $\text{PRESS}(k)$ 达到最小值时，对应的 k 即为所求的成分个数.

另外，再采用所有的样本点，拟合含 k 成分的回归方程. 这时，记第 i 样本点的预测值为 $\hat{y}_{ij}(k)$，则可以定义 Y_j 的误差平方和为

$$\text{SS}_j(k) = \sum_{i=1}^{n} [y_{ij} - \hat{y}_{ij}(k)]^2 \quad (j = 1, 2, \cdots, p)$$

定义 Y 的误差平方和为

$$\text{SS}(k) = \sum_{j=1}^{p} \text{SS}_j(k)$$

通常，总有 $\text{PRESS}(k) > \text{SS}(k)$，而 $\text{SS}(k) < \text{SS}(k-1)$. 下面比较 $\text{SS}(k-1)$ 和 $\text{PRESS}(k)$. $\text{SS}(k-1)$ 是用全部样本点拟合的具有 $k-1$ 个成分的方程的拟合误差；$\text{PRESS}(k)$ 增加了一个成分 t_k，但含有样本点的扰动误差. 若 k 个成分回归方程的含扰动误差能在一个程度上小于 $k-1$ 个成分回归方程的拟合误差，则认为增加一个成分 t_k 会使预测的精度明显提高. 因此，希望 $\text{PRESS}(k)/\text{SS}(k-1)$ 的比值越小越好. 一般可限定为

$$\text{PRESS}(k)/\text{SS}(k-1) \leqslant 0.95^2$$

这时，增加成分 t_k 有利于模型精度的提高. 或者反过来说，当

$$\text{PRESS}(k)/\text{SS}(k-1) > 0.95^2$$

时，就认为增加新的成分 t_k，对减少方程的预测误差无明显改善作用.

由此，定义交叉有效性为

$$Q_k^2 = 1 - \frac{\text{PRESS}(k)}{\text{SS}(k-1)}$$

这样，在建模的每一步计算结束前，均进行交叉有效性检验，若在第 k 步有 $Q_k^2 < 1 - 0.95^2 = 0.097\,5$，则模型达到精度要求，可停止提取成分；若 $Q_k^2 \geqslant 0.097\,5$，则表示第 k 步提取的成分 t_k 的边际贡献显著，应继续第 $k+1$ 步计算.

1.4.4　案例分析

例 1.4.1　某康复俱乐部对 20 名中年人测量了三个生理指标：体重、腰围、脉搏；三个训练指标：单杠、弯曲、跳高. 数据见表 1.4.1. 试用偏最小二乘回归建立由三个生理指标分别预测三个训练指标的回归模型.

表 1.4.1　体能训练数据表

序号	体重/0.5kg	腰围/cm	脉搏/(次/min)	单杠/(次/min)	弯曲/cm	跳高/cm
1	191	36	50	5	162	60
2	189	37	52	2	110	60

续表

序号	体重/0.5kg	腰围/cm	脉搏/(次/min)	单杠/(次/min)	弯曲/cm	跳高/cm
3	193	38	58	12	101	101
4	162	35	62	12	105	37
5	189	35	46	13	155	58
6	182	36	56	4	101	42
7	211	38	56	8	101	38
8	167	34	60	6	125	40
9	176	31	74	15	200	40
10	154	33	56	17	251	250
11	169	34	50	17	120	38
12	166	33	52	13	210	115
13	154	34	64	14	215	105
14	247	46	50	1	50	50
15	193	36	46	6	70	31
16	202	37	62	12	210	120
17	176	37	54	4	60	25
18	157	32	52	11	230	80
19	156	33	54	15	225	73
20	138	33	68	2	110	43

解　设 x_1, x_2, x_3 分别为自变量指标体重、胸围、脉搏，y_1, y_2, y_3 分别为因变量指标单杠、弯曲、跳高. 下面用偏最小二乘回归分析的方法进行求解.

（1）建立偏最小二乘回归 MATLAB 函数文件.

输入数据集 e0 和 f0，调用以下函数文件：

```
[XL1,YL1,XS1,YS1,BETA1,PCTVAR1,MSE1,stats1]=plsregress(e0,f0)
[XL2,YL2,XS2,YS2,BETA2,PCTVAR2,MSE2,stats2]=plsregress(e0,f0,r);
%偏最小二乘提取因子解释的百分比
```

（2）结果分析.

①相关系数矩阵（表 1.4.2）.

表 1.4.2　皮尔逊（Pearson）相关系数矩阵

	体重 x_1	腰围 x_2	脉搏 x_3	单杠 y_1	弯曲 y_2	跳高 y_3
体重 x_1	1.000 0	0.870 3	−0.365 8	−0.389 7	−0.493 1	−0.226 3
腰围 x_2	0.870 2	1.000 0	−0.352 9	−0.552 2	−0.645 6	−0.191 5
脉搏 x_3	−0.365 8	−0.352 9	1.000 0	0.150 7	0.225 0	0.034 9
单杠 y_1	−0.389 7	−0.552 2	0.150 7	1.000 0	0.695 7	0.495 8
弯曲 y_2	−0.493 1	−0.645 6	0.225 0	0.695 7	1.000 0	0.669 2
跳高 y_3	−0.226 3	−0.191 5	0.034 9	0.495 8	0.669 2	1.000 0

表 1.4.2 给出了这 6 个变量的简单相关系数矩阵，从中可以看出，体重与腰围是正相关的；体重、腰围与脉搏是负相关的；而单杠、弯曲与跳高是正相关的. 从两组变量间的关系看，单杠、弯曲和跳高的训练成绩与体重、腰围负相关，与脉搏正相关.

②提取自变量组和因变量组的成分（表 1.4.3、表 1.4.4）.

表 1.4.3　标准化自变量组与成分的回归分析结果

变量	t_1	t_2	t_3
x_1^*	−0.095 1	−0.127 9	−0.441 6
x_2^*	−0.124 4	0.242 9	0.379 0
x_3^*	0.038 5	0.220 2	−0.105 5

表 1.4.4　标准化因变量组与成分的回归分析结果

变量	u_1	u_2	u_3
y_1^*	2.119 1	−0.805 4	−0.778 1
y_2^*	2.580 9	−0.117 1	−0.198 7
y_3^*	0.886 9	−0.548 6	0.038 1

由表 1.4.3 和表 1.4.4 可得到各成分对方程组为

$$\begin{cases} t_1 = -0.095\,1x_1^* - 0.124\,4x_2^* + 0.038\,5x_3^* \\ u_1 = 2.119\,1y_1^* + 2.580\,9y_2^* + 0.886\,9y_3^* \end{cases}$$

$$\begin{cases} t_2 = -0.127\,9x_1^* + 0.242\,9x_2^* + 0.220\,2x_3^* \\ u_2 = -0.805\,4y_1^* - 0.117\,1y_2^* - 0.548\,6y_3^* \end{cases}$$

$$\begin{cases} t_1 = -0.441\,6x_1^* + 0.379\,0x_2^* - 0.105\,5x_3^* \\ u_1 = -0.778\,1y_1^* - 0.198\,7y_2^* + 0.038\,1y_3^* \end{cases}$$

③交叉有效性检验.

根据 MATLAB 程序中交叉有效性检验的结果可知，对自变量组和因变量组提取两个成分对达到要求. 表 1.4.5 给出偏最小二乘提取两个成分解释的百分比，可以看出提取两个成分对自变量组的解释比率为 92.13%，对因变量组的解释比率为 23.9%，这说明建模效果还是比较好的.

表 1.4.5　偏最小二乘提取因子解释的百分比

提取成分数	自变量贡献率	自变量累积贡献率	因变量贡献率	因变量累积贡献率
1	0.694 8	0.694 8	0.209 4	0.209 4
2	0.226 5	0.921 3	0.029 5	0.239 0

④标准化变量与成分变量之间的回归方程（表 1.4.6、表 1.4.7）.

表 1.4.6　标准化自变量组关于 t 的回归分析结果

变量	x_1^*	x_2^*	x_3^*
t_1	−4.130 6	−4.193 3	2.226 4
t_2	0.055 8	1.023 9	3.444 1

表 1.4.7　标准化因变量组关于 t 的回归分析结果

变量	y_1^*	y_2^*	y_3^*
t_1	2.119 1	2.580 9	0.886 9
t_2	−0.971 4	−0.839 8	−0.187 7

由表 1.4.6 和表 1.4.7 可得到标准化自变量组和因变量组关于 t 的回归方程组为

$$\begin{cases} x_1^* = -4.1306t_1 + 0.0558t_2 \\ x_2^* = -4.1933t_1 + 1.0239t_2 \\ x_3^* = 2.2264t_1 + 3.4441t_2 \end{cases}$$

$$\begin{cases} y_1^* = 2.1191t_1 - 0.9714t_2 \\ y_2^* = 2.5809t_1 - 0.8398t_2 \\ y_3^* = 0.8869t_1 - 0.1877t_2 \end{cases}$$

⑤因变量组与自变量组之间的回归方程.

将第二步的 t_1, t_2 表达式代入上式的 y_1^*, y_2^*, y_3^* 中，得到标准化变量之间的回归方程，其估计结果见表 1.4.8.

表 1.4.8　标准化数据的参数估计

变量	y_1^*	y_2^*	y_3^*
x_1^*	−0.077 3	−0.138 0	−0.060 3
x_2^*	−0.499 5	−0.525 0	−0.155 9
x_3^*	−0.132 3	−0.085 5	−0.007 2

由表 1.4.8 可以得到标准化指标变量间的回归方程为

$$y_1^* = -0.077\ 3x_1^* - 0.488\ 5x_2^* - 0.132\ 3x_3^*$$
$$y_2^* = -0.138\ 0x_1^* - 0.525\ 0x_2^* - 0.085\ 5x_3^*$$
$$y_3^* = -0.060\ 3x_1^* - 0.155\ 9x_2^* - 0.007\ 2x_3^*$$

将标准化变量 $y_j^*, x_j^*(j=1,2,3)$ 分别还原成原始变量 $y_j, x_j(j=1,2,3)$，得到偏最小二乘回归方程：

$$y_1 = 47.037\ 5 - 0.016\ 5x_1 - 0.824\ 6x_2 - 0.097\ 0x_3$$
$$y_2 = 612.767\ 4 - 0.349\ 7x_1 - 10.257\ 6x_2 - 0.742\ 2x_3$$
$$y_3 = 183.913\ 0 - 0.125\ 3x_1 - 2.496\ 4x_2 - 0.051\ 0x_3$$

⑥模型的解释与检验.

为了更直观、迅速地观察各个自变量在解释 $y_j(j=1,2,3)$ 时的边际作用，可以绘制标准化回归方程的回归系数直方图，如图 1.4.1 所示.

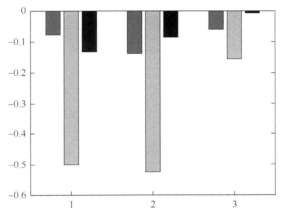

图 1.4.1　标准化数据回归系数直方图

从图 1.4.1 中可以立刻观察到，腰围变量在解释三个回归方程时起到了极为重要的作用. 然而，与单杠及弯曲相比，跳高成绩的回归方程显然不够理想，三个自变量对它的解释能力均很低.

为了考察这三个回归方程的模型精度，以 $(\hat{y}_{ij}, y_{ij})$ 为坐标值，对所有的样本点绘制预测图. $\hat{y}_{ij}$ 是第 j 个因变量指标在第 i 个样本点 y_{ij} 的预测值. 在这个预测图上，如果所有点都能在图的对角线附近均匀分布，那么方程的拟合值与原值差异很小，这个方程的拟合效果就是满意的. 体能训练的预测结果如图 1.4.2 所示.

1.4.5　总结与体会

偏最小二乘回归分析的优点如下：

（1）偏最小二乘回归提供了一种多因变量对多自变量的回归建模方法. 特别当变量之间存在高度相关性时，用偏最小二乘回归进行建模，其分析结论更加可靠，整体性更强.

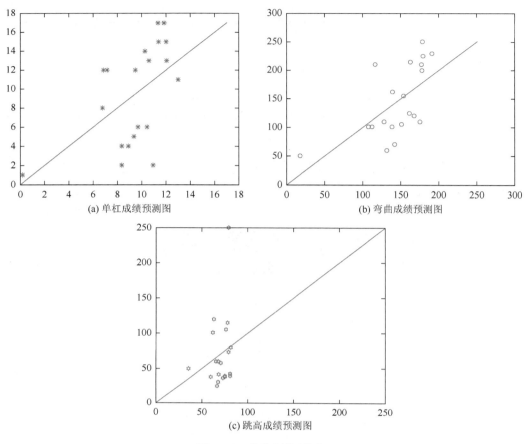

图 1.4.2　体能训练预测图

（2）偏最小二乘回归可以有效地解决变量之间的多重相关性问题，适合在样本容量小于变量个数的情况下进行建模. 变量之间多重相关性经常会严重危害参数估计，扩大模型误差，并破坏模型的稳健性. 偏最小二乘回归采用对数据信息进行分解和筛选的方式，有效地提取对系统解释性最强的综合变量，剔除多重相关信息和无解释意义信息的干扰，从而克服了变量多重相关性在系统建模中的不良作用.

（3）偏最小二乘回归可以实现多种多元统计分析方法的综合应用，在建模的同时实现了数据结构的简化，因此可以在二维平面图上对多维数据的特性进行观察，这使得偏最小二乘回归分析的面形功能十分强大，更利于分析应用.

1.5　向量自回归

向量自回归（vector autoregression，VAR）模型不以严格的经济理论为基础，而是基于数据的统计性质，由数据驱动模型的动态结构模型. VAR 模型是处理多个相关变量的分析与预测最容易操作的模型之一.

在处理实际问题时，可能事先并不知道哪个变量是内生变量，哪个变量是外生变量，因而很难确定模型形式，VAR 模型能很好地解决此类问题. VAR 模型将单变量自回归模型推广到多变量情形，它将系统中每一个内生变量作为系统中所有内生变量的滞后值的函数来构造模型，从而能较好地研究变量间的关系. VAR 模型常用于预测相互联系的时间序列系统以及分析随机干扰对系统的动态冲击，从而解释冲击对变量的影响.

1.5.1　向量自回归模型

VAR(p) 模型的数学表达式为

$$y_t = A_0 + A_1 y_{t-1} + A_2 y_{t-2} + \cdots + A_p y_{t-p} + B x_t + \varepsilon_t \quad (t = 1, 2, \cdots, T)$$

其中，y_t 为 k 维内生变量列向量；x_t 为 d 维外生变量列向量；p 为滞后阶数；T 为样本个数；$k \times k$ 维矩阵 $A_1, A_2, \cdots, A_p$ 和 $k \times d$ 维矩阵 B 为要被估计的系数矩阵；ε_t 为 k 维扰动向量，它们相互之间可以同期相关，但不与自己的滞后值相关且不与等式右边的变量相关.

VAR(p) 模型可以展开为

$$\begin{pmatrix} y_{1t} \\ y_{2t} \\ \vdots \\ y_{kt} \end{pmatrix} = A_0 + A_1 \begin{pmatrix} y_{1,t-1} \\ y_{2,t-1} \\ \vdots \\ y_{k,t-1} \end{pmatrix} + A_2 \begin{pmatrix} y_{1,t-2} \\ y_{2,t-2} \\ \vdots \\ y_{k,t-2} \end{pmatrix} + \cdots + A_p \begin{pmatrix} y_{1,t-p} \\ y_{2,t-p} \\ \vdots \\ y_{k,t-p} \end{pmatrix} + B \begin{pmatrix} x_{1t} \\ x_{2t} \\ \vdots \\ x_{dt} \end{pmatrix} + \begin{pmatrix} \varepsilon_{1t} \\ \varepsilon_{2t} \\ \vdots \\ \varepsilon_{kt} \end{pmatrix}$$

例如，最简单的不含外生变量的二元 VAR(1) 模型的矩阵形式为

$$\begin{pmatrix} y_{1t} \\ y_{2t} \end{pmatrix} = \begin{pmatrix} a_{10} \\ a_{20} \end{pmatrix} + \begin{pmatrix} a_{11} & a_{12} \\ a_{21} & a_{22} \end{pmatrix} \begin{pmatrix} y_{1,t-1} \\ y_{2,t-1} \end{pmatrix} + \begin{pmatrix} \varepsilon_{1t} \\ \varepsilon_{2t} \end{pmatrix}$$

进一步用 y_t 代表 $(y_{1t}, y_{2t})^{\mathrm{T}}$，用 A_0 代表 $(a_{10}, a_{20})^{\mathrm{T}}$，用 A_1 代表 $\begin{pmatrix} a_{11} & a_{12} \\ a_{21} & a_{22} \end{pmatrix}$，用 ε_t 代表 $(\varepsilon_{1t}, \varepsilon_{2t})^{\mathrm{T}}$，则二元 VAR(1) 模型可表示为

$$y_t = A_0 + A_1 y_{t-1} + \varepsilon_t$$

显然，y_{1t} 和 y_{2t} 的当期值由它们前一期的值和随机误差所决定.

1.5.2　向量自回归的计算步骤

1. VAR 模型的建立

（1）平稳性检验.

平稳的随机序列分为严平稳和宽平稳，这里只介绍宽平稳.

若随机过程 $\{y_t, t \in T\}$ 的期望、方差和协方差不随时间推移而变化，即

① $E(y_t) = \mu$；

② $\mathrm{Var}(y_t) = \sigma^2$；

③ $\mathrm{Cov}(y_t, y_s) = \gamma_{t-s}$.

则称 $\{y_t, t \in T\}$ 为宽平稳随机过程. 通常说的平稳就是指宽平稳.

时间序列平稳性的检验方法主要有自相关图检验和单位根检验两种,这里只介绍最常用的单位根检验,其中,ADF（augmented Dickey-Fuller）检验是重要的检验方法之一.

ADF 检验的原假设为 $\gamma = 0$,表示时间序列至少存在一个单位根,是非平稳的序列;而备择假设为 $\gamma < 0$,表示时间序列不存在单位根,是平稳的序列. ADF 检验模型有以下三种:

①没有漂移项和趋势项：$\Delta \boldsymbol{y}_t = \gamma \cdot \boldsymbol{y}_{t-1} + \sum_{i=1}^{p} \boldsymbol{\beta}_i \cdot \Delta \boldsymbol{y}_{t-i} + \boldsymbol{\varepsilon}_i$；

②有漂移项但没有趋势项：$\Delta \boldsymbol{y}_t = \boldsymbol{\alpha} + \gamma \cdot \boldsymbol{y}_{t-1} + \sum_{i=1}^{p} \boldsymbol{\beta}_i \cdot \Delta \boldsymbol{y}_{t-i} + \boldsymbol{\varepsilon}_i$；

③有漂移项和趋势项：$\Delta \boldsymbol{y}_t = \boldsymbol{\alpha} + \delta \cdot t + \gamma \boldsymbol{y}_{t-1} + \sum_{i=1}^{p} \boldsymbol{\beta}_i \cdot \Delta \boldsymbol{y}_{t-i} + \boldsymbol{\varepsilon}_i$.

在实际检验中,可通过观察时间序列的曲线图是否在一个偏离 0 的位置随机变动及其变化趋势,来确定上述 ADF 检验模型.

传统的 VAR 模型要求每一个变量都是平稳的,否则会产生伪回归等问题. 但对非平稳的变量,变量之间存在协整关系也可直接建立 VAR 模型.

（2）协整性检验.

协整是对非平稳变量之间的长期平稳关系的描述. 简单地说,每一个序列都可能是非平稳的,而这些序列的线性组合可能是平稳的,这种平稳的线性组合的存在,表明序列之间具有协整关系.

检验时间序列变量间的长期均衡关系,最常用的是基于 VAR 模型的约翰森（Johansen）检验法. 其基本思想是,将时间序列向量 $\boldsymbol{y}_t$ 的协整检验问题转变成相关对矩阵 $\boldsymbol{\Pi} = \sum_{i=1}^{p} \boldsymbol{A}_i - \boldsymbol{I}$ 的分析问题,因为矩阵的秩等于它的非零特征根的个数,进而通过对非零特征根个数的分析来检验协整关系和协整向量的秩. 约翰森协整检验有两种方法：特征根迹检验和最大特征根检验.

①特征根迹检验.

H_0: $\boldsymbol{y}_t$ 有 r 个协整关系, H_1: $\boldsymbol{y}_t$ 有 $r+1$ 个协整关系

构造的检验统计量为

$$\eta_r = -n \sum_{i=r+1}^{k} \ln(1-\lambda_i) \quad (r = 0, 1, \cdots, k-1)$$

其中, r 为协整变量的个数, λ_i 为按大小排列的第 i 个特征值, n 为样本容量. 检验的过程可归纳为如下的序贯过程：

当 $\eta_1 <$ 临界值时,接受 H_{10},表明 $\boldsymbol{y}_t$ 中只有一个协整关系；

当 $\eta_1 >$ 临界值时,拒绝 H_{10},表明 $\boldsymbol{y}_t$ 中至少有两个协整关系；

当 $\eta_r >$ 临界值时,接受 H_{r0},表明 $\boldsymbol{y}_t$ 中只有 r 个协整关系.

②最大特征值检验.

最大特征值检验的原假设和备择假设与特征根迹检验法相同,其构造的检验统计量为

$$\zeta_r = -n \ln(1-\lambda_{r+1}) \quad (r = 0, 1, \cdots, k-1)$$

其中，λ_{r+1} 为矩阵 $\boldsymbol{\Pi}$ 的最大特征值. 检验的过程与特征根迹检验类似，不再赘述.

（3）确定 VAR 模型的最优滞后阶数.

构建 VAR 模型的一个关键问题就是确定滞后阶数 p 的取值. 在选择滞后阶数 p 时，如果 p 值过大，待估的参数个数越多，自由度降低得越严重，将直接影响模型参数估计的有效性；如果 p 值过小，将不能很好地反映所构造模型的动态特征. 这里介绍两种实际研究中比较常用的确定滞后阶数的方法.

AIC 信息准则和 BIC 信息准则的具体公式分别为

$$\text{AIC} = \ln |\hat{\Sigma}| - \frac{2r}{T}$$

$$\text{BIC} = \ln |\hat{\Sigma}| - \frac{\ln T}{T} r$$

其中，$|\hat{\Sigma}|$ 为估计 VAR 模型残差的方差-协方差矩阵的行列式，r 为模型待估计的参数个数（包含常数项），T 为样本容量.

AIC 准则和 BIC 准则定阶是指在 p 的一定变化范围内，寻求使 AIC、BIC 最小的 $\hat{p}$ 作为 p 的估计. 当两种信息准则出现矛盾时，以 BIC 准则为准.

2. VAR 模型的估计、检验和应用

VAR 模型估计方法主要有最小二乘估计和最大似然估计两种，其数学原理不再赘述.

无论建立什么模型，都要对其进行检验，以判别其是否符合模型建立之初的假定和经济意义.

（1）稳定性检验.

对 VAR 模型来说，当一个随机干扰对系统的冲击随着时间的推移会逐渐消失时，说明此模型是稳定的；否则是不稳定的. 只有稳定的 VAR 模型才不会因受冲击影响而改变自身结构. VAR(p) 模型稳定的条件为 $|\boldsymbol{\Phi}(L) - \lambda \boldsymbol{I}| = 0$ 的根都落在单位圆内，其中，

$$\boldsymbol{\Phi}(L) = \boldsymbol{A}_1 L + \boldsymbol{A}_2 L^2 + \cdots + \boldsymbol{A}_p L^p$$

（2）格兰杰（Granger）因果关系检验.

VAR 模型的一个重要应用就是分析时间序列变量之间的因果关系. 格兰杰因果关系检验解决了 x 是否引起 y 的问题，如果 x 在 y 的预测中有帮助，或两者的相关系数在统计意义下显著，就可以说"y 是由 x 格兰杰引起的". 下面以二元 VAR(2) 为例阐述格兰杰因果检验原理.

$$\begin{pmatrix} x_t \\ y_t \end{pmatrix} = \begin{pmatrix} a_{10} \\ a_{20} \end{pmatrix} + \begin{pmatrix} a_{11}^{(1)} & a_{12}^{(1)} \\ a_{21}^{(1)} & a_{22}^{(1)} \end{pmatrix} \begin{pmatrix} x_{t-1} \\ y_{t-1} \end{pmatrix} + \begin{pmatrix} a_{11}^{(2)} & a_{12}^{(2)} \\ a_{21}^{(2)} & a_{22}^{(2)} \end{pmatrix} \begin{pmatrix} x_{t-2} \\ y_{t-2} \end{pmatrix} + \begin{pmatrix} \varepsilon_{1t} \\ \varepsilon_{2t} \end{pmatrix}$$

$$H_0: \ a_{21}^{(1)} = a_{21}^{(2)} = 0, \qquad H_1: \ a_{21}^{(1)}, a_{21}^{(2)} \text{ 不全为零}$$

构造 F 检验统计量，其中，$a^{(i)}(i = 1, 2)$ 为滞后 i 阶项的系数. 其检验过程如下：

当 $F <$ 临界值时，接受 H_0，表明 x_t 对 y_t 存在格兰杰因果关系；

当 $F >$ 临界值时，拒绝 H_0，表明 x_t 对 y_t 不存在格兰杰因果关系.

VAR 模型常用于预测相互联系的时间序列系统以及分析随机干扰对系统的动态冲击，从而解释各种冲击对变量形成的影响.

1.5.3 案例分析

例 1.5.1 2010 年上海世博会是首次在中国举办的世界博览会. 从 1851 年伦敦举办世博会开始，世博会正日益成为各国人民交流历史文化、展示科技成果、体现合作精神、展望未来发展的重要舞台. 以 1990～2008 年可能受世博会影响的我国 8 个指标数据定量分析 2010 年上海世博会的影响力.

表 1.5.1 1990～2008 年 8 个指标数据表

年份	GDP 总量/亿元	出口贸易额/亿元	城镇总投资额/亿元	国外游客/万人	利率/%	城镇就业人数/万人	市场化程度/万人	城镇化水平/%
1990	18 667.82	1 510.2	6 767.2	174.73	1.8	17 041	699.75	22.01
1991	21 781.50	1 700.6	8 542.5	263.30	1.8	17 465	812.96	22.79
1992	26 923.48	2 026.6	10 317.8	355.60	3.2	17 861	938.29	23.43
1993	35 333.92	2 577.4	12 093.1	438.60	3.2	18 262	1 051.50	24.58
1994	48 197.86	3 496.2	13 868.4	500.30	3.2	18 653	1 357.10	25.72
1995	60 793.73	4 283.0	15 643.7	588.67	2.0	19 040	1 702.40	26.86
1996	71 176.59	4 838.9	17 567.2	674.43	1.7	19 922	2 024.20	27.89
1997	78 973.04	5 160.3	19 194.2	742.80	1.4	20 781	2 208.20	28.29
1998	84 402.28	5 425.1	22 491.4	710.77	1.4	21 616	2 336.70	28.42
1999	89 677.05	5 854.0	23 732.0	843.23	1.0	22 412	2 475.20	28.32
2000	99 214.55	6 280.0	26 221.8	1 016.04	1.0	23 151	2 694.70	28.44
2001	109 655.17	6 859.6	30 001.2	1 122.64	1.0	23 940	2 945.70	28.61
2002	120 332.69	7 702.8	35 488.8	1 343.95	0.7	24 780	3 184.90	28.72
2003	135 822.76	8 472.2	45 811.7	1 140.29	0.7	25 639	3 558.00	29.32
2004	159 878.34	9 421.6	59 028.2	1 693.25	0.7	26 476	4 163.00	30.72
2005	183 217.40	10 493.0	75 095.1	2 025.51	0.7	27 331	5 153.00	31.96
2006	211 923.50	11 759.5	93 368.7	2 221.03	0.7	28 310	5 828.00	33.35
2007	257 305.60	13 785.8	117 464.5	2 610.97	0.7	29 350	6 769.00	34.47
2008	300 670.00	14 306.9	148 738.3	2 432.53	0.7	30 210	7 983.00	35.63

解 设 $x_1, x_2, \cdots, x_8$ 分别为自变量指标 GDP 总量、出口贸易额等.

（1）编写程序.

程序详见在线小程序.

（2）结果分析.

为消除数据的趋势性，先对 8 个变量 $x_1, x_2, \cdots, x_8$ 分别取对数，得到新序列 $y_1, y_2, \cdots, y_8$. 由于变量个数比较多，相互关系复杂，因而考虑建立 VAR 模型研究变量之间的动态关系.

①平稳性检验.

由于变量个数较多,这里只给出对数序列 $y_1 = \log(x_1)$ 的 ADF 单位根检验结果,结果见表 1.5.2. 从表 1.5.2 可以看出,Tau 的 p 值都较大,表明该统计量显著不同于 0,所以不能拒绝序列 y_1 有单位根的假设,即该序列非平稳. 同理可验证其余变量均非平稳.

表 1.5.2　ADF 单位根检验结果

类型	滞后期	Rho	Pr<Rho	Tau	Pr<Tau	F	Pr>F
无漂移项	0	0.242 3	0.726 9	8.78	0.999 9		
	1	0.225 0	0.722 5	1.03	0.912 6		
	2	0.190 1	0.712 0	1.87	0.980 0		
	3	0.168 7	0.704 6	1.84	0.978 3		
含漂移项	0	−0.703 1	0.897 4	−1.96	0.299 4	55.62	0.001 0
	1	−1.246 6	0.845 4	−1.28	0.611 2	1.59	0.682 3
	2	−0.754 2	0.891 4	−1.19	0.651 3	2.88	0.385 8
	3	−0.290 3	0.925 7	−0.39	0.888 5	1.76	0.644 2
含趋势项	0	−3.343 5	0.902 5	−1.86	0.634 8	3.19	0.574 6
	1	−17.557 0	0.024 7	−5.85	0.001 1	17.66	0.001 0
	2	−20.015 6	0.005 7	−4.06	0.028 7	8.97	0.021 1
	3	−598.055 0	0.000 1	−5.66	0.002 2	16.03	0.001 0

②协整性检验.

鉴于所有序列均非平稳,接下来考察它们之间的协整关系. 表 1.5.3 给出了约翰森协整检验的结果. 从表 1.5.3 可以看出,$r=3$ 的原假设被拒绝,而 $r=4$ 的原假设未被拒绝,因此,这 8 个变量间至少存在 4 个协整关系.

表 1.5.3　约翰森协整检验

H_0: Rank = r	H_1: Rank > r	特征值	迹	临界值
0	0	0.999 2	319.149 4	155.75
1	1	0.968 9	191.808 7	123.04
2	2	0.923 6	129.331 0	93.92
3	3	0.890 6	83.049 8	68.68
4	4	0.638 7	43.220 7	47.21
5	5	0.576 6	24.897 7	29.38
6	6	0.407 5	9.429 7	15.34
7	7	0.000 5	0.009 6	3.84

由协整检验结果可知,变量之间存在协整关系,因此这 8 个序列可建立 VAR 模型.

①VAR 模型的建立.

建立 VAR 模型的一个关键问题就是选择滞后阶数 p 的选取,这里基于 AIC 信息准则

在 $p = 0, 1, 2$ 范围内确定合适的滞后阶数 p，计算结果见表 1.5.4. 由表 1.5.4 可知，当滞后阶数 $p = 1$ 时，AIC 最小，接下来建立 VAR(1)模型. 由于估计参数较多，表 1.5.5 只显示部分参数结果.

表 1.5.4   AIC 计算结果

滞后阶数	AIC
0	−43.350 54
1	−63.558 68
2	

表 1.5.5   参数估计部分表

方程	参数	估计	标准差	t 值	Pr > |t|	对应变量
	常数 1	−3.993 48	7.381 41	−0.54	0.601 6	1
	AR1_1_1	−0.087 63	0.828 07	−0.11	0.918 0	$y_1(t-1)$
	AR1_1_2	1.108 30	0.724 27	1.53	0.160 3	$y_2(t-1)$
	AR1_1_3	0.276 14	0.105 78	2.61	0.028 2	$y_3(t-1)$
y_1	AR1_1_4	0.139 11	0.065 54	2.12	0.062 8	$y_4(t-1)$
	AR1_1_5	0.091 73	0.055 07	1.67	0.130 1	$y_5(t-1)$
	AR1_1_6	0.525 63	0.798 79	0.66	0.527 0	$y_6(t-1)$
	AR1_1_7	−0.548 80	0.273 18	−2.01	0.075 5	$y_7(t-1)$
	AR1_1_8	0.650 71	1.119 70	0.58	0.575 4	$y_8(t-1)$
	常数 2	−3.476 73	11.624 72	−0.30	0.771 7	1
	AR1_2_1	−0.009 77	1.304 10	−0.01	0.994 2	$y_1(t-1)$
	AR1_2_2	1.110 21	1.140 63	0.97	0.355 8	$y_2(t-1)$
	AR1_2_3	0.151 82	0.166 59	0.91	0.385 9	$y_3(t-1)$
y_2	AR1_2_4	0.166 48	0.103 21	1.61	0.141 2	$y_4(t-1)$
	AR1_2_5	0.104 50	0.086 73	1.20	0.259 0	$y_5(t-1)$
	AR1_2_6	0.506 88	1.257 99	0.40	0.696 4	$y_6(t-1)$
	AR1_2_7	−0.515 43	0.430 21	−1.20	0.261 5	$y_7(t-1)$
	AR1_2_8	−0.299 44	1.763 38	−0.17	0.868 9	$y_8(t-1)$

根据表 1.5.5 中估计结果，可写出 VAR(1)模型的矩阵形式：

$$
\begin{pmatrix} \ln x_1 \\ \ln x_2 \\ \ln x_3 \\ \ln x_4 \\ \ln x_5 \\ \ln x_6 \\ \ln x_7 \\ \ln x_8 \end{pmatrix} = \begin{pmatrix} -3.993\,48 \\ -3.476\,73 \\ 6.872\,54 \\ 24.477\,23 \\ 46.274\,16 \\ 3.204\,23 \\ 6.864\,91 \\ 6.264\,36 \end{pmatrix} + \begin{pmatrix} -0.087\,63 & 1.108\,3 & 0.276\,14 & 0.139\,11 & 0.091\,73 & 0.525\,63 & -0.548\,8 & 0.650\,71 \\ -0.009\,77 & 1.110\,21 & 0.151\,82 & 0.664\,8 & 0.104\,5 & 0.506\,88 & -0.515\,43 & -0.299\,44 \\ -0.466\,78 & 0.503\,56 & 1.295\,8 & 0.037\,42 & -0.105\,12 & -0.488\,36 & -0.079\,85 & -1.042\,97 \\ 3.658\,15 & -2.844\,625 & 0.622\,2 & 0.017\,52 & 0.052\,41 & -2.247\,36 & 0.774\,11 & -7.364\,28 \\ 2.778\,65 & -3.320\,4 & 0.997\,86 & 0.994\,28 & -0.165\,16 & -5.690\,42 & -2.026\,55 & 2.048\,89 \\ 0.148\,16 & -0.136\,92 & 0.010\,14 & -0.001\,13 & -0.018\,39 & 0.650\,68 & 0.086\,16 & -0.281\,34 \\ 0.480\,62 & 0.276\,12 & 0.573\,03 & 0.023\,61 & -0.108\,67 & -1.032\,87 & -0.385\,18 & 0.174\,85 \\ 0.025\,25 & 0.070\,46 & 0.075\,92 & -0.012\,55 & -0.002\,57 & -0.608\,42 & 0.012\,13 & 0.147\,76 \end{pmatrix} \begin{pmatrix} \ln x_1(-1) \\ \ln x_2(-1) \\ \ln x_3(-1) \\ \ln x_4(-1) \\ \ln x_5(-1) \\ \ln x_6(-1) \\ \ln x_7(-1) \\ \ln x_8(-1) \end{pmatrix}
$$

②模型检验.

首先对所建立的 VAR(1)模型进行显著性检验, 检验结果见表 1.5.6. 从表 1.5.6 可以看出, 8 个方程的 F 值对应伴随概率 $Pr>F$ 都较小, 表明所有方程均显著.

表 1.5.6　单方程的方差分析表

变量	R^2	标准差	F 值	$Pr > F$
y_1	0.999 5	0.022 69	2 277.70	<0.000 1
y_2	0.998 3	0.035 73	642.61	<0.000 1
y_3	0.999 0	0.036 80	1 145.63	<0.000 1
y_4	0.986 0	0.110 61	79.01	<0.000 1
y_5	0.972 6	0.130 63	39.98	<0.000 1
y_6	0.999 8	0.003 44	5 821.84	<0.000 1
y_7	0.999 4	0.022 71	1 836.92	<0.000 1
y_8	0.998 7	0.005 98	890.08	<0.000 1

接下来检验 VAR(1)模型的稳定性, 检验结果见表 1.5.7. 由表 1.5.7 可知, 8 个特征根的模均小于 1, 表明所建立模型是稳定的.

表 1.5.7　模型的稳定性检验

变量	实部	虚部	模	弧度	度
y_1	0.998 92	0.000 00	0.998 9	0.000 0	0.000 0
y_2	0.820 98	0.330 69	0.885 1	0.382 9	21.939 7
y_3	0.820 98	−0.330 69	0.885 1	−0.382 9	−21.939 7
y_4	0.624 11	0.486 37	0.791 2	0.662 0	37.929 3
y_5	0.624 11	−0.486 37	0.791 2	−0.662 0	−37.929 3
y_6	−0.224 92	0.362 87	0.426 9	2.125 7	121.792 3
y_7	−0.224 92	−0.362 87	0.426 9	−2.125 7	−121.792 3
y_8	−0.855 24	0.000 00	0.855 2	3.141 6	180.000 0

③预测.

利用 VAR(1)模型, 对 8 个变量进行五步外推预测, 共得到 40 个预测值, 这里只显示部分预测结果, 见表 1.5.8.

表 1.5.8　模型的稳定性检验

变量	观测	预测值	标准误差	95%的置信区间
	20	12.663 3	0.022 7	[12.618 8, 12.707 7]
	21	12.820 2	0.055 8	[12.710 8, 12.929 6]
y_1	22	12.977 3	0.071 9	[12.836 2, 13.118 4]
	23	13.137 7	0.080 7	[12.979 4, 13.295 9]
	24	13.288 1	0.084 1	[13.123 2, 13.453 0]
	20	9.619 8	0.035 7	[9.549 8, 9.689 8]
	21	9.738 5	0.065 4	[9.610 3, 9.866 7]
y_2	22	9.879 9	0.083 7	[9.715 9, 10.043 9]
	23	10.017 8	0.093 4	[9.834 7, 10.200 9]
	24	10.143 7	0.097 2	[9.953 2, 10.334 2]

1.5.4　总结与体会

向量自回归模型的优点如下：

（1）向量自回归模型主要通过实际数据而非理论来确定多变量系统的动态结构，因此不存在识别问题和内生解释变量问题.

（2）向量自回归模型主要应用于预测，以及分析系统受到某种冲击时该系统中各个变量的动态变化.

第2章 实验数据分析

在科学研究中，为探寻科学奥秘，研究者需要做实验或者进行调查研究，继而能够获得大量的数据. 这些数据中以分类数据最为典型，即在实验条件处在几个固定水平下进行组合测量，如不同的温度下、不同的压力下、不同的喷射速度下测量纺织品的质量. 也有一些数据因变量也是分类数据，如研究致病基因时，因变量分为两类，得病和不得病. 统计学家在处理这些分类数据的问题时创造了一系列数学方法，并在预测预报、关联分析、判别分析以及评价比较中有着广泛的应用. 方差分析、协方差分析、混合线性模型、logistic（逻辑斯谛）回归、Probit 回归、泊松（Poisson）回归、正交设计、均匀设计、生存分析等都是经典的处理分类数据的方法. 在 2017 年的全国大学生数学建模竞赛中也出现了这类数据的处理问题. 本章将介绍几种常见的实验数据分析方法.

2.1 logistic 回归分析

线性回归模型在定量分析的实际研究中也许是最流行的统计分析方法，然而在许多情况下，线性回归会受到限制. 例如，当因变量是一个分类变量而不是一个连续变量时，线性回归就不适用了. 实际上，许多社会科学的观察都只是分类的而不是连续的，如政治学中经常研究的是否某候选人，经济学中研究的是否销售或购买某商品、是否签订某合同等. 这种选择量度通常分为两类，即"是"与"否". 此外，有的时候人们甚至愿意将连续量度转换为类型划分. 一种常见的情况就是，当分析学生升学考试成绩的影响因素时，考试分数可以被划分成两类："录取线以上"和"录取线以下". 只要选定一个分界点，连续变量便可以被转换成二分类变量. 在分析分类变量时，logistic 回归模型是一种通常被采用的统计方法，下面用一个实例介绍其应用.

医学研究中经常需要分析分类型变量的问题，如有病与无病、有效与无效、感染与未感染等二分类变量. 人们关心的问题是，哪些因素导致了人群中有些人患某种病，而有些人不患某种病，哪些因素导致了某种治疗方法治愈、显效、好转和无效等不同的效果等. 这类问题实质上都是回归问题，因变量就是上述提到的这些分类型变量，自变量 x 是与之有关的一些因素. 但是，这样的问题却不能直接用线性回归分析方法来解决，其根本原因在于，因变量是分类型变量，严重违背了线性回归分析对数据的假设条件. 那么应该怎样解决这个问题呢？我们可以换一个角度来思考，不是直接分析 y 与 x 的关系，而是分析 y 取某个值的概率 p 与 x 的关系. 例如，令 y 为 1 或 0 的变量， $y=1$ 表示患病， $y=0$ 表示未患病， x 表示与患病有关的危险因素， $p=P\{y=1\}$ 表示患病的概率，那么研究患病的概率 p 与危险因素 x 的关系就不是很困难的事情了.

分析因变量 y 取某个值的概率 p 与自变量 x 的关系，就是寻找一个连续函数，使得当

x 变化时它对应的函数值 p 不超出 [0,1] 范围. 数学上这样的函数是存在且不唯一的，logistic 回归模型就是满足这种要求的函数之一. 与线性回归分析相似，logistic 回归分析的基本原理就是利用一组数据拟合一个 logistic 回归模型，然后借助这个模型揭示总体中若干个自变量与一个因变量取某个值的概率之间的关系.

2.1.1 logistic 回归模型

首先，回顾多元线性回归模型

$$y = \beta_0 + \beta_1 x_1 + \beta_2 x_2 + \cdots + \beta_r x_r, \qquad \varepsilon \sim N(0, \sigma^2)$$

则因变量 y 的估计值 $\hat{y} = E(y) = \beta_0 + \beta_1 x_1 + \beta_2 x_2 + \cdots + \beta_r x_r$. 受线性回归的启发，当因变量 y 为二分类变量，取值 0 或 1，考虑用 y 的均值来估计 y，则

$$E(y) = P\{y = 1\} = p$$

因变量 y 的估计问题就转化为寻找 $y = 1$ 的概率 p 与自变量之间的回归方程

$$p = \beta_0 + \beta_1 x_1 + \beta_2 x_2 + \cdots + \beta_r x_r$$

这样的模型显然是不合适的，因为方程左边的概率 p 取值范围是 [0,1]，但方程右边的取值范围是 $(-\infty, +\infty)$，可能在 [0,1] 范围之外，二者并不相符.

根据大量观察，因变量 $p = P\{y = 1\}$ 与自变量的关系通常不是直线关系，而是 S 型曲线关系. 这里以收入水平和购车概率的关系来加以说明，当收入非常低时，收入的增加对购买概率影响很小，因为买不起；但是当收入达到某一阈值时，购买概率会随着收入的增加而迅速增加；当购买概率达到一定水平时，收入增加的影响又会逐渐减弱，因为绝大部分在该收入水平的人都已经买车了. 这种变化规律是线性回归无法刻画的.

以上问题促使统计学家们不得不寻求新的解决思路，例如，同在曲线回归中，往往采用变量变换，使得曲线直线化，然后再进行直线回归方程的拟合. 那么，能否考虑对所预测的因变量加以变换，使得以上矛盾得以解决呢？考克斯（Cox）在 1970 年引入 logit 变换成功解决了这个问题（图 2.1.1）.

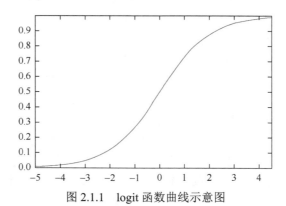

图 2.1.1　logit 函数曲线示意图

logistic 函数

$$f(x) = \frac{\mathrm{e}^x}{1 + \mathrm{e}^x} = \frac{1}{1 + \mathrm{e}^{-x}}$$

自变量 $x \in (-\infty, +\infty)$，函数值 $f(y)$ 在 $[0,1]$ 取值，且呈单调上升的 S 型曲线. 可以将这一特征运用到描述事件发生的概率与影响因素的关系上.

作如下变换：

$$\operatorname{logit}(p) = \ln \frac{p}{1-p} = \beta_0 + \beta_1 x_1 + \beta_2 x_2 + \cdots + \beta_r x_r$$

其中，ln 是以 e 为底的自然对数；$\beta_0, \beta_1, \cdots, \beta_r$ 称为回归系数. 这种 p 与自变量间的回归关系式就是 logistic 回归模型. 将 p 变换为 $\ln[p/(1-p)]$ 称为 logit 变换，记为 $\operatorname{logit}(p)$，所以也称为 logit 模型. logit 变换使得在 $[0,1]$ 范围取值的 p 变换到 $(-\infty, +\infty)$，当 $p \to 0$ 时，$\operatorname{logit}(p) \to -\infty$；当 $p \to 1$ 时，$\operatorname{logit}(p) \to +\infty$.

logistic 回归模型有以下三种等价的表达形式：

$$\operatorname{logit}(p) = \ln \frac{p}{1-p} = \beta_0 + \beta_1 x_1 + \beta_2 x_2 + \cdots + \beta_r x_r$$

$$p = \frac{\exp\{\beta_0 + \beta_1 x_1 + \beta_2 x_2 + \cdots + \beta_r x_r\}}{1 + \exp\{\beta_0 + \beta_1 x_1 + \beta_2 x_2 + \cdots + \beta_r x_r\}}$$

$$p = \frac{1}{1 + \exp\{-(\beta_0 + \beta_1 x_1 + \beta_2 x_2 + \cdots + \beta_r x_r)\}}$$

2.1.2　logistic 回归的参数估计

logistic 回归系数的估计通常采用最大似然法. 最大似然法的基本思想是，先建立似然函数与对数似然函数，再通过使对数似然函数最大求解相应的参数值，所得的估计值为参数的最大似然估计值.

假设有 n 个观测值 $y_1, y_2, \cdots, y_n$，设 $p_i = P\{y_i = 1 \mid X = x_i\}\,(i=1,2,\cdots,n)$ 为给定 $X = x_i$ 的条件下得到结果 $y_i = 1$ 的条件概率，而在同样条件下得到结果 $y_i = 0$ 的条件概率为 $1 - p_i$，于是得到一个观测值的概率为 $P\{y = y_i \mid X = x_i\} = p_i^{y_i}(1 - p_i)^{y_i}$，其中，$y_i$ 取值为 0 或 1，相应的似然函数为

$$L(\beta) = \prod_{i=1}^{n} p_i^{y_i}(1 - p_i)^{y_i}$$

两边取对数得

$$\ln L(\beta) = \ln \left[\prod_{i=1}^{n} p_i^{y_i}(1 - p_i)^{y_i} \right] = \sum_{i=1}^{n} \left[y_i \ln p_i + (1 - y_i)\ln(1 - p_i) \right]$$

$$= \sum_{i=1}^{n} y_i \ln \frac{p_i}{1 - p_i} + \sum_{i=1}^{n} \ln(1 - p_i)$$

将 logistic 回归方程代入得

$$\ln L(\beta) = \sum_{i=1}^{n} y_i \left(\beta_0 + \sum_{k=1}^{r} \beta_k x_{ik} \right) - \sum_{i=1}^{n} \ln \left(1 + \exp\left\{ \beta_0 + \sum_{k=1}^{r} \beta_k x_{ik} \right\} \right)$$

分别对 $\beta_0, \beta_1, \cdots, \beta_r$ 求偏导，令 $\dfrac{\partial \ln L(\beta)}{\partial \beta_i} = 0$ ，可以得到似然方程组，直接求解比较困难，采用牛顿-拉弗森（Newton-Raphson）迭代算法可得参数 β_j 的最大似然估计值 $\hat{\beta}_j(j = 0, 1, \cdots, r)$.

参数的意义：

（1）优势（比数）$\text{odds} = \dfrac{p}{1-p}$ ，表示在一定条件下，发生的概率与不发生的概率的比值. 当 $\text{odds} > 1$ 时，事件更为可能发生.

（2）优势比（比数比）$\text{OR} = \dfrac{p_1/(1-p_1)}{p_0/(1-p_0)}$ ，表示与自变量类别相连的两个优势比之间的差别.

（3）相对危险度 $\text{RR} = \dfrac{p_1}{p_0}$ ，表示与自变量类别相连的事件发生的概率比，当发生的概率很低时，$\text{OR} \approx \text{RR}$.

（4）回归系数，对于一元 logistic 回归模型，当自变量也为二分类变量时，回归系数的表达式为

$$\beta_0 = \ln \frac{P\{y = 1 \mid X = 0\}}{1 - P\{y = 1 \mid X = 0\}}$$

$$\beta_1 = \ln \frac{P\{y = 1 \mid X = 1\}}{1 - P\{y = 1 \mid X = 1\}} - \ln \frac{P\{y = 1 \mid X = 0\}}{1 - P\{y = 1 \mid X = 0\}} = \ln \text{OR}$$

2.1.3 logistic 回归模型的检验

1. 信息测量指标评估模型的拟合优度

模型估计完成后，要评价模型有效地匹配观测数据的程度. 若模型的预测值与对应的观测值有较高的一致性，则认为该回归模型拟合数据效果好. 下面介绍用信息测量指标来评估模型的拟合优度.

（1）AIC 指标.

AIC 的计算公式为

$$\text{AIC} = -2\ln L(\hat{\beta}) + 2(q + s)$$

其中，$\ln L(\hat{\beta})$ 为模型最大似然值的对数值，q 为模型中的自变量个数，s 为因变量的类别数减 1.

从 AIC 的计算公式可以看出，AIC 标准加入了对变量的惩罚项. 也就是说，并不一定变量越多模型越优，当加入无意义的变量后，AIC 值反而会提示模型拟合差. AIC 指标通常不用于单个模型的评价，而用于同一数据的两个或多个模型拟合优度的比较. 较小的 AIC 值表示模型拟合较好.

（2）SC 指标.

SC 指标的计算公式为

$$SC = -2\ln L(\hat{\beta}) + (q + s)\ln n$$

其中，$\ln n$ 为样本量的自然对数，其余含义与 AIC 指标相同.

SC 与 AIC 一样，都是值越小表示模型拟合越好.

（3）似然比检验法.

似然比检验法用于检验全部自变量对因变量的联合作用，其计算公式为

$$-2\ln L = -2\ln L(\hat{\beta})$$

似然比检验法也是值越小模型拟合越好.

2. 回归系数的显著性检验

对回归系数进行显著性统计检验：

$$H_0:\ \beta_k = 0 \leftrightarrow H_1:\ \beta_k \neq 0 \quad (k = 0,1,\cdots,r)$$

如果零假设被拒绝，说明事件发生的概率依赖于 x_k 的变化. 为检验这一假设，需要先选择显著性水平 α，常用的 α 水平为 0.05，然后计算检验统计量的值，再计算出 p 值，如果 p 值小于预设的检验水平（如 0.05），便可以认为该变量对模型的影响是显著的.

（1）瓦尔德（Wald）检验.

瓦尔德检验统计量的表达式为

$$\text{Wald } \chi^2 = \left(\frac{\hat{\beta}_k}{\text{SE}_{\hat{\beta}_k}}\right)^2 \overset{H_0}{\sim} \chi^2(1)$$

其中，分子为自变量的参数估计值 $\hat{\beta}_k$，分母为参数估计值 $\hat{\beta}_k$ 的标准误差. 给定显著水平 α，拒绝域为 $W = \{\text{Wald } \chi^2 > \chi_\alpha^2(1)\}$. 若 $\alpha = 0.05$，当 Wald $\chi^2 > \chi_{0.05}^2(1) = 3.841$，即可拒绝 H_0，认为该变量对模型有显著性影响.

（2）似然比检验.

似然比检验是通过比较对数似然值来分析变量是否有统计学意义的. 检验统计量为

$$\text{LR} = 2\ln\frac{L(\hat{\beta})}{L(0)} \overset{H_0}{\sim} \chi^2(1)$$

其中，$L(\hat{\beta})$ 为包含所有自变量的最大似然函数的对数，$L(0)$ 为省略了自变量 x_k 的最大似然函数的对数. 判断方法同上面的瓦尔德检验.

2.1.4　logistic 回归的预测

给定预测点 $(x_{01}, x_{02}, \cdots, x_{0r})$，代入 logistic 回归模型，计算出因变量发生的概率为

$$p = \frac{\exp\left\{\hat{\beta}_0 + \sum_{k=1}^{r}\hat{\beta}_k x_{0k}\right\}}{1 + \exp\left\{\hat{\beta}_0 + \sum_{k=1}^{r}\hat{\beta}_k x_{0k}\right\}}$$

若 $p > 0.5$，则认为 $\hat{y} = 1$；若 $p < 0.5$，则认为 $\hat{y} = 0$.

2.1.5　其他类型的 logistic 回归

1. 多分类有序变量的 logistic 回归

二分类因变量的 logistc 回归模型在生物医学领域应用十分广泛，但生物医学领域不少情况下因变量属于多分类有序变量. 例如，研究性别和两种疗法对某疾病疗效的影响，疗效的评价分为三个有序等级——显效、有效和无效，就是三分类有序因变量情形，可以建立如下 logistic 回归模型：

$$\text{logit}(p_1) = \ln \frac{p_1}{1 - p_1} = \alpha_1 + \beta_1 x_1 + \beta_2 x_2 + \cdots + \beta_r x_r$$

$$\text{logit}(p_1 + p_2) = \ln \frac{p_1 + p_2}{1 - (p_1 + p_2)} = \alpha_2 + \beta_1 x_1 + \beta_2 x_2 + \cdots + \beta_r x_r$$

$$\text{logit}(p_1 + p_2 + p_3) = \ln \frac{p_1 + p_2 + p_3}{1 - (p_1 + p_2 + p_3)} = \alpha_3 + \beta_1 x_1 + \beta_2 x_2 + \cdots + \beta_r x_r$$

也可以推广到一般 k 分类有序因变量情形：

$$\text{logit}\left(\sum_{i=1}^{k} p_i\right) = \ln \frac{\sum_{i=1}^{k} p_i}{1 - \sum_{i=1}^{k} p_i} = \alpha_k + \beta_1 x_1 + \beta_2 x_2 + \cdots + \beta_r x_r$$

与传统的二分类因变量相比，多分类有序因变量有序得到的是取值水平的累积概率.

2. 多分类无序因变量的 logistic 回归

下面以四分类无序因变量情形为例建立的 logistic 回归模型，一般定义因变量的某一个水平为参照水平，其他水平与其相比：

$$\ln \frac{p_1}{p_4} = \alpha_1 + \beta_{11} x_1 + \beta_{12} x_2 + \cdots + \beta_{1r} x_r$$

$$\ln \frac{p_2}{p_4} = \alpha_2 + \beta_{21} x_1 + \beta_{22} x_2 + \cdots + \beta_{2r} x_r$$

$$\ln \frac{p_3}{p_4} = \alpha_3 + \beta_{31} x_1 + \beta_{32} x_2 + \cdots + \beta_{3r} x_r$$

3. 条件 logistic 回归

条件 logistic 回归适用于配对资料，例如，当得到一个研究病例后，选择一个或多个非病例作为对照，选择相应对照的条件是：某些需要控制的混杂因素与该病例之间相同或相似，从而形成一个匹配的对子. 配对设计的目的在于提高研究效率，并不是随意而为. 例如胃癌与幽门螺杆菌关系的研究，可按性别、年龄配对，因为性别、年龄在不少研究中都被证实可能是影响两者关系的混杂因素. 实际中有 $1:1$ 匹配、$1:m$ 匹配；也可灵活地 $m:n$ 匹配.

2.1.6 案例分析

例 2.1.1 研究不同治疗方法对某病疗效的影响，某研究人员随机选择 124 例患病的病人做临床试验，以探讨治疗方法对该病疗效的影响. 变量赋值为：治疗方法（传统组 treat=1，新法组 treat=2），疗效（无效 effect=0，有效 effect=1）. 请拟合不同的治疗方法对疗效的 logistic 回归模型，数据见表 2.1.1.

表 2.1.1 治疗方法和疗效数据

治疗组别	有效（effect=1）	无效（effect=0）	合计
传统组（treat=1）	16	48	64
新法组（treat=2）	40	20	60
合计	56	68	124

解 （1）MATLAB 程序.

程序详见在线小程序.

（2）结果分析.

①模型的拟合情况.

表 2.1.2 给出了模型的 AIC、SC 和 $-2\ln L$ 值. 从中可以看出，含治疗方法的 logistic 模型以上三个指标值均小于只含常数的模型，说明含治疗方法的模型拟合效果更好.

表 2.1.2 模型拟合检验表

准则	只含常数项	含治疗方法
AIC	33.148 7	12.771 9
SC	31.841 9	10.158 2
$-2\ln L$	31.148 7	8.771 9

②模型的检验情况.

由表 2.1.3 给出了模型的似然比检验结果，由最后一列的概率小于 0.05 可知，含治疗效果的模型显著.

表 2.1.3 似然比检验表

检验	χ^2	自由度	$\Pr > \chi^2$
似然比	22.376 8	1	<0.000 1

③参数估计和 OR 值估计结果.

这部分主要显示估计结果，表 2.1.4 和表 2.1.5 分别给出了模型的估计结果和 OR 值估

计结果. 从表 2.1.4 可知，不同的治疗效果对疗效的影响显著（$\Pr > |t|$ 的值小于 0.000 1）. OR 值表示新的治疗方法有效的治疗是传统治疗方法的 6 倍.

表 2.1.4　基于最大似然法的参数估计结果

参数	自由度	估计值	标准误差	t 值	$\Pr > |t|$
常数项	1	−2.890 4	0.639 0	−4.523 2	<0.000 1
疗效 treat	1	1.791 8	0.397 9	4.502 9	<0.000 1

表 2.1.5　OR 的点估计和区间估计表

效应	点估计	95%的置信区间
treat	6.000 0	[2.750 7, 13.087 4]

根据表 2.1.4 的估计结果，可得到相应的 logistic 回归方程：

$$\text{logit}(p) = \ln \frac{p}{1-p} = -2.890\ 4 + 1.791\ 8 \times \text{treat}$$

进而得到

$$p = \frac{\exp\{-2.890\ 4 + 1.791\ 8 \times \text{treat}\}}{1 + \exp\{-2.890\ 4 + 1.791\ 8 \times \text{treat}\}}$$

例 2.1.2　某研究人员随机选择 78 例患某病的病人做临床试验，以探讨性别和疾病严重程度对该病疗效的影响. 变量赋值为：性别（男 sex=1，女 sex=0），疾病严重程度（不严重 degree=0，严重 degree=1），疗效（有效 effect=1，无效 effect=0）. 请拟合性别、疾病严重程度对疗效的 logistic 回归模型，数据见表 2.1.6.

表 2.1.6　治疗方法和疗效数据

性别	疾病程度	有效（effect=1）	无效（effect=0）	合计
女 sex=1	不严重 degree=0	21	6	27
	严重 degree=1	9	9	18
男 sex=0	不严重 degree=0	8	10	18
	严重 degree=1	4	11	15

解　（1）MATLAB 程序.

MATLAB 程序详情见在线小程序.

（2）结果分析.

①模型的拟合情况（表 2.1.7～表 2.1.9）.

表 2.1.7 中的两个统计量都是用于刻画预测值与观测值之间差异的. 当 p 值越接近于 1 时，其值越小，说明模型拟合得越好. 本例中的偏差和皮尔逊都集中在 0.2 附近，表明模型的拟合效果较好. 表 2.1.8 为模型拟合检验表. 同时，表 2.1.9 中的似然比检验值的概率小于 0.05，也说明模型整体拟合效果较好.

表 2.1.7　模型拟合优度检验表

准则	值	自由度	值/自由度	Pr > χ^2
偏差	0.214 1	1	0.214 1	0.643 6
皮尔逊	0.215 5	1	0.215 5	0.642 5

表 2.1.8　模型拟合检验表

准则	只含常数项	含性别和程度
AIC	27.078 4	19.309 0
SC	26.464 7	17.467 9
$-2\ln L$	25.078 4	13.309 0

表 2.1.9　似然比检验表

检验	χ^2	自由度	Pr > χ^2
似然比	11.769 4	2	0.002 8

②参数估计和 OR 值估计结果（表 2.1.10、表 2.1.11）.

表 2.1.10　基于最大似然法的参数估计结果

参数	自由度	估计值	标准误差	t 值	Pr > $|t|$
常数项	1	1.156 8	0.403 6	2.866 5	0.004 2
性别 sex	1	−1.277 0	0.498 0	−2.564 2	0.010 3
程度 degree	1	−1.054 5	0.498 0	−2.117 6	0.034 2

表 2.1.11　OR 的点估计和区间估计表

效应	点估计	95%的置信区间
性别 sex	0.278 9	[0.105 1, 0.740 2]
程度 degree	0.348 4	[0.131 3, 0.924 5]

从表 2.1.10 可知，性别和疾病严重程度均对疗效的影响显著. OR 值表示男性有效的治疗是女性的 0.278 9 倍，疾病严重有效的治疗是疾病不严重的 0.348 4 倍.

根据表 2.1.10 的估计结果，可得到相应的 logistic 回归方程为

$$\text{logit}(p) = \ln\frac{p}{1-p} = 1.156\ 8 - 1.277\ 0 \times \text{sex} - 1.054\ 5 \times \text{degree}$$

例 2.1.3　某研究人员随机选择 485 例患某病的病人做临床试验，以探讨性别和治疗方法对该病疗效的影响. 变量赋值为：性别（男 sex=m，女 sex=f），治疗方法（A, B, C），疗效（无效 response=not，有效 response=cured）. 请拟合性别、治疗方法对疗效的 logistic 回归模型，数据见表 2.1.12.

表 2.1.12 治疗方法和疗效数据

性别	治疗方法（treat）	有效（response=cured）	无效（response=not）	合计
	A	78	28	106
男 sex=m	B	101	11	112
	C	68	46	114
	A	40	5	54
女 sex=f	B	54	5	59
	C	34	6	40

解 （1）MATLAB 程序.

MATLAB 程序详情见在线小程序.

（2）结果分析.

①模型拟合情况（表 2.1.13～表 2.1.15）.

由表 2.1.13 和表 2.1.15 的最后一列可知，模型整体拟合效果较好.

表 2.1.13 模型拟合优度检验表

准则	值	自由度	值/自由度	$Pr > \chi^2$
偏差	2.514 7	1	2.514 7	0.112 8
皮尔逊	2.757 4	1	2.757 4	0.096 8

表 2.1.14 模型拟合检验表

准则	只含常数项	含性别和程度
AIC	70.895 8	34.937 9
SC	70.687 6	34.104 9
$-2\ln L$	68.895 8	26.937 9

表 2.1.15 似然比检验表

检验	χ^2	自由度	$Pr > \chi^2$
似然比	41.957 9	3	<0.000 1

②参数估计和 OR 值估计结果（表 2.1.16、表 2.1.17）.

从表 2.1.16 可知，性别和治疗方法均对疗效有显著影响. OR 值表示男性有效的治疗是女性的 0.382 3 倍，治疗方法 A 的有效治疗是其他治疗方法的 1.794 5 倍，治疗方法 B 的有效治疗是其他治疗方法的 4.762 5 倍.

表 2.1.16　基于最大似然法的参数估计结果

参数	自由度	估计值	标准误差	t 值	Pr > |t|
常数项	1	1.418 4	0.298 7	4.748 7	<0.000 1
dsex	1	−0.961 6	0.299 8	−3.207 6	0.001 3
treata	1	0.584 7	0.264 1	2.214 0	0.026 8
treatb	1	1.560 8	0.316 0	4.939 7	<0.000 1

表 2.1.17　OR 的点估计和区间估计表

效应	点估计	95%的置信区间
dsex	0.382 3	[0.212 4, 0.688 0]
treata	1.794 5	[1.069 4, 3.011 3]
treatb	4.762 5	[2.563 8, 8.846 6]

相应的 logistic 回归方程为

$$\text{logit}(p) = \ln \frac{p}{1-p} = 1.418\,4 - 0.961\,6 \times \text{dsex} + 0.584\,7 \times \text{treata} + 1.560\,8 \times \text{treatb}$$

例 2.1.4　某研究人员随机选择 84 例患某病的病人做临床试验, 以探讨性别和治疗方法对该病疗效的影响. 变量赋值为: 性别 (男 sex=0, 女 sex=1), 治疗方法 (新疗法 treat=1, 传统疗法 treat=0), 疗效 (显效 marked, 有效 some, 无效 none). 请拟合性别、治疗方法对疗效的 logistic 回归模型, 数据见表 2.1.18.

表 2.1.18　治疗方法和疗效数据

性别	治疗方法	显效 marked	有效 some	无效 none	合计
女 sex=1	新疗法 treat=1	16	5	6	27
	传统疗法 treat=0	6	7	19	32
男 sex=0	新疗法 treat=1	5	2	7	14
	传统疗法 treat=0	1	0	10	11

解　(1) MATLAB 程序.

MATLAB 程序详见在线小程序.

(2) 结果分析 (表 2.1.19、表 2.1.20).

从表 2.1.19 可知, 性别和治疗方法均对疗效的影响显著. OR 值表示女性有效的治疗是男性的 3.738 8 倍, 新疗法有效治疗效果是传统疗法的 6.033 4 倍.

表 2.1.19　基于最大似然法的参数估计结果

参数	自由度	估计值	标准误差	t 值	Pr > |t|
常数项	1	−2.667 2	0.599 7	19.780 0	<0.000 1
常数项	1	−1.812 8	0.556 6	10.606 4	0.001 1
性别 sex	1	1.318 8	0.529 2	6.209 6	0.012 7
治疗法 treat	1	1.797 3	0.472 8	14.449 3	0.000 1

表 2.1.20   OR 的点估计和区间估计表

效应	点估计	95%的置信区间
性别 sex	3.738 8	[1.325 2, 10.548 2]
治疗方法 treat	6.033 4	[2.388 3, 15.241 5]

相应的 logistic 回归方程为

$$\text{logit}(p_{\text{marked}}) = -2.667\,2 + 1.318\,8 \times \text{sex} + 1.797\,3 \times \text{treat}$$

$$\text{logit}(p_{\text{marked}} + p_{\text{some}}) = -1.812\,8 + 1.318\,8 \times \text{sex} + 1.797\,3 \times \text{treat}$$

2.1.7   总结与体会

    线性回归模型要求因变量是连续的正态分布变量，且自变量和因变量呈线性关系. 当因变量是分类变量，且自变量与因变量没有线性关系时，线性回归模型的假设条件就会遭到破坏. 这时，最好用 logistic 回归模型，因为它对因变量的分布没有要求. 从数学的角度看，logistic 回归模型非常巧妙地避开了分类型变量的分布问题，补充、完善了线性回归模型的缺陷. 从医学研究角度看，logistic 回归模型解决了一大批实际应用问题，对医学的发展有着举足轻重的作用.

2.2   Probit 回归分析

    Probit 模型是一个处理分类因变量的概率模型，是一个非线性回归模型，是现代统计学中应用最为广泛的模型之一. 它源自于生物实验，但随着 Probit 模型自身的不断发展，其应用已经渗透到各个领域. 尤其是生物统计和金融统计等方面，Probit 模型已经取得了不可替代的作用和地位.

    在 Probit 模型出现之前，统计学中使用的主要回归模型是最小二乘模型（线性模型）. 最小二乘模型假设因变量与自变量之间具有线性关系，并通过最小化残差项对参数进行估计. 这一估计不仅具有显式的表达式，而且还有参数的最好线性无偏估计. 最小二乘模型正是因为具有这些优良的统计性质，才得到了广泛的应用. 然而，最小二乘模型也有很大的局限性，最显著的一个局限，是模型对误差项的连续对称假设和线性假设共同导致的. 因为在很多实际问题中，因变量并不是连续的，在这种情况下就会产生因变量与自变量之间不满足线性关系或线性假设导致误差的不对称性等问题. Probit 模型就在这样的背景下应运而生的.

    上一节介绍了用 logistic 函数拟合 S 曲线，得到了 logistic 回归模型. 前面曾经提到其他 S 型函数曲线也能满足概率模型的要求，其中一个十分有名的是函数标准正态分布的分布函数，据此可以建立 Probit 回归模型.

2.2.1   Probit 回归模型

    假设 Y 是一个二值的因变量，取值为 0 或 1，X 为自变量，它可以是一个标量或向量.

令 $p_i = P\{y_i = 1 \mid X = x_i\}$ 为给定 $X = x_i$ 的条件下得到结果 $y_i = 1$ 的条件概率，而在同样条件下得到结果 $y_i = 0$ 的条件概率为 $1 - p_i$. 定义一个连续的被解释变量 Y^*，使得

$$y_i^* = \beta_0 + \beta_1 x_i + \varepsilon_i, \quad \varepsilon_i \sim N(0,1)$$

且 Y 与 Y^* 之间存在以下对应关系：

$$Y = \begin{cases} 1, & Y^* \geqslant 0 \\ 0, & Y^* < 0 \end{cases}$$

则有

$$
\begin{aligned}
p_i = P\{y_i = 1 \mid X = x_i\} &= P\{\beta_0 + \beta_1 x_i + \varepsilon_i > 0\} \\
&= P\{\varepsilon_i > -\beta_0 - \beta_1 x_i\} = P\{\varepsilon_i < \beta_0 + \beta_1 x_i\} \\
&= \Phi(\beta_0 + \beta_1 x_i) = \frac{1}{\sqrt{2\pi}} \int_{-\infty}^{\beta_0 + \beta_1 x_i} \mathrm{e}^{-t^2/2} \mathrm{d}t
\end{aligned}
$$

将上式转化为线性模型，有

$$\mathrm{Probit}(p_i) = \Phi^{-1}(p_i) = \beta_0 + \beta_1 x_i$$

其中，Φ 为标准正态分布的分布函数；Φ^{-1} 为标准正态分布的分布函数的反函数；β_0, β_1 称为回归系数. 这个模型称为 Probit 回归模型，所做的变换称为 Probit 变换. 这里介绍的是最简单的一元 Probit 回归模型，也可以推广到多元的情形：

$$\mathrm{Probit}(p_i) = \Phi^{-1}(p_i) = \beta_0 + \beta_1 x_1 + \beta_2 x_2 + \cdots + \beta_r x_r$$

Probit 模型有着和 logistic 模型类似的分布曲线，Probit 模型比 logistic 模型略陡峭，从图 2.2.1 可以看出它们的区别.

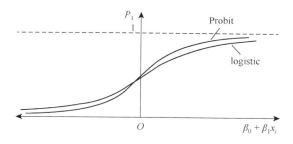

图 2.2.1　Probit 模型与 logistic 模型概率分布图形比较

2.2.2　Probit 回归模型的参数估计

Probit 模型的参数估计与 logistic 模型一样，都不能运用最小二乘法进行估计，而必须采用最大似然法进行估计. 需要特别注意的是，因为这两个模型都不是线性模型，所以回归后的模型系数不能像普通线性回归一样，被解释为自变量对因变量的解释程度，而只能从符号上判断自变量的增加导致因变量出现与否的概率增减.

假设有 n 个观测值 $y_1, y_2, \cdots, y_n$，设 $p_i = P\{y_i = 1 \mid X = x_i\}$ 为给定 $X = x_i$ 的条件下得到结果 $y_i = 1$ 的条件概率，而在同样条件下得到结果 $y_i = 0$ 的条件概率为 $1 - p_i$，于是得到一个观测值的概率为

$$P\{y = y_i \mid X = x_i\} = p_i^{y_i}(1 - p_i)^{y_i}$$

其中，y_i 取值为 0 或 1，相应的似然函数为

$$L(\beta) = \prod_{i=1}^{n} p_i^{y_i}(1 - p_i)^{y_i}$$

两边取自然对数得

$$\ln L(\beta) = \ln\left[\prod_{i=1}^{n} p_i^{y_i}(1 - p_i)^{y_i}\right] = \sum_{i=1}^{n}\left[y_i \ln p_i + (1 - y_i)\ln(1 - p_i)\right]$$

将 Probit 回归方程代入得

$$\ln L(\beta) = \sum_{i=1}^{n}\left\{y_i \ln \Phi\left(\beta_0 + \sum_{k=1}^{r}\beta_k x_{ik}\right) + (1 - y_i)\ln\left[1 - \Phi\left(\beta_0 + \sum_{k=1}^{r}\beta_k x_{ik}\right)\right]\right\}$$

分别对 $\beta_0, \beta_1, \cdots, \beta_r$ 求偏导，令 $\dfrac{\partial \ln L(\beta)}{\partial \beta_i} = 0$，可以得到似然方程组，采用迭代算法可得参数 β_j 的最大似然估计值 $\hat{\beta}_j (j = 0, 1, \cdots, r)$.

2.2.3　Probit 回归模型的检验

1. 皮尔逊检验

在回归分析中我们常常引入自变量，在 Probit 模型中称为协变量. 在固定样本规模 n 下，协变量类型越多，每个协变量分组越多，每组中的个案则越少. 皮尔逊统计量 χ^2 检验协变量分组中预测的次数与观测次数之间是否拟合得很好.

建立假设：

      H_0：协变量类型中的实际观测值与预测值没有差异

      H_1：协变量类型中的实际观测值与预测值有显著差异

检验统计量为

$$\chi^2 = \sum_{i=1}^{n}\frac{(\text{residuals}_i)^2}{n\hat{p}_i(1 - \hat{p}_i)}$$

在分析结果时应注意，p 值大于 0.05 时，表明接受原假设，认为预测值和观测值之间没有差异，意味着模型很好地拟合了数据.

2. 似然比检验

建立假设：

      H_0：$\beta_1 = \beta_2 = \cdots = \beta_r = 0,$ H_1：$\beta_1, \beta_2, \cdots, \beta_r$ 不全为零

定义似然比（LR）统计量为

$$\text{LR} = -2[\ln L(0) - \ln L(\hat{\beta})] \overset{H_0}{\sim} \chi^2(r)$$

判别规则是：若 $\text{LR} \leqslant \chi_\alpha^2(r)$，则接受零假设，认为约束条件成立；若 $\text{LR} > \chi_\alpha^2(r)$，则拒绝零假设，认为约束条件不成立.

2.2.4 logistic 模型与 Probit 模型的对比

当自变量中分类变量较多时，用 logistic 回归；当自变量中连续性变量较多且服从正态分布时，用 Probit 回归. logistic 回归的系数相对可以得到很好的解释，而 Probit 回归的系数解释起来比较麻烦. 目前针对 logistic 回归的诊断及补救措施较 Probit 回归充足. 实际中 logistic 回归与 Probit 回归的结果非常接近，logistic 模型系数约为 Probit 模型系数的 1.6 倍，两个模型均用于解释事件发生的概率.

2.2.5 案例分析

例 2.2.1 对于上一节的例 2.1.2，利用 Probit 回归分析方法进行建模.
解 （1）MATLAB 程序.
MATLAB 程序详见在线小程序.
（2）结果分析.
①拟合优度检验（表 2.2.1～表 2.2.3）.
由表 2.2.1 的结果可知，偏差统计量和皮尔逊 χ^2 统计量对应的 p 值分别为 0.642 9 和 0.641 9，均大于 0.05，即通过了拟合优度检验，说明模型拟合优度较好. 同时，表 2.2.3 中的似然比检验值的概率小于 0.01，也说明模型整体拟合效果较好.

表 2.2.1 模型拟合优度检验表

准则	值	自由度	值/自由度	$Pr > \chi^2$
偏差	0.215 0	1	0.215 0	0.642 9
皮尔逊	0.216 2	1	0.216 2	0.641 9

表 2.2.2 模型拟合检验表

准则	只含常数项	含性别和程度
AIC	27.078 4	19.309 9
SC	26.464 7	17.468 8
$-2\ln L$	25.078 4	13.309 9

表 2.2.3 似然比检验表

检验	χ^2	自由度	$Pr > \chi^2$
似然比	11.768 5	2	0.002 8

②参数估计（表 2.2.4）.

表 2.2.4　基于最大似然法的参数估计结果

参数	自由度	估计值	标准误差	t 值	$\Pr > |t|$
intercept	1	0.710 2	0.238 4	2.979 0	0.002 9
sex	1	−0.783 0	0.301 2	−2.599 8	0.009 3
degree	1	−0.643 6	0.301 2	−2.137 1	0.032 6

由表 2.2.4 可知，在参数检验中，各参数对应的 p 值均小于 0.05，都通过了检验，故可利用估计的参数得到 Probit 回归模型的表达式为

$$\text{Probit}(p) = \Phi^{-1}(p) = 0.710\,2 - 0.783\,0 \times \text{sex} - 0.643\,6 \times \text{degree}$$

与上一节的例 2.1.2 比较，我们发现，logistic 回归模型的系数约为 Probit 模型系数的 1.6 倍. 上面的模型也可以表示成疾病治疗有效的概率的计算公式：

$$p = P\{y=1\} = \Phi(0.710\,2 - 0.783\,0 \times \text{sex} - 0.643\,6 \times \text{degree})$$

2.2.6　总结与体会

Probit 模型的本质是对线性模型的一个推广. 它的核心思想就是引入一个与离散的因变量相对应的正态潜在变量，可以认为这一思想是对因变量成功概率到对应的正态偏差的转换思想的升华. Probit 模型利用潜在变量思想，实现了从离散随机变量到连续随机变量之间的转换，从而保留了线性的假设. 然而正态潜在变量的引入，增加了分布函数的复杂性，给模型的参数估计和检验带来了很大的不便，这也是制约 Probit 模型发展的一个重要因素.

2.3　方　差　分　析

一个复杂的事物，其中往往有许多因素相互制约又相互依存. 方差分析的目的是通过数据分析找出对该事物有显著影响的因素、各因素之间的交互作用，以及显著影响因素的最佳水平等. 具体来说，在生产实践和科学研究中，经常要研究生产条件或试验条件的改变对产品的质量和产量有无影响. 例如，在农业生产中，需要考虑品种、施肥量、种植密度等因素对农作物收获量的影响；又如，某产品在不同的地区、不同的时期、采用不同的销售方法，其销售量是否有显著差异，在诸多影响因素中哪些因素是主要的，哪些因素是次要的，以及主要因素处于何种状态时，才能使农作物的产量和产品的销售量达到一个较高的水平. 方差分析在医药、制造业、农业等领域有重要应用，多用于试验优化和效果分析中.

2.3.1　单因素方差分析

只考虑一个因素 A 对所关心的指标的影响，取 A 几个水平，在每个水平上做若干个

试验，试验过程中除 A 外其他影响指标的因素都保持不变（只有随机因素存在），我们的任务就是从试验结果中推断，因素 A 对指标有无显著影响，即当取 A 不同水平时指标有无显著差异.

A 取某个水平下的指标视为随机变量，判断取 A 不同水平时指标有无显著差异，相当于检验若干总体的均值是否相等.

设因素 A 有 r 个水平 $A_1, A_2, \cdots, A_r$，在水平 $A_i(i=1,2,\cdots,r)$ 下总体 $x_i \sim N(\mu_i, \sigma^2)$，其中，$\mu_i, \sigma^2$ 未知. 又设在每个水平 A_i 下进行 $n_i(n_i \geq 2)$ 次独立试验，得到样本记为 $x_{ij}(i=1,2,\cdots,r;$ $j=1,2,\cdots,n_i)$. 显然样本观测值 $x_{ij} \sim N(\mu_i, \sigma^2)$，且相互独立. 将这些数据列成表，得到表 2.3.1.

表 2.3.1　单因素数据表

因素	观测值				组均值
A_1	x_{11}	x_{12}	$\cdots$	x_{1n_1}	$\bar{x}_{1\cdot}$
A_2	x_{21}	x_{22}	$\cdots$	x_{2n_2}	$\bar{x}_{2\cdot}$
$\vdots$	$\vdots$	$\vdots$		$\vdots$	$\vdots$
A_r	x_{r1}	x_{r2}	$\cdots$	x_{rn_r}	$\bar{x}_{r\cdot}$
总体均值	μ_1	μ_2	$\cdots$	μ_r	$\bar{x}$

将第 i 行称为第 i 组数据，其中，$\bar{x}_{i\cdot} = \dfrac{1}{n_i}\sum\limits_{j=1}^{n_i} x_{ij}$ 为第 i 组平均值；$\bar{x} = \dfrac{1}{n}\sum\limits_{i=1}^{r}\sum\limits_{j=1}^{n_i} x_{ij}$ 为总平均值. 记

$$\mu = \frac{1}{n}\sum_{i=1}^{r} n_i \mu_i, \quad n = \sum_{i=1}^{r} n_i, \quad \alpha_i = \mu_i - \mu \quad (i=1,2,\cdots,r)$$

其中，α_i 为水平 A_i 对指标的效应.

（1）数学模型.

判断 A 的 r 个水平对指标有无显著影响，等价于下面的假设检验：

$$H_0: \mu_1 = \mu_2 = \cdots = \mu_r, \qquad H_1: \mu_1, \mu_2, \cdots, \mu_r \text{ 不全相等}$$

由于 x_{ij} 的取值受不同水平 A_i 的影响，又受 A_i 固定下随机因素的影响，所以可将 x_{ij} 分解为

$$x_{ij} = \mu_i + \varepsilon_{ij} \quad (i=1,2,\cdots,r; \ j=1,2,\cdots,n_i)$$

其中，$\varepsilon_{ij} \sim N(0, \sigma^2)$，且相互独立. 将 $\alpha_i = \mu_i - \mu$ 代入上式，得到单因素方差分析的数学模型为

$$\begin{cases} x_{ij} = \mu + \alpha_i + \varepsilon_{ij} \\ \sum\limits_{i=1}^{r} \alpha_i = 0 \\ \varepsilon_{ij} \sim N(0, \sigma^2)(i=1,2,\cdots,r; \ j=1,2,\cdots,n_i) \end{cases}$$

此时，原假设等价于

$$H_0: \quad \alpha_1 = \alpha_2 = \cdots = \alpha_r = 0$$

（2）平方和分解.

考察全部样本数据对 $\bar{x}$ 的总偏差平方和

$$S_T = \sum_{i=1}^{r} \sum_{j=1}^{n_i} (x_{ij} - \bar{x})^2$$

经分解可得

$$S_T = \sum_{i=1}^{r} n_i (\bar{x}_{i\cdot} - \bar{x})^2 + \sum_{i=1}^{r} \sum_{j=1}^{n_i} n_i (x_{ij} - \bar{x}_{i\cdot})^2$$

记

$$S_A = \sum_{i=1}^{r} n_i (\bar{x}_{i\cdot} - \bar{x})^2, \qquad S_E = \sum_{i=1}^{r} \sum_{j=1}^{n_i} n_i (x_{ij} - \bar{x}_{i\cdot})^2$$

则

$$S_T = S_A + S_E$$

其中，S_A 为各组均值对总方差的离差平方和，称为组间平方和；S_E 为各组内数据对均值离差平方和的总和，称组内离差平方和.

（3）统计特性.

由于 $\sum_{j=1}^{n_i} (x_{ij} - \bar{x}_{i\cdot})^2$ 是总体 $N(\mu_i, \sigma^2)$ 的样本方差的 $n_i - 1$ 倍，因此有

$$\sum_{j=1}^{n_i} (x_{ij} - \bar{x}_{i\cdot})^2 / \sigma^2 \sim \chi^2(n_i - 1)$$

进而由 χ^2 分布的可加性可知

$$S_E / \sigma^2 \sim \chi^2(n - r)$$

当 H_0 成立时，S_A 只反映随机波动，且可证明 S_A 与 S_E 相互独立，同时得到 $S_A / \sigma^2 \sim \chi^2(r-1)$. 鉴于以上对 S_T, S_A, S_E 统计特征的分析，当 H_0 成立时，建立检验统计量

$$F = \frac{S_A/(r-1)}{S_E/(n-r)} \sim F_\alpha(r-1, n-r)$$

为检验原假设 H_0，给定显著性水平 α，当 $F < F_\alpha(r-1, n-r)$ 时，接受原假设；否则拒绝原假设.

（4）方差分析表.

将上述分析结果列成表 2.3.2 的形式，称为单因素方差分析表.

表 2.3.2　单因素方差分析表

方差来源	平方和	自由度	均方	F 比
因素 A	S_A	$r-1$	$\bar{S}_A = \dfrac{S_A}{r-1}$	$F = \dfrac{\bar{S}_A}{\bar{S}_E}$
误差	S_E	$n-r$	$\bar{S}_E = \dfrac{S_E}{n-r}$	
总和	S_T	$n-1$		

2.3.2　双因素方差分析

如果要考虑两个因素 A，B 对指标的影响，A，B 各划分几个水平，对每一个水平组合做若干次试验，对所得数据进行方差分析，检验两个因素是否分别对指标有显著影响，或者还要进一步检验两因素是否对指标有显著的交互影响.

设因素 A 有 r 个水平 $A_1, A_2, \cdots, A_r$，因素 B 有 s 个水平 $B_1, B_2, \cdots, B_s$，在水平组合 (A_i, B_j) 下总体 $x_{ij} \sim N(\mu_{ij}, \sigma^2)$. 又设在水平组合 (A_i, B_j) 下进行 t 次独立试验，得到样本记为 $x_{ijk}(i=1,2,\cdots,r;\ j=1,2,\cdots,s;\ k=1,2,\cdots,t)$. 显然样本观测值 $x_{ijk} \sim N(\mu_{ij}, \sigma^2)$，且相互独立. 将这些数据列成表，得到表 2.3.3.

表 2.3.3　双因素数据表

因素	B_1	B_2	$\cdots$	B_s
A_1	$x_{111} \cdots x_{11t}$	$x_{121} \cdots x_{12t}$	$\cdots$	$x_{1s1} \cdots x_{1st}$
A_2	$x_{211} \cdots x_{21t}$	$x_{221} \cdots x_{22t}$	$\cdots$	$x_{2s1} \cdots x_{2st}$
$\vdots$	$\vdots$	$\vdots$		$\vdots$
A_r	$x_{r11} \cdots x_{r1t}$	$x_{r21} \cdots x_{r2t}$	$\cdots$	$x_{rs1} \cdots x_{rst}$

记

$$\mu = \frac{1}{rs}\sum_{i=1}^{r}\sum_{j=1}^{s}\mu_{ij}, \quad \mu_{i\cdot} = \frac{1}{s}\sum_{j=1}^{s}\mu_{ij}, \quad \alpha_i = \mu_{i\cdot} - \mu$$

$$\mu_{\cdot j} = \frac{1}{r}\sum_{i=1}^{r}\mu_{ij}, \quad \beta_j = \mu_{\cdot j} - \mu, \quad \gamma_{ij} = \mu_{ij} - \mu - \alpha_i - \beta_j$$

其中，μ 为总均值，α_i 为水平 A_i 对指标的效应，β_j 为水平 B_j 对指标的交互效应.

（1）数学模型.

将 x_{ijk} 分解为

$$x_{ijk} = \mu_{ij} + \varepsilon_{ijk} \quad (i=1,2,\cdots,r;\ j=1,2,\cdots,s;\ k=1,2,\cdots,t)$$

其中，$\varepsilon_{ijk} \sim N(0, \sigma^2)$，且相互独立. 进而得到单因素方差分析的数学模型为

$$\begin{cases} x_{ijk} = \mu + \alpha_i + \beta_j + \gamma_{ij} + \varepsilon_{ijk} \\ \sum_{i=1}^{r} \alpha_i = 0, \ \sum_{j=1}^{s} \beta_j = 0, \ \sum_{i=1}^{r} \gamma_{ij} = \sum_{j=1}^{s} \gamma_{ij} = 0 \\ \varepsilon_{ijk} \sim N(0, \sigma^2)(i=1,2,\cdots,r; \ j=1,2,\cdots,s; \ k=1,2,\cdots,t) \end{cases}$$

此时，原假设和备择假设为以下三种形式：

H_{01}: $\alpha_1 = \alpha_2 = \cdots = \alpha_r = 0$, 　　　H_{11}: $\alpha_1, \alpha_2, \cdots, \alpha_r$ 不全为零

H_{02}: $\beta_1 = \beta_2 = \cdots = \beta_s = 0$, 　　　H_{12}: $\beta_1, \beta_2, \cdots, \beta_s$ 不全为零

H_{03}: $\gamma_{11} = \gamma_{12} = \cdots = \gamma_{rs} = 0$, 　　　H_{13}: $\gamma_{11}, \gamma_{12}, \cdots, \gamma_{rs}$ 不全为零

（2）无交互作用的双因素方法分析.

如果根据经验或某种分析能够事先判定两个因素之间没有交互作用，每组试验就不必重复，即可令 $t=1$，那么双因素方差分析过程可以大大简化.

假设 $\gamma_{ij} = 0$，于是

$$\mu_{ij} = \mu + \alpha_i + \beta_j \quad (i=1,2,\cdots,r; \ j=1,2,\cdots,s)$$

此时数学模型可改写为

$$\begin{cases} x_{ij} = \mu + \alpha_i + \beta_j + \varepsilon_{ij} \\ \sum_{i=1}^{r} \alpha_i = 0, \ \sum_{j=1}^{s} \beta_j = 0 \\ \varepsilon_{ij} \sim N(0, \sigma^2)(i=1,2,\cdots,r; \ j=1,2,\cdots,s) \end{cases}$$

此时只需要检验假设 H_{01}, H_{02}，与单因素方差分析过程类似，可推导出检验统计量.

记

$$\overline{x} = \frac{1}{rs} \sum_{i=1}^{r} \sum_{j=1}^{s} x_{ij}, \quad \overline{x}_{i\cdot} = \frac{1}{s} \sum_{j=1}^{s} x_{ij}, \quad \overline{x}_{\cdot j} = \frac{1}{r} \sum_{i=1}^{r} x_{ij}$$

将全部样本的总离差平方和进行分解得

$$\begin{aligned} S_{\mathrm{T}} &= \sum_{i=1}^{r} \sum_{j=1}^{s} (x_{ij} - \overline{x})^2 \\ &= \sum_{i=1}^{r} \sum_{j=1}^{s} (x_{ij} - \overline{x}_{i\cdot} - \overline{x}_{\cdot j} + \overline{x})^2 + s \sum_{i=1}^{r} (\overline{x}_{i\cdot} - \overline{x})^2 + r \sum_{j=1}^{s} (\overline{x}_{\cdot j} - \overline{x})^2 \\ &= S_{\mathrm{E}} + S_{\mathrm{A}} + S_{\mathrm{B}} \end{aligned}$$

其中，

$$S_{\mathrm{A}} = s \sum_{i=1}^{r} (\overline{x}_{i\cdot} - \overline{x})^2, \quad S_{\mathrm{B}} = r \sum_{j=1}^{s} (\overline{x}_{\cdot j} - \overline{x})^2, \quad S_{\mathrm{E}} = \sum_{i=1}^{r} \sum_{j=1}^{s} (x_{ij} - \overline{x}_{i\cdot} - \overline{x}_{\cdot j} + \overline{x})^2$$

这里称 S_{A} 为因素 A 的平方和，S_{B} 为因素 B 的平方和.

和单因素方差分析类似，可证明，当 H_{01} 成立时，有

$$F_{\mathrm{A}} = \frac{S_{\mathrm{A}}/(r-1)}{S_{\mathrm{E}}/(r-1)(s-1)} \sim F_\alpha(r-1, (r-1)(s-1))$$

当 H_{02} 成立时，有

$$F_{B} = \frac{S_{B}/(s-1)}{S_{E}/(r-1)(s-1)} \sim F_{\alpha}(s-1,(r-1)(s-1))$$

检验规则为：当 $F_{A} < F_{\alpha}(r-1,(r-1)(s-1))$ 时，接受 H_{01}；否则拒绝 H_{01}.

当 $F_{B} < F_{\alpha}(s-1, (r-1)(s-1))$ 时，接受 H_{02}；否则拒绝 H_{02}.

将上述分析结果列成表 2.3.4 的形式，称为无交互作用的双因素方差分析表.

表 2.3.4　无交互作用的双因素方差分析表

方差来源	平方和	自由度	均方	F 比
因素 A	S_{A}	$r-1$	$\overline{S}_{A} = \dfrac{S_{A}}{r-1}$	$F = \dfrac{\overline{S}_{A}}{\overline{S}_{E}}$
因素 B	S_{B}	$s-1$	$\overline{S}_{B} = \dfrac{S_{B}}{s-1}$	$F = \dfrac{\overline{S}_{B}}{\overline{S}_{E}}$
误差	S_{E}	$(r-1)(s-1)$	$\overline{S}_{E} = \dfrac{S_{E}}{(r-1)(s-1)}$	
总和	S_{T}	$rs-1$		

（3）有交互作用的双因素方差分析.

与前面方法类似，记

$$\overline{x} = \frac{1}{rst}\sum_{i=1}^{r}\sum_{j=1}^{s}\sum_{k=1}^{t}x_{ijk}, \qquad \overline{x}_{ij\cdot} = \frac{1}{t}\sum_{k=1}^{t}x_{ijk}$$

$$\overline{x}_{i\cdot\cdot} = \frac{1}{st}\sum_{j=1}^{s}\sum_{k=1}^{t}x_{ijk}, \qquad \overline{x}_{\cdot j\cdot} = \frac{1}{rt}\sum_{i=1}^{r}\sum_{k=1}^{t}x_{ijk}$$

将全体样本的总离差平方和

$$S_{T} = \sum_{i=1}^{r}\sum_{j=1}^{s}\sum_{k=1}^{t}(x_{ijk} - \overline{x})^{2}$$

进行分解，可得

$$S_{T} = S_{A} + S_{B} + S_{AB} + S_{E}$$

其中，

$$S_{A} = st\sum_{i=1}^{r}(\overline{x}_{i\cdot\cdot} - \overline{x})^{2}, \qquad\qquad S_{B} = rt\sum_{j=1}^{s}(\overline{x}_{\cdot j\cdot} - \overline{x})^{2}$$

$$S_{AB} = t\sum_{i=1}^{r}\sum_{j=1}^{s}(x_{ij\cdot} - \overline{x}_{i\cdot\cdot} - \overline{x}_{\cdot j\cdot} + \overline{x})^{2}, \qquad S_{E} = \sum_{i=1}^{r}\sum_{j=1}^{s}\sum_{k=1}^{t}(x_{ijk} - \overline{x}_{ij\cdot})^{2}$$

称 S_{E} 为误差平方和，S_{A} 为因素 A 的平方和，S_{B} 为因素 B 的平方和，S_{AB} 为交互作用的平方和.

可证明，当 H_{03} 成立时，有

$$F_{AB} = \frac{S_{AB}/(r-1)(s-1)}{S_{E}/rs(r-1)} \sim F_{\alpha}((r-1)(s-1),rs(t-1))$$

将上述分析结果列成表 2.3.5 的形式，称为有交互作用的双因素方差分析表.

表 2.3.5　有交互作用的双因素方差分析表

方差来源	平方和	自由度	均方	F 比
因素 A	S_A	$r-1$	$\overline{S}_A = \dfrac{S_A}{r-1}$	$F = \dfrac{\overline{S}_A}{\overline{S}_E}$
因素 B	S_B	$s-1$	$\overline{S}_B = \dfrac{S_B}{s-1}$	$F = \dfrac{\overline{S}_B}{\overline{S}_E}$
交互作用	S_{AB}	$(r-1)(s-1)$	$\overline{S}_{AB} = \dfrac{S_{AB}}{(r-1)(s-1)}$	$F = \dfrac{\overline{S}_{AB}}{\overline{S}_E}$
误差	S_E	$(r-1)(s-1)$	$\overline{S} = \dfrac{S_E}{rs(r-1)}$	
总和	S_T	$rs-1$		

2.3.3　案例分析

例 2.3.1　单因素方差分析. 现有某校 2005～2006 学年第一学期 2077 名同学的"高等数学"课程的考试成绩，共涉及 6 个学院 69 个班级，部分数据见表 2.3.6.

表 2.3.6　部分数据表

学号	姓名	班级	学院	学院编号	成绩
05010101	郭强	050101	机械	1	87
05010102	张旭鹏	050101	机械	1	71
05010103	李桂艳	050101	机械	1	75
05010104	杨功	050101	机械	1	78
05010105	禹善强	050101	机械	1	76
05010106	刘达	050101	机械	1	66
05010107	刘中晗	050101	机械	1	61
05010108	王振波	050101	机械	1	67
05010109	赵长亮	050101	机械	1	82
050101010	石增辉	050101	机械	1	74

表 2.3.6 中列出了部分数据. 试根据全部 2 077 名同学的考试成绩，分析不同学院的学生的考试成绩有无显著差异.

解　（1）正态性检验.

在进行方差分析之前，应先检验样本数据是否满足方差分析的基本假定，即检验正态性和方差齐性. 下面首先调用 lillietest 函数检验 6 个学院的学生考试成绩是否服从正态分布，原假设是 6 个学院学生考试成绩服从正态分布，备择假设是不服从正态分布.

```
%**********************************************************
[x,y]=xlsread('example_1_1.xls');    %读取该工作表对应的数据
score=x(:,2);                        %提取矩阵 x 的第 2 列数据,即 2 077 名同学的成绩
college=y(2:end,4);                  %提取第 4 列第 2 行至最后一行的数据,即学院
                                       名称
college_id=x(:,1);                   %提取矩阵 x 的第 1 列数据,即学院编号
%*********************正态性检验***************************
for i=1:6
    scorei=score(college_id==i);
    [h,p]=lillietest(scorei);
    Result(i,:)=p;
end
result
```

输出结果如下:

```
result=
            0.0734
            0.1783
            0.1588
            0.1494
            0.4541
            0.0727
```

对 6 个学院的学生考试成绩进行的正态性检验的 p 值均大于 0.05,说明在显著性水平 0.05 下接受原假设,认为 6 个学院的学生考试成绩均服从正态分布.

（2）方差齐性检验.

下面调用 vartestn 函数检验 6 个学院的学生考试成绩是否服从方差相同的正态分布,原假设是 6 个学院的学生考试成绩服从方差相同的正态分布,备择假设是服从方差不同的正态分布.

```
%*********************方差齐性检验**************************
[p,stats]=vartestn(score,college)        %进行方差齐性检验
```

输出结果如下:

```
p=
        0.7138
```

（3）方差分析.

经过正态性和方差齐性检验之后,认为 6 个学院学生的考试成绩服从方差相同的正态分布.下面调用 anoval 函数进行单因素一元方差分析,检验不同学院学生的考试成绩有无显著差异,原假设是没有显著差异,备择假设是有显著差异.

```
%*********************方差分析****************************
[p,table,stats]=anoval(score,college)        %进行方差分析
```

输出结果如下:

```
p=
        5.6876e-74
```

anova1 函数返回的 p 值很小，且接近于 0，故拒绝原假设，认为不同学院的学生考试成绩有非常显著的差异.

方差分析表见表 2.3.7.

表 2.3.7　方差分析表

来源	平方和	自由度	均方	F 值	$Pr>F$
组间	29 191.9	5	583 838	76.74	$5.687\,64 \times 10^{-74}$
组内	157 560.8	2 071	76.08		
总计	186 752.7	2 076			

由方差分析表可知，$p=5.687\,64 \times 10^{-74} < 0.05$，因此拒绝原假设，即不同学院学生的考试成绩有非常显著的差异. 但是，这并不意味着任意两个学院学生的考试成绩都有显著差异，因此，还需进行两两比较的检验，即多重比较，找出考试成绩存在显著差异的学院. 下面调用 multcompare 函数，把 anova1 函数返回的结构体变量 stats 作为它的输入，进行多重比较.

```
%***********************多重比较***********************
[c,m,h,gnames]=multcompare(stats);　　%设置表头,以元胞数组形式显示矩阵 c
head={'组序号','组序号','置信下限','组间值差''置信上限',' '};
[head; num2cell(c)]                   %将矩阵 c 转为元胞数组,并与 head 一起显示
Ans=
'组序号','组序号','置信下限','组间值差''置信上限','      '
[    1]  [    2]  [-3.5650]  [-1.9095]  [-0.2540]  [    0.0130]
[    1]  [    3]  [-9.0628]  [-7.3361]  [-5.6093]  [2.0676e-08]
[    1]  [    4]  [-2.5980]  [-0.5460]  [ 1.5060]  [    0.9743]
[    1]  [    5]  [ 1.3255]  [ 3.1284]  [ 4.9313]  [1.1298e-05]
[    1]  [    6]  [ 2.8108]  [ 4.6100]  [ 6.4092]  [2.0679e-08]
[    2]  [    3]  [-7.2430]  [-5.4266]  [-3.6101]  [2.0679e-08]
[    2]  [    4]  [-0.7645]  [ 1.3635]  [ 3.4915]  [    0.4489]
[    2]  [    5]  [ 3.1490]  [ 5.0380]  [ 6.9270]  [2.0679e-08]
[    2]  [    6]  [ 4.6340]  [ 6.5195]  [ 8.4049]  [2.0679e-08]
[    3]  [    4]  [ 4.6061]  [ 6.7901]  [ 8.9740]  [2.0679e-08]
[    3]  [    5]  [ 8.5128]  [10.4645]  [12.4163]  [2.0679e-08]
[    3]  [    6]  [ 9.9977]  [11.9460]  [13.8943]  [2.0679e-08]
[    4]  [    5]  [ 1.4299]  [ 3.6745]  [ 5.9190]  [4.5367e-05]
[    4]  [    6]  [ 2.9144]  [ 5.1560]  [ 7.3976]  [2.1451e-08]
[    5]  [    6]  [-0.5346]  [ 1.4815]  [ 3.4976]  [    0.2902]
```

上面调用的 multcompare 函数返回了 4 个输出. 其中 c 是一个多行 6 列的矩阵，它的前 2 列是进行比较的两个组的组序号，也就是两个学院的编号；第 4 列是两个组的组均值差，也就是两个学院的平均成绩之差；第 3 列是两组均值差的 95% 置信区间的下限；第 5 列是两组均值差的 95% 置信区间的上限. 若两组均值差的置信区间不包含 0，则在显著性

水平 0.05 下，进行比较的两个组的组均值之间的差异是显著的；否则差异不显著. 从 c 矩阵的值可以清楚地看出哪些学院考试成绩之间的差异是显著的.

例 2.3.2 为了研究肥料施用量对水稻产量的影响，某研究所做了氮（因素 A）、磷（因素 B）两种肥料施用量的二因素试验，氮肥用量设低、中、高三个水平，分别用 N_1, N_2, N_3 表示；磷肥用量设低、高两个水平，分别用 P_1, P_2 表示. 共 $3 \times 2 = 6$ 个处理，重复 4 次，随机区组设计，测得水稻区组产量结果见表 2.3.8.

表 2.3.8　水稻氮、磷肥料施用量随机区组试验产量表

处理	区组				处理	区组			
	1	2	3	4		1	2	3	4
N_1P_1	38	29	36	40	N_2P_2	67	70	65	71
N_1P_2	45	42	37	43	N_3P_1	62	64	61	70
N_2P_1	58	46	52	51	N_3P_2	58	63	71	69

试根据表 2.3.8 中的数据，不考虑区组因素，分析氮、磷两种肥料的施用量对水稻产量是否有显著影响，并分析交互作用是否显著，这里取显著性水平 $\alpha = 0.01$.

解　（1）方差分析.

这里不再进行正态性和方差齐性检验，直接调用 anovan 函数进行双因素一元方差分析. MATLAB 程序代码如下：

```
yield=[38 29 36 40
       45 42 37 43
       58 46 52 51
       67 70 65 71
       62 64 61 70
       58 63 71 69];
yield=yield';                %矩阵转置
yield=yield(:);              %将数据矩阵 yield 按列拉长成 24 行 1 列的向量
A=strcat({'N'},num2str([ones(8,1);2*ones(8,1);2*ones(8,1)]));
                            %定义因素 A 的水平列表向量
B=strcat({'P'},num2str([ones(4,1);2*ones(4,1)]));
                            %定义因素 B 的水平列表向量
B=[B;B;B];
[A,B,num2cell(yield)]
Varnames={'A','B'};        %指定因素名称,A 表示氮肥施用量,B 表示磷肥施用量
%调用 anovan 函数进行双因素一元方差分析,返回主效应 A,B 和交互效应 AB 所对应的 p 值向
  量 p,还返回方差分析表 table,结构体变量 stats,标识模型效应项的矩阵 term
[p,table,stats,term]=anovan(yield,{A,B},'model','full','varnames',var
                            names)
```

运行结果如下：

```
P=
      0.0000
      0.0004
      0.0080
```

　　从方差分析表 2.3.9 中 $\mathrm{Pr} > F$ 的值可以看出，因素 A、因素 B 以及它们的交互作用的 p 值均小于给定的显著性水平 $\alpha = 0.01$，所以可认为氮、磷两种肥料的施用量对水稻的产量均有非常显著的影响，并且它们之间的交互作用也非常显著. 正是由于氮、磷两种肥料的施用量对水稻的产量均有非常显著的影响，下面还可以进一步地分析，例如，进行多重比较，找出因素 A，B 在哪种水平组合下水稻的平均产量更高，方差分析表见表 2.3.9.

表 2.3.9　方差分析表

来源	平方和	自由度	均方	F 值	$\mathrm{Pr} > F$
列	3 067	2	1 533.50	78.31	0.000 0
行	368.167	1	368.17	18.80	0.000 1
组间	250.333	2	125.17	6.39	0.008 0
组内	352.5	18	19.58		
总计	4 038	23			

（2）多重比较.

MATLAB 程序代码如下：

```
%调用 multcompare 对各处理进行多重比较
[c,m,h,gnames]=multcompare(stats,'dimension',[1 2]);
%查看多重比较结果矩阵 c
```

运行结果如下：

```
c=
      1.0000    2.0000   -25.9446   -16.0000    -6.0554    0.0009
      1.0000    3.0000   -38.4446   -28.5000   -18.5554    0.0000
      1.0000    4.0000   -15.9446    -6.0000     3.9446    0.4236
      1.0000    5.0000   -42.4446   -32.5000   -22.5554    0.0000
      1.0000    6.0000   -39.4446   -29.5000   -19.5554    0.0000
      2.0000    3.0000   -22.4446   -12.5000    -2.5554    0.0093
      2.0000    4.0000     0.0554    10.0000    19.9446    0.0483
      2.0000    5.0000   -26.4446   -16.5000    -6.5554    0.0006
      2.0000    6.0000   -23.4446   -13.5000    -3.5554    0.0047
      3.0000    4.0000   -12.5554    22.5000    32.4446    0.0009
      3.0000    5.0000   -13.9446    -4.0000     5.9446    0.7926
      3.0000    6.0000   -10.9446    -1.0000     8.9446    0.9995
      4.0000    5.0000   -36.4446   -26.5000   -16.5554    0.0000
      4.0000    6.0000   -33.4446   -23.5000   -13.5554    0.0000
      5.0000    6.0000    -6.9446     3.0000    12.9446    0.9251
[gnames,num2cell(m)]        %查看各处理的均值
```

运行结果如下：

```
 ans=
        'A=N1,B=P1',[35.7500]    [2.2127]
        'A=N2,B=P1',[51.7500]    [2.2127]
        'A=N3,B=P1',[64.2500]    [2.2127]
        'A=N1,B=P2',[41.7500]    [2.2127]
        'A=N2,B=P2',[68.2500]    [2.2127]
        'A=N3,B=P2',[65.2500]    [2.2127]
```

　　上面返回的矩阵 c 是 6 个处理间多重比较的结果矩阵，它的每一行的前 2 列是进行比较的两个处理的编号；第 4 列是两个处理的均值之差；第 3 列是两个处理均值差的 95% 的置信下限；第 5 列是两个处理均值差的 95% 置信上限. 当两个均值处理均值差的 95% 置信区间不包含 0 时，说明在显著性水平 0.05 下，这两个处理均值间的差异是显著的. 给 6 个处理 N1P1，N2P1，N3P1，N1P2，N2P2，N3P2 分别从 1～6 编号，从 c 矩阵可以看出，处理 1 与处理 2，3，5，6 差异显著，处理 2 与处理 1，3，4，5，6 差异显著，处理 3 与处理 1，2，4 差异显著，处理 5 与处理 1，2，4 差异显著，处理 6 与处理 1，2，4 差异显著. m 矩阵给出了 6 个处理的平均值，很明显第 5 个处理的平均值最大，也就是说因素 A，B 均取第 2 个水平时，水稻的平均产量最高. 因为处理 5 与处理 2，6 差异不显著，所以可认为第 3 个与第 6 个处理也是不错的选择. 在水稻的实际耕种过程中应结合成本，从处理 3，5，6 中进行选择.

2.3.4　总结与体会

　　方差分析可以对每个因素都进行具体的分析，得出其影响效应，并且可以得出因素与因素之间的交互作用，以及显著影响因素的最佳水平等. 因此，方差分析在实际生活中具有极其广泛的应用.

　　方差分析使用时的几个假定条件值得注意：

　　（1）各处理条件下的样本是随机的；

　　（2）各处理条件下的样本是相互独立的；

　　（3）各处理条件下的样本分别来自正态分布总体，否则使用非参数分析；

　　（4）各处理条件下的样本方差相同，具有齐次性.

　　一旦不满足上述条件，方差分析就不能使用，此时应该选用非参数统计中的 H 检验、M 检验或其他方法.

2.4　响应面回归分析

　　许多工业试验中考察的指标（称为响应变量或因变量）经常受到很多因素（称为因子变量或自变量）的影响. 试验的目的是找出当这些因素取何值时，考察的指标最佳. 假定指标和因素满足二次函数关系. 如果每个因素测定三个以上不同值，那么二次面可以用最小二乘估计法得到；如果得到曲面是凸面（像山丘）或凹面（像山谷）这类简单曲面，那么预测的最佳指标值（极大值或极小值）可以从所估计的曲面上获得；如果曲面很复杂，或者预测的最佳点远离所考察因素的试验范围，那么可以通过分析二次曲面的形状，来确定重新进行试验的方向.

　　响应面分析方法是由博克斯（Box）等提出的一种试验设计方法，它是一种综合试验设计和数学建模的优化方法，通过对具有代表性的局部点进行试验，回归拟合全局范围内因素与结果间的函数关系，并且取得各因素最优水平值. 最初用于物理试验的拟合，近年来已成为国际上新发展的一种优化理论方法，广泛应用于化工、农业、制药、环境和机械工程等领域，国内外许多学者和研究人员对此进行了大量研究. 响应面法具有试验次数少、试验周期短、精密度高、求得回归方程精度高、预测性能好、能研究多种因素间交互作用等优点.

2.4.1　二次响应面回归模型

　　假定某个响应变量 y 在三个因子变量 x_1, x_2, x_3 的一些组合值上被测量，关于响应变量 y 的二次响应面回归模型为

$$y = \beta_0 + \beta_1 x_1 + \beta_2 x_2 + \beta_3 x_3 + \beta_{12} x_{12} + \beta_{13} x_{13} + \beta_{23} x_{23} + \beta_{11} x_1^2 + \beta_{22} x_2^2 + \beta_{33} x_3^2 + \varepsilon$$

其中，$\varepsilon \sim N(0, \sigma^2)$ 为正态随机误差；β_0 称为回归截距；$\beta_j, \beta_{kj}, \beta_{jj}(k < j;\ k, j = 1, 2, 3)$ 称为回归系数. 推广到多元二次响应面模型为

$$y = \beta_0 + \sum_{j=1}^p \beta_j x_j + \sum_{k<j}^p \beta_{kj} x_k x_j + \sum_{j=1}^p \beta_{jj} x_j^2 + \varepsilon, \quad \varepsilon \sim N(0, \sigma^2)$$

　　考察第 i 次试验，用响应面模型表述响应变量 y 与自变量 $(x_1, x_2, \cdots, x_p)$ 样本观测之间的关系：

$$y_i = \beta_0 + \sum_{j=1}^p \beta_j x_{ij} + \sum_{k=1}^p \sum_{j=k+1}^p \beta_{kj} x_{ik} x_{ij} + \sum_{j=1}^p \beta_{jj} x_{ij}^2 + \varepsilon_i, \quad \varepsilon_i \sim N(0, \sigma^2) \quad (i = 1, 2, \cdots, n)$$

令 $\boldsymbol{y} = (y_1, y_2, \cdots, y_n)^{\mathrm{T}}$ 为响应向量，$\boldsymbol{\varepsilon} = (\varepsilon_1, \varepsilon_2, \cdots, \varepsilon_n)^{\mathrm{T}}$ 为误差向量，$\boldsymbol{\beta}$ 为回归参数向量.

$$\boldsymbol{\beta}_{(q+1) \times 1} = (\beta_0, \beta_1, \cdots, \beta_p, \beta_{12}, \cdots, \beta_{p-1,p}, \beta_{11}, \cdots, \beta_{pp})^{\mathrm{T}}$$

简记为

$$\boldsymbol{\beta} = (\beta_0, \beta_1, \cdots, \beta_q)^{\mathrm{T}}$$

$$\boldsymbol{X}_{n \times (q+1)} = \begin{pmatrix} 1 & x_{11} & \cdots & x_{1p} & x_{11}x_{12} & \cdots & x_{1,p-1}x_{1p} & x_{11}^2 & \cdots & x_{1p}^2 \\ 1 & x_{21} & \cdots & x_{2p} & x_{21}x_{22} & \cdots & x_{2,p-1}x_{2p} & x_{21}^2 & \cdots & x_{2p}^2 \\ \vdots & \vdots & & \vdots & \vdots & & \vdots & \vdots & & \vdots \\ 1 & x_{n1} & \cdots & x_{np} & x_{n1}x_{n2} & \cdots & x_{n,p-1}x_{np} & x_{n1}^2 & \cdots & x_{np}^2 \end{pmatrix}$$

可以进行适当变换. 例如，令 $x_{p+1} = x_1 x_2, x_{p+2} = x_1 x_3, \cdots, x_q = x_p^2$，则 $\boldsymbol{X}$ 可以改写成

$$X_{n \times (q+1)} = \begin{pmatrix} 1 & x_{11} & \cdots & x_{1p} & x_{1,p+1} & \cdots & x_{1q} \\ 1 & x_{21} & \cdots & x_{2p} & x_{2,p+1} & \cdots & x_{2q} \\ \vdots & \vdots & & \vdots & \vdots & & \vdots \\ 1 & x_{n1} & \cdots & x_{np} & x_{n,p+1} & \cdots & x_{nq} \end{pmatrix}$$

其中，X 为设计矩阵；$q = 2p + \dfrac{p(p-1)}{2}$. 则用矩阵形式表示的二次响应面模型为

$$y = X\beta + \varepsilon, \quad \varepsilon \sim N(0, \sigma^2 I_n)$$

其中，I_n 为 n 阶单位矩阵.

这样，二次响应面回归模型就从形式上转化为多元线性回归模型，当 $X^{\mathrm{T}} X$ 可逆时，利用最小二乘估计法可得回归系数的参数估计为

$$\hat{\beta} = (X^{\mathrm{T}} X)^{-1} X^{\mathrm{T}} y$$

2.4.2　二次响应面回归模型的检验

1. 回归方程的显著性检验

检验假设：

$$H_0: \ \beta_1 = \beta_2 = \cdots = \beta_q = 0, \qquad H_1: \ \beta_1, \beta_2, \cdots, \beta_q \text{不全为零}$$

令 $\hat{y}_i = \hat{\beta}_0 + \hat{\beta}_1 x_{i1} + \cdots + \hat{\beta}_q x_{iq}$，有总误差平方和分解式为

$$S_{\mathrm{T}} = \sum_{i=1}^{n} (y_i - \overline{y})^2 = \sum_{i=1}^{n} (y_i - \hat{y}_i)^2 + \sum_{i=1}^{n} (\hat{y}_i - \overline{y})^2 = S_{\mathrm{E}} + S_{\mathrm{R}}$$

其中，$S_{\mathrm{E}} = \sum\limits_{i=1}^{n} (y_i - \hat{y}_i)^2$ 为残差平方和，其自由度为 $f_{\mathrm{E}} = n - q - 1$；$S_{\mathrm{R}} = \sum\limits_{i=1}^{n} (\hat{y}_i - \overline{y})^2$ 为回归平方和，其自由度为 $f_{\mathrm{R}} = q$. 构造检验统计量为

$$F = \frac{S_{\mathrm{R}} / f_{\mathrm{R}}}{S_{\mathrm{E}} / f_{\mathrm{E}}} \overset{H_0}{\sim} F(f_{\mathrm{R}}, f_{\mathrm{E}}) = F(q, n - q - 1)$$

给定显著性水平 α，则拒绝域为 $W = \{F \geqslant F_{1-\alpha}(q, n-q-1)\}$. 当 $F \geqslant F_\alpha(q, n-q-1)$ 时，拒绝 H_0，认为回归方程效果显著.

2. 回归系数的显著性检验

检验假设：

$$H_{0j}: \ \beta_j = 0, \qquad H_{1j}: \ \beta_j \neq 0 \quad (j = 1, 2, \cdots, q)$$

对每一个回归系数进行 F 检验或 t 检验.

t 检验的统计量为

$$T = \frac{\hat{\beta}_j / \sqrt{c_{jj}}}{\hat{\sigma}} \overset{H_0}{\sim} t(n - q - 1)$$

给定显著性水平 α，则拒绝域为 $W = \{t \geqslant t_{\alpha/2}(n-q-1)\}$；$F$ 检验的统计量为

$$F = \frac{\hat{\beta}_j^2/c_{jj}}{\hat{\sigma}^2} \overset{H_0}{\sim} F(1, n-q-1)$$

给定显著性水平 α，则拒绝域为 $W = \{F \geqslant F_{1-\alpha}(1, n-q-1)\}$。其中，$c_{jj}$ 为矩阵 $(\boldsymbol{X}^{\mathrm{T}}\boldsymbol{X})^{-1}$ 的第 $j+1$ 个对角元；$\hat{\sigma} = \sqrt{S_{\mathrm{E}}/f_{\mathrm{E}}}$，$\hat{\sigma}^2$ 为模型中 σ^2 的无偏估计。这两个检验，当检验结果拒绝原假设时，认为回归系数 β_j 是显著的；否则认为 $\beta_j = 0$，可以将其对应的变量从回归方程中删除。

3. 失拟检验

安排重复试验的目的是弄清楚影响因变量的因素除指定因素外，是否还有不可忽视的其他因素，如交互作用，这种检验称为失拟检验。失拟检验是一种用来判断回归模型是否合适的检验。模型好坏的判断是看残差。残差是由两部分组成的：一部分是模型拟合得再好也消除不了的，称为随机误差或纯误差；另一部分与模型有关，模型越不合适值越大，称为失拟误差。残差平方和 S_{E} 分解为随机误差平方和 S_{e} 与失拟误差平方和 S_{Lf} 之和，即 $S_{\mathrm{E}} = S_{\mathrm{e}} + S_{\mathrm{Lf}}$，其自由度为 $f_{\mathrm{E}} = n-q-1$；$S_{\mathrm{e}} = \sum\limits_{i=1}^{n}\sum\limits_{j=1}^{m}(y_{ij} - \bar{y}_i)^2$，其自由度为 $f_{\mathrm{e}} = \sum\limits_{i=1}^{n}(m_i - 1)$，其中，$m_i$ 为 y_i 的重复数据个数，$\bar{y}_i = \dfrac{1}{m_i}\sum\limits_{j=1}^{m_i}y_{ij}$；$S_{\mathrm{Lf}} = \sum\limits_{i=1}^{n}m_i(\bar{y}_i - \hat{y}_i)^2$，其自由度为 $f_{\mathrm{Lf}} = f_{\mathrm{E}} - f_{\mathrm{e}}$。某些点上有重复试验数据，可以对 y 的期望是线性函数进行检验。

检验假设：

$$H_0\colon\ Ey = \beta_0 + \beta_1 x_1 + \cdots + \beta_q x_q, \qquad H_1\colon\ Ey \neq \beta_0 + \beta_1 x_1 + \cdots + \beta_q x_q$$

检验统计量

$$F_{\mathrm{Lf}} = \frac{S_{\mathrm{Lf}}/f_{\mathrm{Lf}}}{S_{\mathrm{e}}/f_{\mathrm{e}}} \overset{H_0}{\sim} F(f_{\mathrm{Lf}}, f_{\mathrm{e}})$$

给定显著性水平 α，则拒绝域为 $W = \{F_{\mathrm{Lf}} \geqslant F_{1-\alpha}(f_{\mathrm{Lf}}, f_{\mathrm{e}})\}$。当 $F_{\mathrm{Lf}} \geqslant F_{1-\alpha}(f_{\mathrm{Lf}}, f_{\mathrm{e}})$ 时，拒绝 H_0，认为模型失拟，不合适，需要寻找原因，改变模型；当 $F_{\mathrm{Lf}} < F_{1-\alpha}(f_{\mathrm{Lf}}, f_{\mathrm{e}})$ 时，认为回归模型合适。

4. 因素水平编码

在回归问题中各因子的量纲不同，其取值范围也不同，为了数据处理方便，对所有的因子作线性变换，使所有因子的取值范围都转化为中心在原点的一个"立方体"，这一变换称为对因子水平的编码。设计变量初选试验范围，最大值编码为 1，最小值编码为 −1，中间值编码为 0，如图 2.4.1 所示。常用的试验法为中心组合设计（BBD）。

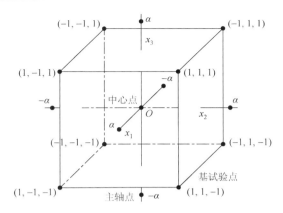

图 2.4.1　三因素响应面设计的试验点分布图

2.4.3　案例分析

例 **2.4.1**　在化学反应中，采用中心组合设计，选取对萃取影响较大的三个因素：压力 x_1、温度 x_2、时间 x_3 作为考察对象，得到的萃取率见表 2.4.1. 试进行二次响应面回归分析.

表 2.4.1　萃取率与各因素的中心组合试验方案与结果

实验号	压力 x_1	温度 x_2	时间 x_3	萃取率
1	−1	−1	0	63.46
2	−1	0	−1	62.88
3	−1	0	1	67.24
4	−1	1	0	56.76
5	0	−1	−1	63.15
6	0	−1	1	72.96
7	0	1	−1	68.42
8	0	1	1	69.65
9	1	−1	0	59.22
10	1	0	−1	68.90
11	1	0	1	70.63
12	1	1	0	70.72
13	0	0	0	67.13
14	0	0	0	65.84
15	0	0	0	66.96

解　（1）MATLAB 程序.

MATLAB 程序详见在线小程序.

（2）结果分析（表 2.4.2～表 2.4.5）.

表 2.4.2　响应回归分析信息表

响应平均	Root MSE	R^2	变异系数
66.261 33	1.006 5	0.981 8	1.519 0

表 2.4.3　模型检验表

回归	自由度	平方和	R^2	F 值	Pr>F
线性	3	88.136 4	0.316 9	28.999 0	0.001 4
平方	3	81.992 3	0.294 8	26.977 4	0.001 6
交叉项	3	102.943 3	0.370 1	33.870 8	0.000 9
总模型	9	273.072 1	0.981 8	29.949 1	0.000 8

由表 2.4.2、表 2.4.3 可知，模型中的一次项、二次项、交叉项和总模型所对应的显著概率均小于 0.01，故认为它们在模型中均是极为显著的.

表 2.4.4　模型失拟检验表

残差	自由度	平方和	F 值	Pr>F
失拟误差	3	4.083 0	2.770 6	0.276 3
随机误差	2	0.982 5		
残差平方和	5	5.065 5		

由表 2.4.4 可知，失拟检验的显著性概率为 0.276 3，大于 0.05，故可以认为模型没有出现拟合不足，说明模型拟合优良.

表 2.4.5　参数估计结果

参数	自由度	估计	标准误差	t 值	Pr>$|t|$
intercept	1	66.643 3	0.581 1	114.681 0	<0.000 1
x_1	1	2.391 3	0.355 9	6.719 6	0.001 1
x_2	1	0.845 0	0.355 9	2.374 5	0.063 6
x_3	1	2.141 2	0.355 9	6.017 1	0.001 8
$x_1 \cdot x_2$	1	4.550 0	0.503 3	9.041 0	0.000 3
$x_1 \cdot x_3$	1	−0.657 5	0.503 3	−1.306 5	0.248 3
$x_2 \cdot x_3$	1	−2.145 0	0.503 3	−4.262 2	0.008 0
$x_1 \cdot x_1$	1	−2.617 9	0.523 8	−4.997 8	0.004 1
$x_2 \cdot x_2$	1	−1.485 4	0.523 8	−2.835 8	0.036 4
$x_3 \cdot x_3$	1	3.387 1	0.523 8	6.466 2	0.001 3

从参数估计表 2.4.5 可得出二次响应面回归模型为

$$y = 66.643\ 3 + 2.391\ 3x_1 + 0.845\ 0x_2 + 2.141\ 3x_3 + 4.550\ 0x_1x_2 - 0.657\ 5x_1x_3$$
$$- 2.145\ 0x_2x_3 - 2.617\ 9x_1^2 - 1.485\ 4x_2^2 + 3.387\ 1x_3^2$$

在本试验水平范围内，当时间处于中心水平、压力减小、温度增大时，萃取率先增大后减小. 当压力和温度编码取值为 1 时，萃取率取得最大值，如图 2.4.2 所示.

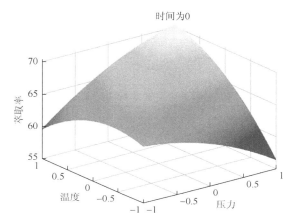

图 2.4.2　萃取率对压力 x_1 和温度 x_2 的响应面

在本试验水平范围内，当温度处于中心水平时，固定温度和时间中某一因素水平不变，萃取率随压力的减小而减小，随时间的增大而增大，当压力和时间的编码取值分别在 1 和 1 附近时，萃取率取得最大值，如图 2.4.3 所示.

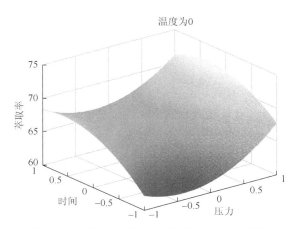

图 2.4.3　萃取率对压力 x_1 和时间 x_3 的响应面

在本试验水平范围内，当压力处于中心水平时，当时间编码值为-1，温度编码值在-1 附近时，萃取率最小. 当固定温度为某一水平时，随着时间的增加，萃取率取值也逐渐增大. 当温度和时间的编码取值分别在-1 和 1 附近时，萃取率取得最大值，如图 2.4.4 所示.

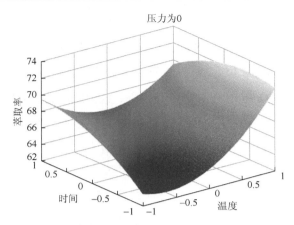

图 2.4.4　萃取率对温度 x_2 和时间 x_3 的响应面

2.4.4　总结与体会

　　响应面回归是一种综合试验设计和数学建模的优化方法，可有效减少试验次数，给出直观等高线图和三维立体图，并可考察影响因素之间的交互作用. 响应面分析法不仅建立了预测模型，并对模型适应性、模型和系数显著性及失拟项进行检验，进一步进行方差分析、模型诊断. 通过响应面回归法能有效指导工艺参数的优化，有利于提高生产效率. 但是构造能够满足实际工程优化设计的响应面近似模型是一个比较复杂的过程，需要反复进行试验数据的收集、近似模型的拟合以及响应面精度的提高. 当然，响应面回归法也有局限性. 响应面优化的前提是：设计的试验点应包括最佳的试验条件，如果试验点的选取不当，使用响应面分析法是不能得到很好的优化结果的. 因此，在使用响应面回归法之前，应当确定合理的试验影响因素与水平.

第3章 数学规划经典问题

3.1 数学规划概述

在经济管理、交通运输、工农业生产等经济活动中，提高经济效益是人们一直追求的，一般有两种途径：一是改进技术，如改善生产工艺，使用新设备和新型原材料等；二是改进生产组织与计划，即合理安排人力、物力等资源. 线性规划所研究的是：在一定条件下，合理安排人力、物力等资源，使经济效益达到最好.

线性规划（linear programming，LP）是运筹学中研究较早、发展较快、应用广泛、方法较成熟的一个重要分支，它是辅助人们进行科学管理的一种数学方法，为合理地利用有限的人力、物力、财力等资源并做出最优决策提供科学的依据，具有较强的实用性.

3.1.1 线性规划的发展

法国数学家傅里叶（Fourier）和波格森（Pogson）分别于 1832 和 1911 年独立地提出了线性规划的想法，但当时并未引起注意.

1939 年，苏联数学家 Л. B. 康托罗维奇在《生产组织与计划中的数学方法》一书中提出了线性规划问题，当时也未引起重视.

1947 年，美国数学家丹齐格（Dantzig）提出了线性规划的一般数学模型和求解线性规划问题的通用方法——单纯形法，为这门学科奠定了基础.

1947 年，美国数学家冯·诺伊曼（von Neumann）提出了对偶理论，开创了线性规划许多新的研究领域，扩大了它的应用范围和解题能力.

而我国线性规划（运筹学）的研究始于 20 世纪 50 年代中期，当时由钱学森教授将运筹学从西方国家引入我国，以华罗庚教授为首的一大批科学家在有关企、事业单位积极推广和普及，运筹学方法在建筑、纺织、交通运输、水利建设和邮电等行业都有不少应用. 关于邮递员投递的最佳路线问题就是由我国年轻的数学家管梅谷于 1962 年首先提出的，在国际上统称为中国邮递员问题. 我国统筹学的理论和研究在较短时间内赶上了世界水平.

3.1.2 线性规划的一般形式

线性规划的一般形式为

$$\min(\max)z = \sum_{j=1}^{n} c_j x_j$$

$$\text{s.t.} \begin{cases} \sum_{j=1}^{n} a_{ij} x_j = (\leqslant, \geqslant) b_i (i = 1, 2, \cdots, n) \\ x_j \geqslant 0 (j = 1, 2, \cdots, n) \end{cases}$$

从实际问题出发建立数学模型一般有以下三个步骤：

（1）根据影响所要达到目的的因素找到决策变量 x；

（2）由决策变量和所在达到目的之间的函数关系确定目标函数 z；

（3）由决策变量所受的限制条件确定决策变量所要满足的约束条件.

所建立的数学模型具有以下特点：

（1）每个模型都有若干个决策变量 $(x_1, x_2, \cdots, x_n)$，其中 n 为决策变量的个数. 决策变量的一组值表示一种方案，决策变量一般是非负的.

（2）目标函数是决策变量的线性函数，根据具体问题可以是最大化（max）或最小化（min），二者统称为最优化（opt）.

（3）约束条件也是决策变量的线性函数.

当数学模型的目标函数为线性函数，约束条件为线性等式或不等式时，称此数学模型为线性规划模型.

3.1.3　规范的数学规划模型的特征

规范的数学规划模型要能够进行 Lingo 大型编程，即段编程. 从这个角度讲，数学规划模型应该具备以下特征：

（1）决策变量和已知变量要是通量. 一个通量能够表达很多的变量，类似于数列中的通项.

（2）决策变量的下标越多越好. 下标越多说明变量的含义越丰富，变量的表达能力越强，就越能够用程序进行表达.

（3）模型中尽量不要出现数字. 一个好的模型全部使用字母表达，数字可用已知变量表达. 当然这也不是绝对的，有些已知变量在不同状态下所取的值是一样的，这时候可以用数字代替变量.

（4）决策变量应尽量多. 有些问题中有些决策变量可以用其他决策变量进行表达，这时候如果减少这个能表达的决策变量，模型一般要更复杂一些，最为麻烦的是，编程难度迅速增加. 因此，建议不要减少这个能够被表达的决策变量，将表达式作为约束放进模型可以简化编程的难度.

（5）规范的数学规划模型不允许出现分式，更不能将决策变量放在分母里. 如果出现这种情况就要进行变换，将分母中的决策变量移出来.

（6）约束条件的右边尽量不要出现变量. 如果有，就要进行移项.

（7）建立模型时，尽量用线性模型. 如果出现非线性的情况，最大限度地运用一些技巧将其转化为线性模型.

3.2　整数规划与 0-1 规划

3.2.1　整数规划与 0-1 规划的定义

一般认为整数规划作为线性规划的特殊部分，在线性规划问题中，有些最优解可能是分数或小数, 但对于某些具体问题, 常要求解答必须是整数, 如所求解是机器的台数、工作的人数或装货的车数等. 为了满足整数的要求, 初看起来似乎只要把已得的非整数解舍入化整就可以了. 实际上化整后的数不见得是可行解或最优解, 所以应该有特殊的方法来求解整数规划. 在整数规划中, 若所有变量都限制为整数, 则称之为纯整数规划; 若仅一部分变量限制为整数, 则称之为混合整数规划. 整数规划的一种特殊情形是 0-1 规划, 它的变数仅限于 0 或 1.

0-1 规划在整数规划中占有重要地位, 一方面, 许多实际问题, 如指派问题、选地问题、送货问题等都可归结为此类规划; 另一方面, 任何有界变量的整数规划都与 0-1 规划等价, 用 0-1 规划可以将多种非线性规划问题表示成整数规划问题. 因此, 不少人致力于这个方向的研究.

3.2.2　案例分析

例 3.2.1　八皇后问题是一个以国际象棋为背景的问题: 如何能够在 8×8 的国际象棋棋盘上放置八个皇后, 使得任何一个皇后都无法直接吃掉其他的皇后? 为了达到此目的, 任两个皇后都不能处于同一条横行、纵行或斜线上. 本题中, 已给出了第一个皇后放置在棋盘的第一个格子中, 试给出这种情况其余皇后的摆放位置.

解　八皇后问题模型为

$$x_{ij} = \begin{cases} 1, & \text{第 } i \text{ 行第 } j \text{ 列有皇后} \\ 0, & \text{第 } i \text{ 行第 } j \text{ 列无皇后} \end{cases}$$

限制每行只有一个皇后:

$$\sum_{j=1}^{n} x_{ij} = 1 \quad (i = 1, 2, \cdots, 8)$$

限制每列只有一个皇后:

$$\sum_{i=1}^{n} x_{ij} = 1 \quad (j = 1, 2, \cdots, 8)$$

$$n_i(k) = \begin{cases} 1, & \text{第 } i \text{ 种情况的第 } k \text{ 条对角线上有皇后} \\ 0, & \text{第 } i \text{ 种情况的第 } k \text{ 条对角线上无皇后} \end{cases}$$

限制位于主对角线的上、下两部分的每条对角线上只有一个皇后:

$$n_3(k) = \sum_{i,j}^{1 \leq i \leq k} x_{ij}(j - i = 8 - k)$$

$$n_4(k) = \sum_{i,j}^{i \geq k} x_{ij}(i - j = k - 1)$$

限制位于次对角线上、下两部分的每条对角线上只有一个皇后:

$$n_1(k) = \sum_{i,j}^{1 \leq i \leq k} x_{ij}(i + j = k + 1)$$

$$n_2(k) = \sum_{i,j}^{i \geq k} x_{ij}(i + j = k + 8)$$

用 Lingo 来求解：

```
model:
sets:
zuo/1..8/:y;
bian/1..16/:;
link(zuo,zuo):x;
endsets
x(1,1)=1;
m=@size(zuo);
@for(bian(k):@sum(link(i,j)|(i+j)#eq#k:x(i,j))<1);
@for(bian(k):@sum(link(i,j)|(i+m-j)#eq#k:x(i,j))<1);
@for(zuo(i):@sum(link(i,j):x(i,j))=1);
@for(zuo(j):@sum(link(i,j):x(i,j))=1);
@for(link:@bin(x));
End
```

Lingo 求解，一次只能显示其中一种解的结果：x(1,1)，x(2,7)，x(3,4)，x(4,6)，x(5,8)，x(6,2)，x(7,5)，x(8,3). 这说明八个皇后分别在第 1 行第 1 列、第 2 行第 7 列……的格子内.

例 3.2.2　数独是一种数学逻辑游戏，游戏由 9×9 个格子组成，需要根据 9×9 盘面上的已知数字，推理出所有剩余空格的数字，并满足每一行、每一列、每一个粗线宫（3×3）内的数字均含 1～9，且不重复. 本题中，已知数字如图 3.2.1 所示.

		5	3					
8							2	
	7			1		5		
4					5	3		
	1			7				6
		3					8	
	6		5					9
		4					3	
					9	7		

图 3.2.1　已知数字位置

解　数独问题模型为

$$x_{kij} = \begin{cases} 1, & \text{数字 } k \text{ 填在第 } i \text{ 行第 } j \text{ 列的格子内} \\ 0, & \text{数字 } k \text{ 不填在第 } i \text{ 行第 } j \text{ 列的格子内} \end{cases}$$

每一行中数字 k 只能有一个：

$$\sum_{j=1}^{n} x_{kij} = 1 \quad (k=1,2,\cdots,9;\ i=1,2,\cdots,9)$$

每一列中数字 k 只能有一个：

$$\sum_{i=1}^{n} x_{kij} = 1 \quad (k=1,2,\cdots,9;\ j=1,2,\cdots,9)$$

每一个粗线宫中数字 k 只能有一个，如在第 g 个粗线宫内：

$$\sum_{i=1,j=1,\left|\frac{i-1}{3}\right|+\left|\frac{j-1}{3}\right|+1=g}^{n} x_{kij}=1 \quad (k=1,2,\cdots,9)$$

每一个小格子内只能填一个数字：

$$\sum_{k=1}^{n} x_{kij}=1 \quad (i=1,2,\cdots,9;\ j=1,2,\cdots,9)$$

用 Lingo 来求解：

```
model:
sets:
zuo/1..9/:y;
shu/1,4,7/:a;
d/1..3/;
du(d,d):;
link(zuo,zuo,zuo):x;
lin(zuo,zuo):;
endsets
data:
a=1,4,7;
enddata
x(1,3,5)=1;x(1,4,3)=1;
x(2,1,8)=1;x(2,8,2)=1;
x(3,2,7)=1;x(3,5,1)=1;x(3,7,5)=1;
x(4,1,4)=1;x(4,6,5)=1;x(4,7,3)=1;
x(5,2,1)=1;x(5,5,7)=1;x(5,9,6)=1;
x(6,3,3)=1;x(6,4,2)=1;x(6,8,8)=1;
x(7,2,6)=1;x(7,4,5)=1;x(7,9,9)=1;
x(8,3,4)=1;x(8,8,3)=1;
x(9,6,9)=1;x(9,7,7)=1;
@for(lin(i,j):@sum(zuo(k):x(i,j,k))=1);
@for(zuo(i):@for(zuo(k):@sum(zuo(j):x(i,j,k))=1));
@for(zuo(j):@for(zuo(k):@sum(zuo(i):x(i,j,k))=1));
@for(shu(i):@for(shu(j):@for(zuo(k):@sum(link(m,n,k)|m#ge#a(i)#and#m#
le#a(i)+2 #and# n#ge#a(j)#and# n#le#a(j)+2:x(m,n,k))=1)));
@for(link:@bin(x));
```

运算结果如下：

```
x(1,1,1)          1.000000
x(1,2,7)          1.000000
x(1,3,5)          1.000000
x(1,4,4)          1.000000
x(1,5,2)          1.000000
x(1,6,9)          1.000000
```

```
x(1,7,8)        1.000000
x(1,8,6)        1.000000
x(1,9,2)        1.000000
x(2,1,5)        1.000000
x(2,2,8)        1.000000
x(2,3,3)        1.000000
x(2,4,9)        1.000000
x(2,5,1)        1.000000
```

说明数字 1 分别填在第 1 行第 1 列、第 2 行第 7 列……的空格内. 以此类推, 获得所有空格内填的数字.

3.2.3　总结与体会

整数规划与 0-1 规划模型没有固定的模板可以套用, 故在建模时准确把握题目中的要求和数学关系显得尤为重要. 在解决很多问题的时候, 枚举似乎是一种好方法, 但当问题的规模扩大后, 利用枚举法显得不是特别有效, 这时就应考虑建立整数规划模型求解.

3.3　非线性规划

3.3.1　非线性规划模型

非线性规划模型可以更具体地表示为如下形式:
$$\min z = f(x)$$
$$\text{s.t.}\begin{cases} h_i(x) = 0(i = 1, 2, \cdots, l) \\ g_j(x) \leqslant 0(j = 1, 2, \cdots, m) \\ x \in \mathbf{R}^n \end{cases}$$

若只有等约束 h_i, 则可以用拉格朗日乘数法构造拉格朗日函数:

$$L(x, \mu) = f(x) + \sum_{i=1}^{m} \mu_i h_i(x) \quad (\mu_i \text{为参数})$$

然后求解非线性方程组

$$\begin{cases} \dfrac{\partial L}{\partial x_i} = 0 \\ \dfrac{\partial L}{\partial \mu_i} = 0 \end{cases}$$

即可.

对上述模型, 通过讨论 x 的可行方向与下降方向, 可得到如下的 KKT（Karush-Kuhn-Tucker）条件（具体可微等条件略）: 局部最优解 x 满足

$$\begin{cases} \nabla f(x) + \sum_{i=1}^{m} \mu_i \nabla h_i(x) + \sum_{j=1}^{l} \lambda_i \nabla g_j(x) = 0 \\ \lambda_i g_j(x) = 0 \end{cases} \quad (\mu_i, \lambda_i \geqslant 0)$$

其中，∇ 为梯度记号.

对等约束模型构造拉格朗日函数：

$$L(x, \mu, \lambda) = f(x) + \sum_{i=1}^{m} \mu_i h_i(x) + \sum_{j=1}^{l} \lambda_j g_j(x)$$

KKT 条件中的公式刚好就是函数 L 对 x 的导数（梯度）等于 0. (μ, λ) 通常称为拉格朗日乘子.

3.3.2　二次规划模型

目标函数为二次函数，约束为线性函数的优化问题称为二次规划. 二次规划模型的一般形式为

$$\min f(x) = \frac{1}{2} x^{\mathrm{T}} Hx + c^{\mathrm{T}} x$$
$$\text{s.t. } Ax \leqslant b$$

其中，$H \in \mathbf{R}^{n \times n}$ 为对称矩阵. 特别地，当 H 正定时，模型称为凸二次规划. 凸二次规划局部最优解（KKT 点）就是全局最优解.

对等约束的凸二次规划，构造拉格朗日函数：

$$L(x, \lambda) = \frac{1}{2} x^{\mathrm{T}} Hx + c^{\mathrm{T}} x + \lambda^{\mathrm{T}} (Ax - b)$$

求导得如下方程组：

$$\begin{cases} Hx + c + A^{\mathrm{T}} \lambda = 0 \\ Ax - b = 0 \end{cases}$$

解方程组即得最优解.

有效集方法：对于存在不等式约束的二次规划，将等约束（对应有效集）与不等约束分开，将非有效约束去掉，通过解一系列等式约束的二次规划来实现不等式约束的优化.

3.3.3　案例分析

例 3.3.1　（投资组合问题）某三只股票 1998～2009 年的价格见表 3.3.1.

表 3.3.1　1998～2009 年股票价格表

年份	股票 A	股票 B	股票 C	股票指数
1998	1.300	1.225	1.149	1.258 997
1999	1.103	1.290	1.260	1.197 526
2000	1.216	1.216	1.419	1.364 361

年份	股票 A	股票 B	股票 C	股票指数
2001	0.954	0.728	0.922	0.919 287
2002	0.929	1.144	1.169	1.057 080
2003	1.056	1.107	0.965	1.055 012
2004	1.038	1.321	1.133	1.187 925
2005	1.089	1.305	1.732	1.317 130
2006	1.090	1.195	1.021	1.240 164
2007	1.083	1.390	1.131	1.183 675
2008	1.035	0.928	1.006	0.990 108
2009	1.176	1.715	1.908	1.526 236

解决如下问题：如果在 2010 年有一笔资金投资这三种股票，并期望年收益率至少达到 15%，那么应当如何投资？分析投资组合与回报率以及风险的关系.

解　由于投资股票的收益是不确定的，因而它是一个随机变量，可以用期望值来表示. 风险可以用方差来衡量，方差越大，风险越大. 期望与协方差可由表 3.3.1 求得.

（1）符号说明.

R_1, R_2, R_3 分别为 A, B, C 三种股票的收益率，是随机变量；x_1, x_2, x_3 分别为 A, B, C 三种股票的投资比例.

（2）模型建立.

目标：

$$\min D(x_1R_1 + x_2R_2 + x_3R_3)$$

即

$$\min \sum_{j=1}^{3} \sum_{i=1}^{3} x_i x_j \mathrm{Cov}(R_i, R_j)$$

约束：

$$\begin{cases} x_1 E(R_1) + x_2 E(R_2) + x_3 E(R_3) \geqslant 0.15 \\ x_1 + x_2 + x_3 = 1 \\ x_1, x_2, x_3 \geqslant 0 \end{cases}$$

这是一个二次规划问题.

（3）Lingo 程序.

```
model:
title 投资组合模型;
sets:
   year/1..12/;
   stocks/a,b,c/:mean,x;
   link(year,stocks):r;
   stst(stocks,stocks):cov;
endsets
```

```
data:
   target=1.15;
   !r 是原始数据;
      r=
      1.300    1.225    1.149
      1.103    1.290    1.260
      1.216    1.216    1.419
      0.954    0.728    0.922
      0.929    1.144    1.169
      1.056    1.107    0.965
      1.038    1.321    1.133
      1.089    1.305    1.732
      1.090    1.195    1.021
      1.083    1.390    1.131
      1.035    0.928    1.006
      1.176    1.715    1.908;
enddata
calc:                                  !计算均值向量 mean 与协方差矩阵 cov;
@for(stocks(i):mean(i)=
   @sum(year(j):r(j,i))/@size(year));
@for(stst(i,j):cov(i,j)=@sum(year(k):
   (r(k,i)-mean(i))*(r(k,j)-mean(j)))/(@size(year)-1));
endcalc
[obj]min=@sum(stst(i,j):cov(i,j)*x(i)*x(j));
[one]@sum(stocks:x)=1;
[two]@sum(stocks:mean*x)=target;
end
```

运行结果如下：A 占 53%，B 占 36%，C 占 11%，风险（方差）为 0.022 413 8，即标准差为 0.149 712 3.

在数据段，修改以下赋值语句，可以输入不同的回报率来观测投资组合以及相应的风险：

```
TARGET=?;
```

例 3.3.2　（供应与选址）建筑工地的位置（用平面坐标 a，b 表示，距离单位：km）及水泥日用量 $d(t)$ 由表 3.3.2 给出. 有两个临时料场位于 $P(5,1)$，$Q(2,7)$，日储量各有 20 t. 从 A，B 两料场分别向各工地运送多少吨水泥，可以使总的吨公里数最小？两个新的料场应建在何处，节省的吨公里数有多大？

表 3.3.2　建筑工地的位置及水泥日用量表

	1	2	3	4	5	6
a/km	1.25	8.75	0.50	3.75	3.00	7.25
b/km	1.25	0.75	4.75	5.00	6.50	7.75
d/t	3	5	4	7	6	11

解　和运输问题类似，约束涉及供应与需求，是线性的，目标是运量与距离的乘积. 两问的模型都是一样的，第一问知道料场位置，距离是已知的，建立的模型为线性规划模型；第二问不知道料场的位置，距离是未知的，建立的模型为非线性规划模型.

（1）符号说明.

$(a_j, b_j), d_j (j=1,2,\cdots,6)$ 分别为工地的位置及水泥日用量；$(x_i, y_i), e_i (i=1,2)$ 分别为料场的位置及水泥日储量；c_{ij} 为 i 料场向 j 工地的运送量.

（2）模型建立.

$$\min f = \sum_{i=1}^{2} \sum_{j=1}^{6} c_{ij} \sqrt{(x_i - a_j)^2 + (x_i - b_j)^2}$$

$$\text{s.t.} \begin{cases} \sum_{j=1}^{6} c_{ij} \leqslant e_i (i=1,2) \\ \sum_{i=1}^{2} c_{ij} = d_j (j=1,2,\cdots,6) \\ c_{ij} \geqslant 0 \end{cases}$$

（3）Lingo 程序（第二问）.

```
model:
titlelocationproblem;
sets:
    demand/1..6/:a,b,d;
    supply/1..2/:x,y,e;
    link(supply,demand):c;
endsets
data:
a=1.25,8.75,0.5,3.75,3,7.25;
b=1.25,0.75,4.75,5,6.5,7.75;
d=3,5,4,7,6,11;e=20,20;
enddata
!初始段:对集合属性定义初值(迭代算法的迭代初值);
init:
!初始点;
x,y=5,1,2,7;
endinit
min=@sum(link(i,j):c(i,j)*((x(i)-a(j))^2+(y(i)-b(j))^2)^(1/2));
@for(demand(j):@sum(supply(i):c(i,j))=d(j););
@for(supply(i):@sum(demand(j):c(i,j))=e(i););
@for(supply:@bnd(0.5,X,8.75);@bnd(0.75,Y,7.75););
END
```

运行可得到局部最优解，如果调用全局最优求解程序，耗时比较长，这也是求解非线性规划问题的特点. 在程序中，如果将初始段的赋值放到数据段中，即是第一问的求解程序.

例 3.3.3   （下料问题）原料钢管每根长 19 m，现有 4 种需求：4 m 50 根，5 m 10 根，6 m 20 根，8 m 15 根. 由于采用不同的切割模式太多会增加生产和管理成本，规定切割模式不能超过 3 种，如何下料最节省？

解   （1）预处理.

```
model:
title 搜索合理的下料方式;
sets:
dm:;
long(dm,dm,dm,dm):;    !有三种需求长度,定义三维数组;
endsets
data:
dm=1..5;
@text('d:\\rxl.txt')=@write(3*'','下料方式',9*'','余料长度',@newline(1));
@text('d:\\rxl.txt')=@write(16*'-',4*'',8*'-',@newline(1));
@text('d:\\rxl.txt')=@writefor(long(i,j,k,m)|
                (19-8*(i-1)-6*(j-1)-5*(k-1)-4*(m-1))#ge#0
                #and#(19-8*(i-1)-6*(j-1)-5*(k-1)-4*(m-1))#lt#a
                    !输出下料方式到文本文件 rxl.txt;
            :i-1,4*'',j-1,4*'',k-1,4*'',m-1,8*'',
19-8*(i-1)-6*(j-1)-5*(k-1)-4*(m-1),@newline(2));
!输出计算段计数过的下料方式总数;
@text('d:rxl.txt')=@write('下料方式总数为:',2*'',n,'种');
Enddata
calc:
a=@smin(8,6,5,4);
b=@floor(19/a)+1;        !用于确定 dm;
n=0;
@for(long(i,j,k,m)|
                (19-8*(i-1)-6*(j-1)-5*(k-1)-4*(m-1))#ge#0
                #and#(19-8*(i-1)-6*(j-1)-5*(k-1)-4*(m-1))#lt#a
    :n=n+1);                !下料方式计数;
endcalc
end
```

运行程序后在 rxl.txt 中输出 16 种下料模式及余料长度，很显然，如果没有下料方式的限制，就需要设置 16 个变量，如果需求种数更多，就会有更多的下料方式.

（2）决策变量.

由于有下料方式种数的限制，不知道是哪三种下料方式，本着缺什么量就设什么量的原则，设置决策变量如下：$x_i (i=1,2,3)$ 为按第 i 种模式切割的原料钢管根数，$r_{1i}, r_{2i}, r_{3i}, r_{4i}$ 分别为第 i 种切割模式下，每根原料钢管生产 4 m，5 m，6 m，8 m 长的钢管的数量.

（2）模型建立.

$$\min x_1 + x_2 + x_3$$

$$\text{s.t.}\begin{cases} r_{11}x_1 + r_{12}x_2 + r_{13}x_3 \geqslant 50 \\ r_{21}x_1 + r_{22}x_2 + r_{23}x_3 \geqslant 10 \\ r_{31}x_1 + r_{32}x_2 + r_{33}x_3 \geqslant 20 \\ r_{41}x_1 + r_{42}x_2 + r_{43}x_3 \geqslant 15 \quad (\text{成生产任务}) \\ 16 \leqslant 4r_{11} + 5r_{21} + 6r_{31} + 8r_{41} \leqslant 19 \\ 16 \leqslant 4r_{12} + 5r_{22} + 6r_{32} + 8r_{42} \leqslant 19 \\ 16 \leqslant 4r_{13} + 5r_{23} + 6r_{33} + 8r_{43} \leqslant 19 \quad (\text{由于切割长度、根数均为整数，每种切割模式} \\ \qquad\qquad\qquad\qquad\qquad\qquad\quad \text{最多剩余3 m}) \\ x_1 \geqslant x_2 \geqslant x_3 \\ 26 \leqslant x_1 + x_2 + x_3 \leqslant 30 \quad (\text{为了缩小可行域便于求解，可取特殊方式确定上、下界.} \\ \qquad\qquad\qquad\qquad\qquad\quad \text{无余料时，} 4\times 50 + 5\times 10 + 6\times 20 + 8\times 15/19 = 26；\text{任找一切} \\ \qquad\qquad\qquad\qquad\qquad\quad \text{割模式组合下的下料方式为上限，如} 5+6+8, 8+6+4, \\ \qquad\qquad\qquad\qquad\qquad\quad 4\times 4,\text{上限30根}) \\ x_i, r_{1i}, r_{2i}, r_{3i}, r_{4i} (i=1,2,3) \text{为整数} \end{cases}$$

（3）Lingo 程序.

```
model:
Title 钢管下料-最小化钢管根数的Lingo 模型;
SETS:
needs/1..4/:length,num;
cuts/1..3/:x;
patterns(needs,cuts):r;
endsets
data:
    length=4568;
    num=50102015;
    capacity=19;
enddata
min:=@sum(cuts(I):x(i));
@for(needs(i):@sum(cuts(j):x(j)*r(i,j))num(i));        !满足需求约束;
@for(cuts(j):@sum(needs(i):length(i)*r(i,j))capacity);  !合理切割模式约束;
@for(cuts(j):@sum(needs(i):length(i)*r(i,j))capacity-@min(needs(i):length
(i)));                                                  !合理切割模式约束;
@sum(cuts(i):x(i))  26;@sum(suts(i):x(i))<30;           !人为增加约束;
@for(cuts(i)|i#LT#@size(cuts):x(i)   x(i+1));           !人为增加约束;
@for(cuts(j):@gin(x(j)));
@for(patterns(i,j):@gin(r(i,j)));
end
```

（4）求解结果.

模式 1：每根原料钢管切割成 3 根 4 m 和 1 根 6 m 钢管，共 10 根；

模式 2：每根原料钢管切割成 2 根 4 m、1 根 5 m 和 1 根 6 m 钢管，共 10 根；

模式 3：每根原料钢管切割成 2 根 8 m 钢管，共 8 根.

用去原料钢管总根数为 28 根.

3.4　多目标规划

3.4.1　多目标规划的基本理论

线性规划只研究在满足一定条件下，单一目标函数取得最优解，而在企业管理中，经常遇到多目标决策问题，例如，拟订生产计划时，不仅要考虑总产值，而且要考虑利润、产品质量和设备利用率等. 这些指标之间的重要程度（即优先顺序）也不相同，有些目标相互之间往往会产生矛盾.

线性规划致力于某个目标函数的最优解，这个最优解若是超过了实际需要，很可能是以过分地消耗了约束条件中的某些资源作为代价. 线性规划把各个约束条件的重要性不分主次地等同看待，这也不符合实际情况.

求解线性规划问题，首先要求约束条件必须相容，如果由于人力、设备等资源条件的限制，约束条件之间出现了矛盾，就得不到问题的可行解，但生产还得继续进行，这将给人们进一步应用线性规划方法带来困难.

为了弥补线性规划问题的局限性，解决有限资源和计划指标之间的矛盾，人们在线性规划的基础上，建立了多目标规划方法，从而使一些线性规划无法解决的问题得到满意的解答.

例 3.4.1　（选址问题）某公司计划在 A，B，C 三个区建立销售部，确定了 7 个位置 $M_1, M_2, \cdots, M_7$ 可供选择，并且规定：

（1）在 A 区，从 M_1, M_2, M_3 三个点中至多选两个；

（2）在 B 区，从 M_4, M_5 两个点中至少选一个；

（3）在 C 区，从 M_6, M_7 两个点中至少选一个.

每个位置投资为 b_i 万元，分别获利 c_i 万元，总投资为 b 万元，问如何建立销售部？

解　当希望得到最大收益的时候，也希望投资是最少的.

建立模型：

$$\max f = \sum_{i=1}^{7} c_i x_i$$

$$\min g = \sum_{i=1}^{7} b_i x_i$$

$$\text{s.t.} \begin{cases} \sum_{i=1}^{7} b_i x_i \leqslant b \\ x_1 + x_2 + x_3 \leqslant 2 \\ x_4 + x_5 \geqslant 1 \\ x_6 + x_7 \geqslant 1 \\ x_i = 0 \ \text{或} \ 1 (i = 1, 2, \cdots, 7) \end{cases}$$

例 3.4.2　用直径为 1（单位长）的圆木制成截面为矩形的梁，为使重量最轻且强度最大，问截面的高与宽应取何尺寸？

解　设高 x_1，宽 x_2.

$$\min x_1 x_2$$
$$\max \frac{1}{6} x_1 x_2^2$$
$$\text{s.t.} \begin{cases} x_1^2 + x_2^2 = 1 \\ x_1, x_2 \geq 0 \end{cases}$$

例 3.4.3　重新考例 3.3.1.

解　希望风险最小而获利最大.

建立模型：

$$\min D(x_1 R_1 + x_2 R_2 + x_3 R_3)$$
$$\max \{x_1 E(R_1) + x_2 E(R_2) + x_3 E(R_3)\}$$
$$\text{s.t.} \begin{cases} x_1 E(R_1) + x_2 E(R_2) + x_3 E(R_3) \geq 0.15 \\ x_1 + x_2 + x_3 = 1 \\ x_1, x_2, x_3 \geq 0 \end{cases}$$

多目标决策问题有许多共同的特点，其中最显著的是：目标的不可共度性和目标间的矛盾性. 因此，不能简单地将多个目标归并为单个目标，并使用单目标决策问题的方法去求解多目标问题.

一般确定性多目标问题的数学模型为

$$\min_{x \in \mathbf{R}^n} f(x) = (f_1(x), f_2(x), \cdots, f_p(x))$$
$$\text{s.t.} \begin{cases} g_j(x) \geq 0 (j = 1, 2, \cdots, m) \\ h_k(x) = 0 (k = 1, 2, \cdots, l) \end{cases}$$

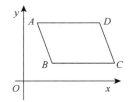

图 3.4.1　平行四边形区域

记可行域为 D.

绝对最优解 x^*：$\forall x \in D, f_i(x) \geq f_i(x^*)$ 通常是不存在的，图 3.4.1 所示平行四边形区域 x 取最小值、y 取最小值不可能同时在某个点上达到.

有效解（pareto 解）x^*：不存在 $x \in D$，使得 $f_i(x) \leq f_i(x^*)$ $(i = 1, 2, \cdots, p)$，有效解通常是很多的. 图 3.4.1 中 AB 段上的点都是 $\min x$，$\min y$ 的有效解.

弱有效解 x^*：不存在 $x \in D$，使得 $f_i(x) < f_i(x^*)(i = 1, 2, \cdots, p)$. 图 3.4.1 中 AB，BC 段上的点都是 $\min x$，$\min y$ 的弱有效解.

5 个基本要素如下：

（1）决策变量：$\boldsymbol{x} = (x_1, x_2, \cdots, x_n)^{\mathrm{T}}$；

（2）目标函数：$f(x) = (f_1(x), f_2(x), \cdots, f_p(x))$；

（3）可行解集：$X = \{x \in \mathbf{R}^n \mid g_j(x) \geq 0 (j = 1, 2, \cdots, m)$；$h_k(x) = 0 (k = 1, 2, \cdots, l)\}$；

（4）偏好关系：在像集 $f(X)$ 上有某个二元关系 "$\prec$"（称为偏好序）反映决策者的偏好；

（5）解的定义：在已知的偏好关系下定义 f 在 X 上的最好解．

3.4.2 多目标规划的常用解法

解多目标规划的思想是将多目标规划转化为单目标规划．常用方法有评价函数法，即若能够根据决策者提供的偏好信息构造一个实函数 $u[f(x)]$（称为效用函数），使得求满意解等价于求以该实函数为新目标函数的单目标规划问题的最优解，则可用已有算法求解．

评价函数法的基本思想是：借助于几何或应用中的直观效果，构造评价函数 $u[f(x)]$，将多目标优化问题转化为单目标优化问题；然后利用单目标优化问题的求解方法求出最优解，并将这种最优解当成多目标优化问题的最优解．这里关键的问题是转化后的单目标优化问题的最优解必须是多目标问题的有效解和弱有效解，否则是不能接受的．

但是，以下两个原因限制了该方法在实际中的应用：①许多场合下，决策者提供的偏好信息不足以确定效用函数；②构造实际问题的效用函数是相当困难的．

1. 线性加权法

先按目标函数 $f_1(x), f_2(x), \cdots, f_p(x)$ 的重要程度给一组权数 $\tilde{\omega}_1, \tilde{\omega}_2, \cdots, \tilde{\omega}_p$，满足 $\tilde{\omega}_i \geqslant 0$，$\sum\limits_{i=1}^{p} \tilde{\omega}_i = 1$，然后定义评价函数：

$$u[f(x)] = \sum_{i=1}^{p} \tilde{\omega}_i f_i(x)$$

最后求解非线性规划问题：

$$\min_{x \in D} u[f(x)]$$

如果每个函数的属性独立于其他函数的属性，那么可以用这个方法．

2. 变权加权法

在线性加权方法中，一旦多属性效用函数确定了，其权值也就确定了，它不依赖于各属性的效用，有些时候权值是随着其相应属性效用的变化而变化的，此时用变权加权形式：

$$\min_{x \in D} u[f(x)] = \min_{x \in D} \sum_{i=1}^{p} \tilde{\omega}_i [f_i(x)] f_i(x)$$

3. 指数加权法

如果各个属性是串行结构，即只要有一个效用为 0，则总体效用为 0，那么可采用指数加权形式：

$$\min_{x \in D} u[f(x)] = \min_{x \in D} \prod_{i=1}^{p} [f_i(x)]^{\tilde{\omega}_i}$$

4. 极小极大（min-max）法

在决策时，有时候采取保守策略是稳妥的，即在最坏的情况下，寻求最好的结果，即求解非线性规划问题：

$$\min_{x\in D}u[f(x)]=\min_{x\in D}\left\{\max_{1\leqslant i\leqslant p}f_i(x)\right\}$$

此非线性规划问题目标不可微，不能直接用于基于梯度的算法，可等价转化为

$$\min_{x,t}t$$
$$\text{s.t.}\begin{cases}f_i(x)\leqslant t(i=1,2,\cdots,p)\\x\in D\end{cases}$$

5. 理想点法

先求解单目标的最优值确定理想点：

$$f_i^*=\min_{x\in D}f_i(x)\quad(i=1,2,\cdots,p)$$

再找距离理想点最近的 x 点作为最优解：

$$\min_{x\in D}u[f(x)]=\min_{x\in D}\sqrt{\sum_{i=1}^{p}[f_i(x)-f_i^*]^2}$$

6. 加权偏差函数法

（1）给定理想点 $(\overline{f}_1,\overline{f}_2,\cdots,\overline{f}_p)$，求非线性规划问题：

$$\min_{x\in D}u[f(x)]=\min_{x\in D}\left\{\sum_{i=1}^{p}\tilde{\omega}_i[f_i(x)-\overline{f}_i]^k\right\}^{1/k},\quad\tilde{\omega}_i\geqslant0,\overline{f}_i\leqslant f_i^*$$

（2）采用几何平均函数作为评价函数：

$$\min_{x\in D}u[f(x)]=\min_{x\in D}\prod_{i=1}^{p}[f_i(x)-\overline{f}_i]^{\tilde{\omega}_i},\quad\tilde{\omega}_i>0,\overline{f}_i<f_i^*$$

（3）采用极大模函数：

$$\min_{x\in D}u[f(x)]=\min_{x\in D}\max_{1\leqslant i\leqslant p}\tilde{\omega}_i[f_i(x)-\overline{f}_i]$$

7. 费效比函数

$$\min_{x\in D}u[f(x)]=\min_{x\in D}\prod_{i=1}^{k}f_i(x)\bigg/\prod_{i=k+1}^{p}f_i(x)$$

特别地，若目标为 $\min f_1(x)$，$\max f_2(x)$，则可求解 $\max\dfrac{f_2(x)}{f_1(x)}$；若 f_1 为投资，f_2 为收益，则计算的结果为单位投资的总收入最大.

8. 功效系数函数

对不同性质的目标函数统一量纲，再构造效用函数：

$$f_{i,\min} = \min_{x\in D} f_i(x) \quad (i=1,2,\cdots,p)$$

$$f_{i,\max} = \max_{x\in D} f_i(x) \quad (i=1,2,\cdots,p)$$

例如，构造功效系数函数：

$$d_i(x) = \frac{f_{i,\max} - f_i(x)}{f_{i,\max} - f_{i,\min}} \in [0,1]$$

然后求解规划问题：

$$\max_{x\in D} \sum_{i=1}^{p} d_i(x) \quad \text{或} \quad \max_{x\in D} \prod_{i=1}^{p} d_i(x)$$

还可以对功效系数函数进行加权构造效用函数，如

$$u(x) = \left(\prod_{i=1}^{p} \{d_i[f_i(x)]\}^{\tilde{\omega}_i} \right)^{1/\sum_{i=1}^{p} \tilde{\omega}_i}$$

9. 参考目标法

在多个目标中选定一个主要目标，而对其他目标设定一个期望值，在要求结果不比期望值坏的情况下，求主要目标的最优值. 例如，第一个目标设为主要目标的话，设定期望值 $(f_2^0, f_3^0, \cdots, f_p^0)$，有

$$\min f_1(x)$$
$$\text{s.t.} \begin{cases} f_i(x) \leqslant f_i^0 \, (i=2,3,\cdots,p) \\ x \in D \end{cases}$$

该方法的优点是：适当地选择目标函数值，可以方便地得到原问题的每一个有效解，而且重点保证了重要目标的效益，同时又照顾了其他目标；当前点的库恩-塔克（Kuhn-Tucker）乘子可用来确定置换率，帮助决策者寻找更合意的方案.

10. 分层序列法

将多个目标按照重要程度进行排序，先求第一个目标的最优解，在达到此目标的条件下求第二个目标的最优解，以此类推直到求得最后一个目标的最优解.

该方法的缺点是：当先前的目标只有唯一的最优解时，后面的求解将失去意义.

改进-宽容分层序列法：给前面的最优值设置一定的宽容值，和最优值相差宽容值之内的都是可以接受的.

11. 逼近理想解法

在多目标问题的决策过程中，决策人总是希望找到所有属性指标都为最优的解，即希望尽可能地远离各属性指标都最劣的解. 所有属性指标都处于最优的解称为正理想解，所有属性指标都处于最劣的解称为负理想解. 从几何上看，若一个方案在某种测试下最靠近理想解，而又最远离负理想解，则该方案就可认为是决策问题的最优解.

正、负理想解：

$$f_i^+ = \min_{x \in D} f_i(x), \qquad f_i^- = \max_{x \in D} f_i(x) \quad (i = 1, 2, \cdots, p)$$

计算距离不妨取为欧式距离：

$$d^+(x) = \left\{ \sum_{i=1}^{p} [f_i^+ - f_i(x)]^2 \right\}^{1/2}$$

$$d^-(x) = \left\{ \sum_{i=1}^{p} [f_i(x) - f_i^-]^2 \right\}^{1/2}$$

计算测度为

$$c(x) = \frac{d^-(x)}{d^-(x) + d^+(x)}$$

求最大测度

$$\max_{x \in D} c(x)$$

并以此解作为多目标决策问题的最优解.

3.4.3　案例分析

例 3.4.4　某企业拟生产 A 和 B 两种产品，其生产投资费用分别为 2 100 元/t 和 4 800 元/t. A，B 两种产品的利润分别为 3 600 元/t 和 6 500 元/t. A，B 产品每月的最大生产能力分别为 5 t 和 8 t；市场对这两种产品需求的总量每月不少于 9 t. 试问该企业应该如何安排生产计划，才能既满足市场需求，又节约投资，而且使生产利润达到最大？

解　该问题是一个线性多目标规划问题. 如果计划决策变量用 x_1, x_2 表示，它们分别代表 A，B 产品每月的生产量（单位：t），$f_1(x_1, x_2)$ 表示生产 A，B 两种产品的总投资费用（单位：元），$f_2(x_1, x_2)$ 表示生产 A，B 两种产品获得的总利润（单位：元）. 那么，该多目标规划问题就是：求 x_1 和 x_2，使

$$\min f_1(x_1, x_2) = 2\,100 x_1 + 4\,800 x_2$$
$$\max f_2(x_1, x_2) = 3\,600 x_1 + 6\,500 x_2$$

而且满足：

$$\begin{cases} x_1 \leqslant 5 \\ x_2 \leqslant 8 \\ x_1 + x_2 \geqslant 9 \\ x_1, x_2 \geqslant 0 \end{cases}$$

在本例中，单目标求解最优解为 f_1=29 700，f_2=70 000. 采用线性加权法求解多目标最优解. 设两个目标权重相同，且将目标最小统一成目标最大.

求解程序如下：

```
Model:
!min=2100*x1+4800*x2;
!max=3600*x1+6500*x2;
max=3600*x1+6500*x2-(2100*x1+4800*x2);
```

```
    x1<5;
    x2<8;
    x1+x2>9;
    end
```
运行结果如下：
```
 Global optimal solution found.
 Objective value:                       21100.00
 Total solver iterations:                   0
              Variable        Value      ReducedCost
                  x1        5.000000      0.000000
                  x2        8.000000      0.000000
```
由程序运行结果可知，应该生产 A 产品 5 t，B 产品 8 t.

3.4.4 总结与体会

相对于单目标规划模型，多目标规划模型具有很强的实际意义，其难点在于求解，在求解时应当注意根据目标之间的关系及量纲，选取合适的求解方式.

3.5 目 标 规 划

线性规划有着完整的理论与求解方法，也有很好的应用，但是线性规划也有很大的局限性：

（1）只能处理单目标问题，而实际中经常碰到多目标问题，而且目标与约束是可以转化的；

（2）约束都是刚性条件，需要严格满足，而实际情况中，并不是这样严格，而且过于严格可能导致无解，不利于做出决策；

（3）约束或目标看成同等重要，而实际中各个目标可能有重要性的差别；

（4）给出的是最优解，而许多实际问题只需要找到满意解即可.

例如，在企业安排生产问题中，既希望利润高，又要消耗低，还要考虑市场上产品的销路等. 当然，这些目标之间往往是相互矛盾的，要追求利润最大，通常消耗便不可能最低. 而且目标具有"柔性"，能否构造这样一个数学模型，其结果既使利润尽量地大，同时使消耗尽量地低、销路尽量地好呢？目标规划（goal programming）便用来处理这样的问题.

3.5.1 目标规划模型

先来看一个引例.

例 3.5.1 （多目标生产计划问题）某工厂计划用所拥有的三种资源生产代号为 A，B 的两种产品，原材料资源可供量为 90 t，使用专用设备台时最多为 200 台时，劳动力 300 个.

生产单位产品 A 需用原材料 2.5 t，设备台时 4 台时和劳动力 3 个；生产单位产品 B 则需用原料 1.5 t，设备台时 5 台时和劳动力 10 个．扣除成本，每单位产品 A，B 分别可获利 7 万元和 12 万元．求一个生产计划，使获利最大．

解　设 x_1，x_2 分别为产品 A，B 的生产量，容易得到其线性规划基础模型为

$$\max f = 7x_1 + 12x_2$$

$$\text{s.t.} \begin{cases} 2.5x_1 + 1.5x_2 \leqslant 90 \\ 4x_1 + 5x_2 \leqslant 200 \\ 3x_1 + 10x_2 \leqslant 300 \\ x_1, x_2 \geqslant 0 \end{cases}$$

可求出其绝对最优解为 $x_1 = 20$，$x_2 = 24$，最大利润值为 428 万元．

现增加以下考虑：

（1）上述结果并未考虑市场信息和资源的可塑性条件，仅仅根据现有生产能力和固定不变的产品价格求得，因而是脱离实际的"理想化"方案．依据市场调查和生产能力，厂长认为上述利润指标不易达到，决定降低为 420 万元，当然力求超过．

（2）根据市场调查和预测，产品 B 开始出现滞销现象，随着市场需求的改变，预测两种产品的需求量比例大致为 1∶1，而目前的产品比例失调，有待调整．

（3）根据原材料市场信息，这种原材料的市场价格下跌，而所生产的产品价格基本稳定，故决策者希望尽量将原材料转化为产品，即希望原料要全部用掉．但按原生产计划看，原材料将有剩余（4 t）．因此，尽可能将原材料全部转化为利润成为一个重要的生产规划指标．

为了叙述方便，先来考虑单利润指标情况．实现利润 420 万元是决策者的希望，但在计划具体实施后，由于各方面因素的制约，完全有可能达不到，也完全可能超过该指标，换句话说，可能实现的利润指标和规定的利润指标完全可能不一致，产生某一差距．我们称这个差距为偏差变量，记为 d，规定 $d \geqslant 0$．从决策者的心理和要求来分析，使之绝对满意可以做不到，但他总希望将来得到的实际利润与规定的指标值之间偏差量越小越好，这就"等价地"表示出了他希望利润值达到 420 万元的目标．当然，他所希望的是未达规定指标的实际值与规定值的偏差量越小越好．

由于可能达到并超过，也可能达不到，我们引入符号 d^+ 为超出指标的偏差变量，称为正偏差变量；d^- 为未达指标的偏差变量，称为负偏差变量．自然规定 d^+，$d^- \geqslant 0$．显然，偏差变量 d^+，d^- 的取值有且仅有下述三种情形：

（1）当超额完成指标时，$d^+ > 0, d^- = 0$；

（2）当未能完成指标时，$d^+ = 0, d^- > 0$；

（3）当恰好完成指标时，$d^+ = 0, d^- = 0$．

有了偏差变量的概念，上述利润指标就可以比较灵活地进行表示了．事实上，决策者的目标是利润达到或超过 420 万元．因此，他所希望的自然是 $d^+ > 0$．但实际中完全可能 $d^- > 0$，这是决策者所不希望出现的，而一旦出现 $d^- > 0$，也希望 d^- 尽可能地小．因此，

决策者最关心的是 d^- 达到最小，故此时的目标函数可表示为 $\min d^-$. 这样，我们把目标函数写成了偏差变量的函数. 注意，例子中原来的目标函数显然不再成为目标规划的目标函数，由于它在目标规划中只是问题要达到的目标之一，因而也成了一个约束条件. 事实上，作为目标之一的利润值已被限制（约束）在 420 万元，用偏差变量很容易将它表示为 $7x_1 + 12x_2 + d^- - d^+ = 420$. 它自然是约束条件，而且确切地表示出了目标利润应为 420 万元这一约束. 事实上，当达不到 420 万元时，由于 $d^+ = 0$，从而 $d^- = 420 - (7x_1 + 12x_2) > 0$，即 $d^+ = 0, d^- > 0$，恰好说明利润指标未达要求；当超过 420 万元时，因 $7x_1 + 12x_2 > 420$，$d^- = 0$，故 $d^+ = (7x_1 + 12x_2) - 420 > 0$；而当利润恰为 420 万元时，因 $d^- - d^+ = 0$，故有 $d^- = d^+ = 0$.

由于这一约束条件是目标规划的目标之一的约束要求，故又称为目标约束，其特点是带有偏差变量的等式约束. 凡非目标约束的约束条件统称为系统约束或刚性约束；相应地，称目标约束为柔性约束，这主要是因为这种约束比刚性约束灵活.

至此，我们可将上述单利润指标的规划问题写成如下形式：

$$\min d^-$$
$$\text{s.t. } 7x_1 + 12x_2 + d^- - d^+ = 420$$

称这种规划模式为目标规划模式. 其特点主要有两条：①目标函数是各目标的偏差变量的函数；②约束条件中含有目标约束条件.

有了上面关于单指标目标规划的建模原理，我们来讨论具有三个指标的情形该如何建模.

将上述偏差变量给予下标 1 表示利润指标对应的偏差变量：

$$\min d_1^-$$
$$\text{s.t. } 7x_1 + 12x_2 + d_1^- - d_1^+ = 420$$

现考虑原材料要求的指标. 设 d_2 为原材料偏差变量，则 d_2^- 为未用量，d_2^+ 为超用量. 由于希望 90 t 原料全部用完，既不希望有余也不希望超支，因而目标函数应为 $\min\{d_2^- + d_2^+\}$. 相应的目标约束完全类似于利润指标情形，应为 $2.5x_1 + 1.5x_2 + d_2^- - d_2^+ = 90$. 又设 d_3 为产品比例指标偏差变量，即以 d_3 表示产品 A 和 B 产量的差距，则由于要求两种产品的产量尽可能达到或接近 $1:1$，因而目标函数 $\min\{d_3^- + d_3^+\}$ 对应的约束条件可写为 $x_1 - x_2 + d_3^- - d_3^+ = 0$.

这是一个新增加的目标约束，当两产品产量一致时，$x_1 - x_2 = 0$，从而 $x_1 : x_2 = 1 : 1$.

我们的目的是求这三个目标的统一体的最优化方案，即从整体看，希望各个指标的偏差总和最小，要把所涉及指标都考虑到，只能按各目标的轻重缓急分级考虑. 事实上，各目标的重要程度是不同的，可以因人、因地、因时而异. 例如，产品的产量问题对有的企业来讲是第一位的，而对别的企业来讲则是第二位的；同一企业此时此地产量第一而彼时彼地可能产量就放在第二位甚至第三位. 这就需要决策者或决策集团根据各目标的重要程度，科学地予以排序.

规定 p_1 为第一位重要，p_2 为第二位重要，即满足 $p_1 \gg p_2$. 称 p_k 为优先因子. 例如，若第一位重要的目标是超额完成利润指标，则赋予它优先因子 p_1，它在整个问题的目标

函数中表示为 $p_1 d_1^-$，列为第一优先级；次要目标是恰好用完原材料，赋予优先因子 p_2，列为第二优先级，表示为 $p_2(d_2^- + d_2^+)$；最后目标是产品产量比例达 $1:1$，赋予优先因子 p_3，列为第三优先级，在整体目标函数中表示为 $p_3(d_3^- + d_3^+)$.

于是整个问题的目标函数为

$$\min z = p_1 d_1^- + p_2(d_2^- + d_2^+) + p_3(d_3^- + d_3^+)$$

从而三个目标的目标规划模型为

$$\min z = p_1 d_1^- + p_2(d_2^- + d_2^+) + p_3(d_3^- + d_3^+)$$

$$\text{s.t.} \begin{cases} 4x_1 + 5x_2 \leqslant 200 \\ 3x_1 + 10x_2 \leqslant 300 \\ 7x_1 + 12x_2 + d_1^- - d_1^+ = 420 \\ 2.5x_1 + 1.5x_2 + d_2^- - d_2^+ = 90 \\ x_1 - x_2 + d_3^- - d_3^+ = 0 \\ x_1, x_2 \geqslant 0, \quad d_i^-, d_i^+ \geqslant 0 (i = 1, 2, 3) \end{cases}$$

目标规划的一般模型如下：设 $x_j(j = 1, 2, \cdots, n)$ 为目标规划的决策变量，有 m 个约束是刚性约束，l 个约束是柔性约束，其目标规划约束的偏差为 $d_i^-, d_i^+ (i = 1, 2, \cdots, l)$. 设有 q 个优先级别，分别为 $p_1, p_2, \cdots, p_q$，在同一个优先级别 p_k 中，不同的目标有不同的权重（重要性的区别），分别记为 $\tilde{\omega}_{kj}^+, \tilde{\omega}_{kj}^-$，则目标规划模型的一般数学表达式为

$$\min z = \sum_{k=1}^{q} p_k \sum_{j=1}^{l} (\tilde{\omega}_{kj}^- d_j^- + \tilde{\omega}_{kj}^+ d_j^+)$$

$$\text{s.t.} \begin{cases} \sum_{j=1}^{n} a_{ij} x_j \leqslant (=, \geqslant) b_i (i = 1, 2, \cdots, m) \\ \sum_{j=1}^{n} c_{ij} x_j + d_i^- - d_i^+ = g_i (i = 1, 2, \cdots, l) \\ x_j \geqslant 0 (j = 1, 2, \cdots, n) \\ d_i^-, d_i^+ \geqslant 0 (i = 1, 2, \cdots, l) \end{cases}$$

确定目标函数的一般原则如下：

（1）对于约束都是固定的形式，在刚性约束中添加 $d_i^- - d_i^+$ 后都取等号.

（2）对于目标函数，

①如果要求恰好达到目标，即要求目标的正负偏差都尽可能小，则取

$$\min z = f(d_k^- + d_k^+)$$

②如果要求超过指标值，即要求目标的正偏差不限，而负偏差越小越好，则取

$$\min z = f(d_k^-)$$

③如果要求不超过指标值，即要求目标的负偏差不限，而正偏差越小越好，则取

$$\min z = f(d_k^+)$$

然后，根据各目标的优先级赋予相应的优先因子和加权系数.

3.5.2 目标规划模型的求解

目标规划模型（主要讨论线性模型）的求解方法有两种：一种是直接使用单纯形法，结合优先级别 p_k 来判断判别数的情况；这里主要介绍另一种方法——序贯式算法.

序贯式算法的思想是：将目标规划模型按照各目标的优先等级次序，依次分解为若干个单目标的规划问题，按级别高低依次求解，优先级高的最优解求出后，作为该目标偏差的上界添加到低级别问题中作为约束条件，再对低级别规划问题求解.

我们可以采用 Lingo 软件实现这个算法. 3.5.1 节的问题 Lingo 程序编写如下：

```
model:
title 目标规划;
sets:
  level/1..3/:p,z,goal;
  variable/1..2/:x;
  h_con_num/1..2/:b;                      !刚性约束右端项;
  s_con_num/1..3/:g,dplus,dminus;         !柔性约束偏差;长度为柔性约束个数;
  h_cons(h_con_num,variable):a;
  s_cons(s_xon_num,variable):c;
  obj(level,s_con_num):wplus,wminus;      !目标函数中正、负偏差系数每行对应一个柔
                                           性约束的正、负偏差在目标函数中的系数;

endsets
data:
  p=? ? ? ;
  goal=? ? 1000;
  b=200 300;
  g=  420 90 0;
  a=4 5
    3 10;
  c=7  12
    2.5 1.5
    1   -1 ;
  wplus=  0 0 0
          0 1 0
          0 0 1;
  wminus=  1 0 0
           0 1 0
           0 0 1;
enddata
min=@sum(level:p*z);
@for(level(i):
  z(i)=@sum(s_con_num(j):wplus(i,j)*dplus(j))
      +@sum(s_con_num(j):wminus(i,j)*dminus(j)));    !每个柔性约束中正负偏
```

差对目标函数的贡献；

```
@for(h_con_num(i):
  @sum(variable(j):a(i,j)*x(j))<=b(i));           !刚性约束;
@for(s_con_num(i):
@sum(variable(j):c(i,j)*x(j))
  + dminus(i)-dplus(i)=g(i);
);                                                ! 柔性约束
@for(level(i)|i#lt#@size(level):
  @bnd(0,z(i),goal(i));
);
end
```

需要求解三次才能得到最后解.

　　第一次求解：P(1)，P(2)，P(3)分别输入 1，0，0，Goal(1)，Goal(2)分别输入 1000，1000（较大的值即可，让约束不起作用），得到最优偏差为 0. 求解目标（1），（2），（3）对目标函数无贡献.

　　第二次求解：P(1)，P(2)，P(3)分别输入 0，1，0，Goal(1)，Goal(2)分别输入 0（第一次的最优偏差），1000，得到最优偏差为 0. Goal(1)取 0 限定目标（1）必须达到，再求解目标（2）.

　　第三次求解：P(1)，P(2)，P(3)分别输入 0，0，1，Goal(1)，Goal(2)分别输入 0，0（第二次的最优偏差），得到最优偏差为 1.538 462，进而求得最优利润，Goal(1)，Goal(2)取 0 限定目标（1），（2）必须达到，求解目标（3）.

3.5.3　总结与体会

　　目标规划在解决具有柔性约束时具有显著的优点，具有根据实际需求进行求解的特点，在使用时要注意与多目标规划区别.

3.6　动　态　规　划

　　动态规划是解决多阶段决策过程最优化的一种方法，该方法是英国数学家贝尔曼（R. E. Bellman）等人在 20 世纪 50 年代提出的. 其特点在于，它可以将一个 n 维决策问题变换为几个一维最优化问题，从而一个一个地去解决. 利用动态规划方法，人们已成功地解决了生产管理、工程技术等方面的许多问题.

3.6.1　动态规划的最优原理及其算法

1. 求解多阶段决策过程的方法

例 3.6.1　（最短路问题）求图 3.6.1 中从 A 到 B 的最短路径.

解　从图 3.6.1 可知，该问题可以枚举出 20 条路径，其中最短的路径长度为 16，容易发现，最短路表现为明显的阶段性，一条从 A 到 B 的最短路径中的任何一个逆向累积阶段都是最短的.

设 S_i 表示由 i 点到 B 点的最短路径的长度，则

$$S_A = \min\{d_{AC} + S_C, d_{AD} + S_D\}$$

因此，要找到从 A 到 B 的最短路 S_A，必须先找到 C 到 B 的最短路 S_C 以及 D 到 B 的最短路 S_D.

以此类推，得到以下最优性原理：最优策略的一部分也是最优的.

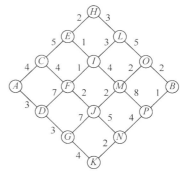

图 3.6.1　路径图

2. 动态规划的基本概念及递推公式

1）状态

例如，最短路问题中各个结点是状态；生产库存问题中库存量是状态；物资分配问题中剩余的物资量是状态.

2）控制变量（决策变量）

在最短路问题中走哪条路是决策变量；生产库存问题中各阶段的产品生产量是决策变量；物资分配问题中分配给每个地区的物资量是决策变量.

3）阶段的编号与递推的方向

一般采用反向递推，所以阶段的编号也是逆向的. 当然，也可以正向递推.

4）动态规划的步骤

（1）确定问题的阶段和编号.

（2）确定状态变量. 用 s_k 表示第 k 阶段的状态变量及其值.

（3）确定决策变量. 用 x_k 表示第 k 阶段的决策变量，并以 x_k^* 表示该阶段的最优决策.

（4）状态转移方程. 用 $s_{k-1} = g(s_k, x_k)$ 反向编号，用 $s_{k+1} = g(s_k, x_k)$ 正向编号.

（5）直接效果. 直接效果是指直接一步转移的效果 $d_k(s_k, x_k)$.

（6）总效果函数. 总效果函数是指某阶段、某状态下到终端状态的总效果，它是一个递推公式，即

$$f_k(s_k, x_k^*) = h_k(d_k(s_k, x_k), f_{k-1}(s_{k-1}, x_{k-1}^*))$$

其中，h_k 为一般表达形式，求当前阶段当前状态下的阶段最优总效果.

①在最短路问题中是累加形式，此时有

$$f_k(s_k, x_k^*) = \min_{x_k}\{d_k(s_k, x_k) + f_{k-1}(s_{k-1}, x_{k-1}^*)\}$$
$$= d_k(s_k, x_k^*) + f_{k-1}(g(s_k, x_k^*), x_{k-1}^*)$$

终端的边际效果一般为

$$f_0(s_0, x_0) = 0$$

②在串联系统可靠性问题中是连乘形式，此时有

$$f_k(s_k, x_k^*) = \max_{x_k}\{d_k(s_k, x_k) f_{k-1}(s_{k-1}, x_{k-1}^*)\}$$
$$= d_k(s_k, x_k^*) f_{k-1}(g(s_k, x_k^*), x_{k-1}^*)$$

终端的边际效果一般为

$$f_0(s_0,x_0)=1$$

从第一阶段开始，利用边际效果和边界条件，可以递推到最后阶段.

3.6.2　案例分析

例 3.6.2　（产品生产计划安排问题）某工厂生产某种产品的月生产能力为 10 件，已知今后 4 个月的产品成本及销售量见表 3.6.1. 当本月产量超过销售量时，可以存储起来备以后各月销售，一件产品的月存储费为 2 元. 试安排月生产计划并做到：

（1）保证满足每月的销售量，并规定计划期初和期末库存为零；

（2）在生产能力允许范围内，安排每月生产量计划使产品总成本（即生产费用加存储费）最低.

表 3.6.1　4 个月的产品成本及销售量

月份	阶段 k	产品成本 c_k/件	月销售量 y_k/件	月初库存 s_k/件	月末库存 s_{k-1}/件
1	4	70	6	$s_4=0$	s_3
2	3	72	7	s_3	s_2
3	2	80	12	s_2	s_1
4	1	76	6	s_1	$s_0=0$

解　设 x_k 为第 k 阶段的生产量，则直接成本为

$$d_k(s_k,x_k)=c_kx_k+2s_k$$

状态转移公式为

$$s_{k-1}=s_k+x_k-y_k$$

总成本递推公式为

$$f_k(s_k,x_k^*)=\min_{x_k}\{d_k(s_k,x_k)+f_{k-1}(s_{k-1},x_{k-1}^*)\}$$

（1）第一阶段（即第 4 个月）.

由边界条件和状态转移方程：

$$s_0=s_1+x_1-y_1=s_1+x_1-6=0$$

得

$$s_1+x_1=6\quad 或\quad x_1=6-s_1$$

估计第一阶段，即第 4 个月初库存的可能状态为 $s_1\in[0,5]$，第一阶段最优决策表见表 3.6.2.

表 3.6.2　第一阶段最优决策表

s_1	x_1^*	$f_1(s_1, x_1^*)$
0	6	456
1	5	382
2	4	308
3	3	234
4	2	160
5	1	86

（2）第二阶段.

最大可能库存量为 7 件. 由状态转移方程：

$$s_1 = s_2 + x_2 - 12 \geqslant 0, \qquad x_2 \leqslant 10$$

知

$$s_2 \in [2,7], \qquad \min x_2 = 5$$

由阶段效果递推公式，如

$$f_2(2,10) = d_2(2,10) + f_1^*(0,6) = 2 \times 2 + 80 \times 10 + 456 = 1\,260$$

得第二阶段最优决策表见表 3.6.3.

表 3.6.3　第二阶段最优决策表

s_2 \ x_2	5	6	7	8	9	10	x_2^*	$f_2(s_2, x_2^*)$
2						1 260*	10	1 260
3					1 182*	1 188	9	1 182
4				1 104*	1 110	1 116	8	1 104
5			1 026*	1 032	1 038	1 044	7	1 026
6		948*	954	960	966	972	6	948
7	870*	876	882	888	894	900	5	870
	$s_1=0$	$s_1=1$	$s_1=2$	$s_1=3$	$s_1=4$	$s_1=5$		

（3）第三阶段.

最大可能库存量 4 件. 由状态转移方程：

$$s_2 = s_3 + x_3 - 7 \geqslant 2, \qquad x_3 \leqslant 10$$

知

$$s_3 \in [0,4], \qquad \min x_3 = 5$$

由阶段效果递推公式，如

$$f_3(1,10) = d_3(1,10) + f_2^*(4,8) = 2 \times 1 + 72 \times 10 + 1\,104 = 1\,826$$

得第三阶段最优决策表见表 3.6.4.

表 3.6.4　第三阶段最优决策表

s_3 \ x_3	5	6	7	8	9	10	x_3^*	$f_3(s_3,x_3^*)$
0					1 908	1 902*	10	1 902
1				1 838	1 832	1 826*	10	1 826
2			1 768	1 762	1 756	1 750*	10	1 750
3		1 698	1 692	1 686	1 680	1 674*	10	1 674
4	1 628	1 622	1 616	1 610	1 604	1 598*	10	1 598
	$s_2=2$	$s_2=3$	$s_2=4$	$s_2=5$	$s_2=6$	$s_2=7$		

（4）第四阶段.

初始库存量 $s_4=0$. 由状态转移方程：

$$s_3 = s_4 + x_4 - 6 \geqslant 0$$

知 $x_4 \geqslant 6$，由阶段效果递推公式，如

$$f_4(0,6) = d_4(0,6) + f_3^*(0,10) = 70 \times 6 + 1\,902 = 2\,322$$

得第四阶段最优决策表见表 3.6.5，回溯得表 3.6.6.

表 3.6.5　第四阶段最优决策表

s_4 \ x_4	6	7	8	9	10	x_4^*	$f_4(s_4,x_4^*)$
0	2 322	2 316	2 310	2 304	2 298*	10	2 298
	$s_3=0$	$s_3=1$	$s_3=2$	$s_3=3$	$s_3=4$		

表 3.6.6　最终的最优结果

月份 k	s_k^*/件	x_k^*/件	y_k/件	生产费用/元	库存费/元	月总费用/元	累计费用/元
1	0	10	6	700	0	700	700
2	4	10	7	720	8	728	1 428
3	7	5	12	400	14	414	1 842
4	0	6	6	456	0	456	2 298

例 3.6.3　（生产-库存管理问题（连续变量））设某厂计划全年生产某种产品 A. 四个季度的订货量分别为 600 kg，700 kg，500 kg 和 1 200 kg. 已知生产产品 A 的生产费用与产品产量的平方成正比，系数为 0.005. 厂内有仓库可存放产品，存储费为每千克每季度 1 元. 求最佳的生产安排使年总成本最小.

解　四个季度为四个阶段，采用阶段编号与季度顺序一致. 设 s_k 为第 k 季初的库存量，则边界条件为 $s_1 = s_5 = 0$. 设 x_k 为第 k 季的生产量，y_k 为第 k 季的订货量，状态转移方程为

$$s_{k+1} = s_k + x_k - y_k$$

仍采用反向递推，但注意阶段编号是正向的，目标函数为

$$f_1(x) = \min_{x_1,x_2,x_3,x_4} \sum_{i=1}^{4} (0.005x_i^2 + s_i)$$

（1）第一步（第四季度）.

总效果 $f_4(s_4, x_4) = 0.005x_4^2 + s_4$，由边界条件有

$$s_5 = s_4 + x_4 - y_4 = 0$$

解得 $x_4^* = 1\,200 - s_4$，代入 $f_4(s_4, x_4)$，得

$$f_4^*(s_4) = 0.005(1\,200 - s_4)^2 + s_4 = 7\,200 - 11s_4 + 0.005s_4^2$$

（2）第二步（第三、四季度）.

总效果 $f_3(s_3, x_3) = 0.005x_3^2 + s_3 + f_4^*(s_4)$，将 $s_4 = s_3 + x_3 - 500$ 代入 $f_3(s_3, x_3)$，得

$$f_3(s_3, x_3) = 0.005x_3^2 + s_3 + 7\,200 - 11(x_3 + s_3 - 500) + 0.005(x_3 + s_3 - 500)^2$$
$$= 0.01x_3^2 + 0.01x_3s_3 - 16x_3 + 0.005s_3^2 - 15s_3 + 13\,950$$

$$\frac{\partial f_3(s_3, x_3)}{\partial x_3} = 0.02x_3 + 0.01s_3 - 16 = 0$$

解得 $x_3^* = 800 - 0.5s_3$，代入 $f_3(s_3, x_3)$，得

$$f_3^*(s_3) = 7\,550 - 7s_3 + 0.002\,5s_3^2$$

（3）第三步（第二、三、四季度）.

总效果 $f_2(s_2, x_2) = 0.005x_2^2 + s_2 + f_3^*(s_3)$，将 $s_3 = s_2 + x_2 - 700$ 代入 $f_2(s_2, x_2)$，得

$$f_2(s_2, x_2) = 0.005x_2^2 + s_2 + 7\,550 - 7(x_2 + s_2 - 700) + 0.002\,5(x_2 + s_2 - 700)^2$$
$$\frac{\partial f_2(s_2, x_2)}{\partial x_2} = 0.015x_2 + 0.005(s_2 - 700) - 7 = 0$$

解得 $x_2^* = 700 - \dfrac{s_2}{3}$，代入 $f_2(s_2, x_2)$，得

$$f_2^*(s_2) = 10\,000 - 6s_2 + \frac{0.005s_2^2}{3}$$

需要注意的是，最优阶段总效果仅是当前状态的函数，与其后的决策无关.

（4）第四步（第一、二、三、四季度）.

总效果 $f_1(s_1, x_1) = 0.005x_1^2 + s_1 + f_2^*(s_2)$，将 $s_2 = s_1 + x_1 - 600 = x_1 - 600$ 代入 $f_1(s_1, x_1)$，得

$$f_1(s_1, x_1) = 0.005x_1^2 + s_1 + 10\,000 - 6(x_1 - 600) + \frac{0.005(x_1 - 600)^2}{3}$$

$$\frac{\partial f_1(s_1, x_1)}{\partial x_1} = \frac{0.04x_1}{3} - 8 = 0$$

解得 $x_1^* = 600$，代入 $f_1(s_1, x_1)$，得

$$f_1^*(s_2) = 11\,800$$

由此回溯，得最优生产-库存方案：$x_1^* = 600$，$s_2^* = 0$；$x_2^* = 700$，$s_3^* = 0$；$x_3^* = 800$，$s_4^* = 300$；$x_4^* = 900$.

例 3.6.4　（资源分配问题）某公司有 9 个推销员在全国 3 个不同市场推销货物，这 3 个市场里推销员人数与收益的关系见表 3.6.7，试做出使总收益最大的分配方案.

表 3.6.7　推销员人数与收益关系表

市场＼推销员人数/个	0	1	2	3	4	5	6	7	8	9
1	20	32	47	57	66	71	82	90	100	110
2	40	50	60	71	82	93	104	115	125	135
3	50	61	72	84	97	109	120	131	140	150

解　设分配推销员的顺序为市场 1，2，3，采用反向阶段编号．设 s_k 为第 k 阶段尚未分配的人数，边界条件为 $s_3=9$，x_k 为第 k 阶段分配的人数．仍采用反向递推，状态转移方程为

$$s_{k-1} = s_k - x_k$$

目标函数为

$$f_3(x) = \max_{x_1,x_2,x_3} \sum_{i=1}^{3} d(x_i)$$

（1）第一阶段．

给第三市场分配．s_1 有 0～9 种可能，第一阶段最优决策表见表 3.6.8．

表 3.6.8　第一阶段最优决策表

s_1＼x_1	0	1	2	3	4	5	6	7	8	9	x_1^*	f_1^*
0	50										0	50
1	50	61									1	61
2	50	61	72								2	72
3	50	61	72	84							3	84
4	50	61	72	84	97						4	97
5	50	61	72	84	97	109					5	109
6	50	61	72	84	97	109	120				6	120
7	0	61	72	84	97	109	120	131			7	131
8	50	61	72	84	97	109	120	131	140		8	140
9	50	61	72	84	97	109	120	131	140	150	9	150

（2）第二阶段．

给第二市场分配，见表 3.6.9．

表 3.6.9　第一阶段最优分配表

s_1	0	1	2	3	4	5	6	7	8	9
x_1^*	0	1	2	3	4	5	6	7	8	9
f_1^*	50	61	72	84	97	109	120	131	140	150

s_2 有 0～9 种可能，第二阶段最优决策表见表 3.6.10．

表 3.6.10　第二阶段最优决策表

s_2 \ x_2	0	1	2	3	4	5	6	7	8	9	x_2^*	f_2^*
0	90										0	90
1	101	100									0	101
2	112	111	110								0	112
3	124	122	121	121							0	124
4	137	134	132	132	132						0	137
5	149	147	144	143	143	143					0	149
6	160	159	157	155	154	154	154				0	160
7	171	170	169	168	166	165	165	165			0	171
8	180	181	180	180	179	177	176	176	175		1	181
9	190	190	191	191	191	190	188	187	186	185	2,3,4	191

（3）第三阶段.

给第一市场分配，见表 3.6.11. 由边界条件 $s_3=9$，第三阶段最优决策表见表 3.6.12.

表 3.6.11　第二阶段最优分配表

s_2	0	1	2	3	4	5	6	7	8	9
x_2^*	0	0	0	0	0	0	0	0	1	2,3,4
f_2^*	90	101	112	124	137	149	160	171	181	191

表 3.6.12　第三阶段最优决策表

s_3 \ x_3	0	1	2	3	4	5	6	7	8	9	x_3^*	f_3^*
9	211	213	218	217	215	208	206	202	201	200	2	218

最终得：$x_3^*=2$，$x_2^*=0$，$x_1^*=7$，$f_3^*=218$，即市场 1 分配 2 人，市场 2 不分配，市场 3 分配 7 人.

例 3.6.5　（项目选择问题）某工厂预计明年有 A，B，C，D 4 个新建项目，每个项目的投资额 w_k 及投资后的收益 v_k 见表 3.6.13. 投资总额为 30 万元，问如何选择项目才能使总收益最大？

表 3.6.13　每个项目的投资额及投资后的收益　　　（单位：万元）

项目	w_k	v_k
A	15	12
B	10	8
C	12	9
D	8	5

解　这是 0-1 规划问题，该问题是经典的旅行背包问题，是 NPC 问题.

上述问题的静态规划模型如下：

$$\max f(x) = \sum_k v_k x_k$$

$$\text{s.t.} \begin{cases} \sum_k w_k x_k \leqslant 30 \\ x_k = \begin{cases} 0, & \text{未投资} \\ 1, & \text{投资} \end{cases} \end{cases}$$

设项目选择的顺序为 A，B，C，D.

（1）阶段 $k=1,2,3,4$ 分别对应 D，C，B，A 项目的选择过程.

（2）第 k 阶段的状态 s_k 代表第 k 阶段初尚未分配的投资额.

（3）第 k 阶段的决策变量 x_k 代表第 k 阶段分配的投资额.

（4）状态转移方程为 $s_{k-1} = s_k - w_k x_k$.

（5）直接效益 $d_k(s_k, x_k) = v_k$ 或 0.

（6）总效益递推公式为

$$f_k(s_k, x_k^*) = \max_{x_k} \{ d_k(s_k, x_k) + f_{k-1}(s_{k-1}, x_{k-1}^*) \}$$

该问题的难点在于各阶段状态的确定，当阶段增加时，状态数成指数增长. 下面利用决策树来确定各阶段的可能状态.

（1）第一阶段（项目 D）.

当 $s_1 < 8$ 时，x_1 只能取 0. 状态见表 3.6.14.

表 3.6.14　第一阶段可能分配的状态　　　　　　　　$w_1 = 8$, $v_1 = 5$

s_1	x_1	$d_1(s_1, x_1)$	$s_0 = s_1 - w_1 x_1$	$f_0(s_0, x_0^*)$	$f_1(s_1, x_1^*)$	条件
3	0	0	3	0	0	$x_4 = x_2 = 1$
	—	—	—			$x_3 = 0$
5	0	0	5	0	0	$x_4 = x_3 = 1$
	—	—	—			$x_2 = 0$
8	0	0	8	0		$x_3 = x_2 = 1$
	1	5	0	0	5	$x_4 = 0$
15	0	0	15	0		$x_3 = x_2 = 0$
	1	5	7	0	5	$x_4 = 1$
18	0	0	18	0		$x_4 = x_3 = 0$
	1	5	10	0	5	$x_2 = 1$
20	0	0	20	0		$x_4 = x_2 = 0$
	1	5	12	0	5	$x_3 = 1$
30	0	0	30	0		$x_4 = x_3 = 0$
	1	5	22	0	5	$x_2 = 0$

（2）第二阶段（项目 C）.

状态见表 3.6.15.

表 3.6.15　第二阶段可能分配的状态　$w_2=12,\ v_2=9$

s_2	x_2	$d_2(s_2,x_2)$	$s_1=s_2-w_2x_2$	$f_1(s_1,x_1^*)$	$f_2(s_2,x_2^*)$	条件
5	0	0	5	0	0	$x_4=x_3=1$
	—	—	—			
15	0	0	15	5	5	$x_3=0$
	1	9	3	0	9^*	$x_4=1$
20	0	0	20	5	5	$x_4=0$
	1	9	8	5	14^*	$x_3=1$
30	0	0	30	5	5	$x_4=x_3=0$
	1	9	18	5	14^*	

（3）第三阶段（项目 B）.

状态见表 3.6.16.

表 3.6.16　第三阶段可能分配的状态　$w_3=10,\ v_3=8$

s_3	x_3	$d_3(s_3,x_3)$	$s_2=s_3-w_3x_3$	$f_2(s_2,x_2^*)$	$f_3(s_3,x_3^*)$	条件
15	0	0	15	9	9^*	$x_4=1$
	1	8	5	0	8	
30	0	0	30	14	14	$x_4=0$
	1	8	20	14	22^*	

（4）第四阶段（项目 A）.

状态见表 3.6.17.

表 3.6.17　第四阶段可能分配的状态　$w_4=15,\ v_4=12$

s_4	x_4	$d_4(s_4,x_4)$	$s_3=s_4-w_4x_4$	$f_3(s_3,x_3^*)$	$f_4(s_4,x_4^*)$	条件
30	0	0	30	22	22^*	
	1	12	15	9	21	

回溯得投资计划，见表 3.6.18.

表 3.6.18　投资计划表

项目	决策	投资额	直接收益 v_k
A	$x_4=0$	0	0
B	$x_3=1$	10	8
C	$x_2=1$	12	9
D	$x_1=1$	8	5
总额		30	22

例 3.6.6　有 A，B，C 三部机器串联生产某种产品，由于工艺技术问题，产品常出现次品. 统计结果表明，机器 A，B，C 产生次品的概率分别为 $p_A=30\%$，$p_B=40\%$，$p_C=20\%$，而产品必须经过三部机器顺序加工才能完成. 为了降低产品的次品率，决定拨款 5 万元进行技术改造，以便最大限度地提高产品的成品率指标. 现提出如下四种改进方案：

方案 1　不拨款，机器保持原状；

方案 2　加装监视设备，每部机器需 1 万元；

方案 3　加装设备，每部机器需 2 万元；

方案 4　同时加装监视及控制设备，每部机器需 3 万元.

采用各方案后，各部机器的次品率见表 3.6.19.

表 3.6.19　各机器的次品率

机器 方案	A	B	C
不拨款	30%	40%	20%
拨款 1 万元	20%	30%	10%
拨款 2 万元	10%	20%	10%
拨款 3 万元	5%	10%	6%

问如何进行拨款，使产品的成品率达到最佳？

解　为三台机器分配改造拨款，设拨款顺序为 A，B，C，阶段序号反向编号为 k，即第一阶段计算给机器 C 拨款的效果.

设 s_k 为第 k 阶段剩余款，则边界条件为 $s_3=5$. 设 x_k 为第 k 阶段的拨款额，则状态转移方程为 $s_{k-1}=s_k-x_k$，目标函数为

$$\max R = (1-p_A)(1-p_B)(1-p_C)$$

仍采用反向递推，设 $R_0(s_0,x_0)=1$.

（1）第一阶段.

对机器 C 拨款的效果，递推公式为

$$R_1(s_1,x_1) = d_1(s_1,x_1) \times R_0(s_0,x_0) = d_1(s_1,x_1)$$

第一阶段拨款见表 3.6.20，最优决策表见表 3.6.21.

表 3.6.20　第一阶段拨款

s_1＼x_1	0	1	2	3	x_1^*	$R_1(s_1,x_1^*)$
0	0.8				0	0.8
1	0.8	0.9			1	0.9
2	0.8	0.9	0.9		1,2	0.9
3	0.8	0.9	0.9	0.94	3	0.94
4	0.8	0.9	0.9	0.94	3	0.94
5	0.8	0.9	0.9	0.94	3	0.94

表 3.6.21 第一阶段最优决策表

s_1＼x_1	x_1^*	$R_1(s_1, x_1^*)$
0	0	0.8
1	1	0.9
2	1,2	0.9
3	3	0.94
4	3	0.94
5	3	0.94

（2）第二阶段.

对机器 B，C 拨款的效果. 由于机器 A 最多只需 3 万元，故 $s_2 \geqslant 2$. 递推公式为

$$R_2(s_2, x_2) = d_2(s_2, x_2) \times R_1(s_1, x_1^*)$$

第三阶段拨款见表 3.6.22.

表 3.6.22 第二阶段拨款

s_2＼x_2	0	1	2	3	x_2^*	$R_2(s_2, x_2^*)$
2	0.6×0.9=0.54	0.7×0.9=0.63	0.8×0.8=0.64		2	0.64
3	0.6×0.94=0.564	0.7×0.9=0.63	0.8×0.9=0.72	0.9×0.8=0.72	2,3	0.72
4	0.6×0.94=0.564	0.7×0.94=0.658	0.8×0.9=0.72	0.9×0.9=0.81	3	0.81
5	0.6×0.94=0.564	0.7×0.94=0.658	0.8×0.94=0.752	0.9×0.9=0.81	3	0.81

例如， $R_2(3,2) = d_2(3,2) \times R_1(1,1) = (1-0.2) \times 0.9 = 0.72$ ，得第二阶段最优决策表见表 3.6.23.

表 3.6.23 第二阶段最优决策表

s_2＼x_2	x_2^*	$R_2(s_2, x_2^*)$
2	2	0.64
3	2,3	0.72
4	3	0.81
5	3	0.81

（3）第三阶段.

对机器 A，B，C 拨款的效果. 边界条件为 $s_3=5$. 递推公式为

$$R_3(s_3, x_3) = d_3(s_3, x_3) \times R_2(s_2, x_2^*)$$

例如， $R_3(5,3) = d_3(5,3) \times R_2(2,2) = (1-0.05) \times 0.64 = 0.608$ ，得第三阶段最优决策表，见表 3.6.24.

表 3.6.24 第三阶段最优决策表

s_3 \ x_3	0	1	2	3	x_3^*	$R_3(s_3, x_3^*)$
5	0.567	0.648	0.648	0.608	1,2	0.648

回溯，有多组最优解.

$\quad\quad$ I：$\quad x_3=1, x_2=3, x_1=1,\quad\quad R_3=0.8\times0.9\times0.9=0.648$

$\quad\quad$ II：$\quad x_3=2, x_2=2, x_1=1,\quad\quad R_3=0.9\times0.8\times0.9=0.648$

$\quad\quad$ III：$\quad x_3=2, x_2=3, x_1=0,\quad\quad R_3=0.9\times0.9\times0.8=0.648$

3.6.3 总结与体会

动态规划主要分为生产-库存问题和资源分配问题两类.

（1）生产-库存问题.

状态转移公式为

$$s_{k-1} = s_k + x_k - y_k$$

状态和控制变量为离散型或连续型.

（2）资源分配问题.

状态转移公式为

$$s_{k-1} = s_k + x_k$$

目标函数为累加或累乘.

状态和控制量为离散型或连续性.

本节使用的 MATLAB 程序详情见在线小程序.

第 4 章　现代智能优化算法简介

4.1　遗 传 算 法

生物的进化是一个奇妙的优化过程，它通过优胜劣汰，基因遗传、交叉、变异等规律产生适应环境变化的优良物种. 遗传算法是根据生物进化思想得出的一种具有全局寻优能力的概率优化算法，其基本思想是达尔文（Darwin）的进化论和孟德尔（Mendel）的遗传学说.

达尔文进化论最重要的思想是适者生存原理，它认为每一物种在发展中会越来越适应环境. 物种每个个体的基本特征由后代所继承，但后代又会产生一些异于父代的新变化. 当环境变化时，只有那些能适应环境的个体特征方能保留下来.

孟德尔遗传学说最重要的思想是基因遗传原理，它认为遗传以密码方式存在于细胞中，并以基因形式包含在染色体内. 每个基因有特殊的位置并控制某种特殊性质，从而每个基因所对应的个体对环境具有某种适应性. 基因突变和基因杂交可产生更适应于环境的后代，经过存优去劣的自然淘汰，适应性高的基因结构得以保存下来.

遗传算法模拟了生物进化过程，从而能够对搜索空间进行持续的搜索，以概率 1 的可能性寻找到全局最优解，因此，遗传算法特别适合应用于全局优化问题的求解.

4.1.1　问题描述

最短路问题：找出加权有向图 4.1.1 中从结点 A 到结点 G 的最短路径.

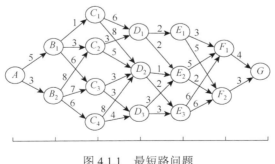

图 4.1.1　最短路问题

4.1.2　问题分析

图 4.1.1 中共有 16 个结点，从结点 A 到达结点 G，必须经历 6 个阶段的选择，即在

阶段 A—B，B—C，C—D，D—E，E—F，F—G 各选择一条路径，并综合考虑，从而找出从结点 A 到结点 G 的最短路径.

4.1.3 模型构建

1. 编码

为了方便利用遗传算法对最短路问题进行建模并求解，可以将图 4.1.1 上的结点重新编号，如图 4.1.2 所示，并随机产生一条 16 位的二进制码的串表示一条可能的路径选择，如

1010010100100101

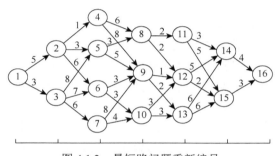

图 4.1.2　最短路问题重新编号

该二进制码串从左到右依次表示图中的 16 个结点是否出现在被选择的路径上，数字"1"表示该结点被选中，数字"0"表示该结点未被选中. 例如，左边的第 1 位数字"1"表示第 1 号结点（首结点 A）被选中，将出现在该路径上；左边的第 2 位数字"0"表示第 2 号结点（结点 B_1）未被选中，那么结点 B_1 将不会出现在该路径上；其余依此类推.

上述过程称为对问题的解进行编码，可以利用下述 MATLAB 代码完成对最短路问题编码的初始化工作：

```
v=init_population(n,PN);   %生成有 n 个个体,串长为 PN 的初始种群
v(:,1)=1;                  %强行令二进制串的左边第 1 位为 1,以保证首结点 A 一定被选中
v(:,PN)=1;                 %强行令二进制串的右边第 1 位为 1,以保证末结点 G 一定被选中
```

上述代码调用了如下 MATLAB 子程序：

```
% Function init_population 生成初始种群
% n 为初始种群的规模
% s 为二进制的长度
% v 为 n 行 s 列的 0-1 矩阵,表示已生成的初始种群
function v=init_population(n,s)
v=round(rand(n,s));        %随机生成一个有 n 行 s 列的 0-1 矩阵
```

2. 复制算子

复制算子也称为选择算子，其作用是从当前代群体中选择出一些比较优良的个体，并

将其复制到下一代群体中. 最常用和最基本的复制算子是比例选择算子, 指个体被选中并遗传到下一代群体中的概率与该个体的适应度函数值大小成正比:

$$p_i = \frac{f_i}{\sum f_i} \quad (i = 1, 2, \cdots, M)$$

其中, p_i 为个体 i 被选中的概率, f_i 为个体 i 的适应度函数值, $\sum f_i$ 为群体的累加适应度.

显然, 个体适应度越高, 被选中的概率越大. 但是, 适应度小的个体也有可能被选中, 以便增加下一代群体的多样性.

执行比例选择的具体方法可以采取轮盘选择的方式, 其原理如图 4.1.3 所示. 图中指针固定不动, 外圈的圆环可以自由转动, 圆环上的刻度代表每个个体的适应度. 当圆环旋转若干圈停止后, 指针指定的位置便是被选中的个体. 从统计意义上讲, 适应度越大的个体, 其刻度越长, 被选中的可能性也越大; 反之, 适应度越小的个体被选中的可能性越小, 但有时也会被 "破格" 选中.

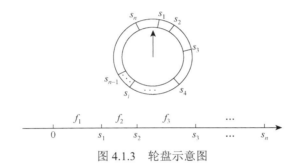

图 4.1.3 轮盘示意图

可以用以下 MATLAB 代码完成轮盘选择:

```
fit=short_road_fun(v,power);
fitmax=max(fit);
fit=fitmax-fit;                    %对于轮盘选择而言,适应度值越大越好
vtemp=roulette_selection(v,fit);
```

上述代码调用了如下两个 MATLAB 子程序:

```
% Function short_road_fun 计算最短路问题中种群个体的适应度值
% v 为需要计算适应度值的种群
% power 为最短路问题的邻接矩阵
% fit 为种群每个个体对应的路径长度矩阵
function fit=short_road_fun(v,power)
[N L]=size(v);
fit=zeros(N,1);                    %初始化
for i=1:N
    I=find(v(i,:)==1);
    [Im,In]=size(I);
    for j=1:In-1
        fit(i)=fit(i)+power(I(j),I(j+1));
    end
```

```
end

% Function roulette_selection 复制算子——轮盘选择
% v 为需要进行轮盘选择的种群
% fit 为种群个体所对应的适应度值,适应度值越大越好
% vtemp 为经过轮盘选择后的种群,种群规模不变
function vtemp=roulette_selection(v,fit)    %fit>=0
[N,L]=size(v);
S=sum(fit);
for i=1:N
    SI=S*rand(1);
    for j=1:N
        if SI<=sum(fit(1:j))
            vtemp(i,:)=v(j,:);
            break
        end
    end
end
```

3. 交叉算子

交叉算子也称为杂交算子，其作用是通过交叉，使新产生子代的基因值可以不同于父代．交叉算子是遗传算法产生新个体的主要手段，正是有了交叉操作，群体的性态才多种多样．

最常用和最基本的交叉算子是单点交叉算子，其具体计算过程如下：

（1）对群体中的个体进行两两随机配对．若群体大小为 N，则共有[$N/2$]对相互配对的个体组．

（2）每一对相互配对的个体，随机设置某一基因位之后的位置为交叉点．若二进制串的长度为 l，则共有 $(l-1)$ 个可能的交叉点位置．

（3）对每一对相互配对的个体，依设定的交叉概率 p_c 在其交叉点处相互交换两个个体的部分二进制码，从而产生出两个新的个体．

单点交叉运算的示例如下：假设有串为 16 的二进制某一种群，通过随机选择，选中了 A 和 B 两个个体进行交叉，同时随机产生了交叉位点 10，则从串的第 10 位开始，后面所有的二进制码进行交换，从而产生新的两个个体 A' 和 B'，即

A：1011010111　001101　　　A'：1011010111　100110

B：0001110100　100110　　　B'：0001110100　001101

交叉概率为

$$p_c = \frac{N_c}{N}$$

其中，N 为群体中个体的数目，N_c 为群体中被交换个体的数目．

可以用以下 MATLAB 代码完成单点交叉运算：

```
v=crossover(vtemp,pc);
```

上述代码调用了如下 MATLAB 子程序：

```
% Function crossover 单点交叉算子
% vtemp 为需要进行交叉运算的种群
% pc 为交叉概率
% v 为通过交叉算子新产生的种群,种群规模不变
function v=crossover(vtemp,pc)
[N,L]=size(vtemp);
C(:,1)=rand(N,1)<=pc;
I=find(C(:,1)==1);

for i=1:2:size(I)
    if i>=size(I)
        break;
    end
    site=fix(1+L*rand(1));
    temp=vtemp(I(i,1),:);
    vtemp(I(i,1),site:end)=vtemp(I(i+1,1),site:end);
    vtemp(I(i+1,1),site:end)=temp(:,site:end);
end

v=vtemp;
```

4. 变异算子

通过变异算子，遗传算法也可以产生新的子代个体，其中基本位变异算子是最简单和最基本的变异操作算子.

对于基本遗传算法中用二进制编码符号串所表示的个体，若需要进行变异操作的某一基因位上的原有基因值为 0，则变异操作将该基因值变为 1；反之，若原有基因值为 1，则变异操作将其变为 0. 基本位变异因子的具体执行过程如下：

（1）对个体的每一个基因位，依变异概率 p_m 指定其为变异点.

（2）对每一个指定的变异位点，对其基因值做取反运算或用其他等位基因值来代替，从而产生一个新的个体.

基本位变异运算的示例如下：

$$A: 1010\boxed{1}01010 \xrightarrow{\ \text{基本位变异}\ } A': 1010\boxed{0}01010$$

变异是针对个体的某一个或某一些基因位上的基因值执行的，因此，变异概率 p_m 也是针对基因而言，即

$$p_m = \frac{B}{N \cdot l}$$

其中，B 为每代中变异基因的数目，N 为每代中群体拥有的个体数目，l 为个体中基因串长度.

可以用以下 MATLAB 代码完成基本位变异运算：

```
v=bit_mutation(v,pm);
v(:,1)=1;        %强行为1,以保证首结点 A 一定被选中
v(:,end)=1;      %强行为1,以保证末结点 G 一定被选中
```

上述代码调用了如下 MATLAB 子程序：

```
% Function bit_mutation 基本位变异算子
% vtemp 为需要进行变异运算的种群
% pm 为交叉概率
% v 为通过基本位变异算子新产生的种群,种群规模不变
Function v=bit_mutation(vtemp,pm)
[N L]=size(vtemp);
M=rand(N,L)<=pm;
v=vtemp-2.*(vtemp.*M)+M;
```

4.1.4　模型求解

对于最短路问题，可以用如下 MATLAB 代码进行求解：

```
% Short road GA main program

% n 为种群规模
% ger 为迭代次数
% pc 为交叉概率
% pm 为变异概率
% v 为初始种群 (规模为 n)
% f 为目标函数值
% fit 为适应度向量
% vx 为最优适应度值向量
% vmfit 为平均适应度值向量

%%% 初始化:数据录入及参数设定
clear all;
close all;
clc;

tic;

% power 为最短路问题的邻接矩阵,没有直接路径的两个结点的距离为无穷大,这里用一个很大
   的数(100)表示
power=[  0    5    3 100 100 100 100 100 100 100 100 100 100 100 100 100;
       100    0 100    1    3    6 100 100 100 100 100 100 100 100 100 100;
       100 100    0 100    8    7    6 100 100 100 100 100 100 100 100 100;
       100 100 100    0 100 100 100    6    8 100 100 100 100 100 100 100;
       100 100 100 100    0 100 100    3    5 100 100 100 100 100 100 100;
```

```
    100 100 100 100 100   0 100 100   3   3 100 100 100 100 100 100;
    100 100 100 100 100 100   0 100   8   4 100 100 100 100 100 100;
    100 100 100 100 100 100   0 100 100   2   2 100 100 100 100 100;
    100 100 100 100 100 100 100 100   0 100 100   1   2 100 100 100;
    100 100 100 100 100 100 100 100 100   0 100   3   3 100 100 100;
    100 100 100 100 100 100 100 100 100   0 100 100   3   5 100;
    100 100 100 100 100 100 100 100 100 100   0 100   5   2 100;
    100 100 100 100 100 100 100 100 100 100 100   0   6   6 100;
    100 100 100 100 100 100 100 100 100 100 100 100   0 100   4;
    100 100 100 100 100 100 100 100 100 100 100 100 100   0   3;
    100 100 100 100 100 100 100 100 100 100 100 100 100 100   0];

[PM PN]=size(power);

% 参数设定
n=80;
ger=200;
pc=0.7;
pm=0.02;

% 生成初始种群
v=init_population(n,PN);        %生成有 n 个个体,串长为 PN 的初始种群
v(:,1)=1;                       %强行令二进制串的左边第 1 位为 1,以保证首结点 A 一定被选中
v(:,end)=1;                     %强行令二进制串的右边第 1 位为 1,以保证末结点 G 一定被选中

% 在 MATLAB 的命令窗口显示各种参数
[N,L]=size(v);
disp(sprintf('Number of generations:%d',ger));
disp(sprintf('Population size:%d',N));
disp(sprintf('Crossover probability:%.3f',pc));
disp(sprintf('Mutation probability:%.3f',pm));

% 计算适应度,并画出图形
fit=short_road_fun(v,power);
figure(1);
grid on;
hold on;
plot(fit,'k*');

% 变量初始化
vmfit=[];
it=1;
vx=[];
```

```
%%% 开始进化
while it<=ger

    % Reproduction(Bi-classist Selection)
    fitmax=max(fit);
    fit=fitmax-fit;    %对于轮盘选择而言,适应度值越大越好
    vtemp=roulette_selection(v,fit);

    % Crossover
    vtemp=crossover(vtemp,pc);

    % Mutation
    v=bit_mutation(vtemp,pm);
    v(:,1)=1;            %强行为1,以保证首结点 A 一定被选中
    v(:,end)=1;          %强行为1,以保证末结点 G 一定被选中

    % 保留中间运算结果
    fit=short_road_fun(v,power);

    [sol,indb]=min(fit);
    v(1,:)=v(indb,:);
    media=mean(fit);
    vx=[vx sol];
    vmfit=[vmfit media];
    it=it+1;            % 迭代次数增加1
end

%%% 最后结果呈现
disp(sprintf('\n'));    %空一行

% 显示最优解及最优值
disp(sprintf('Shortroad is %s',num2str(find(v(indb,:)))));
disp(sprintf('Mininum is %d',sol));
v(indb,:)

% 图形显示最优结果
figure(1);
plot(fit,'r^');
title(['种群的初始和最终位置'],'fontsize',16);
legend({'初始位置','最终位置'},'FontSize',11,'Location','Northeast')
xlabel('种群个体','fontsize',14);
ylabel('路径值','fontsize',14);
```

```
% 图形显示最优及平均函数值变化趋势
figure(2);
plot(vx);
title(['最优及平均路径值变化趋势'],'fontsize',16);
xlabel('迭代次数','fontsize',14);
ylabel('路径值','fontsize',14);
hold on;
plot(vmfit,'r');
legend({'最优值','平均值'},'FontSize',11,'Location','Northeast')
hold off;

runtime=toc
```

4.1.5　结果分析

通过上述 MATLAB 代码的运行，可以得到一个最优解为

$$1100100100010011$$

根据编码规则，最短路径为

$$1\rightarrow2\rightarrow5\rightarrow8\rightarrow12\rightarrow15\rightarrow16$$

最优值为 18.

图 4.1.4、图 4.1.5 为其进化过程示例及运行结果.

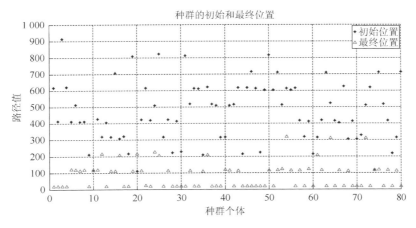

图 4.1.4　最短路问题种群的初始和最终位置

图 4.1.4 显示了种群（共有 80 个个体）进化之前和进化之后所具有的路径值（位置），图 4.1.5 中两条曲线分别为各代群体中所对应的最短路径值及平均值的变化趋势. 可以看到，随着进化过程的进行，群体中适应度较低（路径值较高）的一些个体被逐渐淘汰掉，而适应度较高（路径值较低）的一些个体会越来越多，并且它们大部分都集中在所求问题的最优解附近，从而最终搜索到问题的最优解.

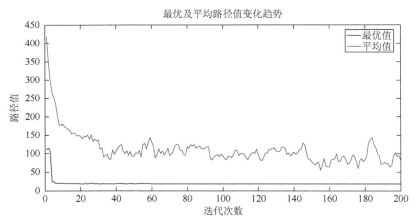

图 4.1.5   最短路问题最优及平均路径值的变化趋势

4.1.6   总结与体会

对于遗传算法，提醒读者注意以下事项：

（1）遗传算法是一种概率化算法，主要思想是利用"生存准则"优胜劣汰，使用交叉算子和变异算子打破趋于局部最优（稳定点），从而获得最优．算法的核心步骤是染色体的编码、解码和适应度函数的选取．虽然说遗传算法是以概率 1 趋于最优解，但是算法运行的时间是有限的，因此，程序运行最终所得的结果可能会与全局最优解有所偏差，读者对于程序运行所得结果需加以甄别，可以通过多次重复运行程序来进行判断．

（2）遗传算法具有很强的兼容性和扩展性，可以和很多其他优化算法相结合，产生很多基于基本遗传算法的改进算法，这样既可以克服自身收敛速度减慢的缺点，同时又可以保持全局搜索能力．

（3）最短路问题属于组合优化问题，在这里，给出了一种二进制的编码方法，这是遗传算法最常用也最基本的编码方式．事实上，对于连续性优化问题，还可以使用十进制等编码，这主要取决于要解决的问题．

（4）在这里提出的最短路问题用遗传算法进行求解主要是向读者介绍和展示遗传算法的基本思想和应用价值．事实上，最短路问题还可以用图论的最短路算法（如 Floyd、Dijkstra算法）或动态规划算法来进行求解，读者可以通过比较，加深对这些算法的理解．

4.2   蚁 群 算 法

20 世纪 90 年代，意大利学者 M. 多里戈（M. Dorigo）、V. 马尼佐（V. Maniezzo）和A. 科罗尼（A. Colorni）等从生物进化的机制中受到启发，通过模拟自然界蚂蚁搜索路径的行为，提出一种新型的模拟进化算法——蚁群算法，它是群智能理论研究领域的一种主要算法．用该方法求解 TSP 问题、分配问题、job-shop 调度问题，取得了较好的试验结果．研究表明，蚁群算法在求解复杂优化问题（特别是离散优化问题）方面有一定优势，是一种非常有发展前景的算法．

4.2.1　问题描述

多元最值问题：求下列函数的全局最大值：

$$\max f(x, y) = \cos(2\pi x)\cos(2\pi y)\mathrm{e}^{-\frac{x^2+y^2}{10}}$$
$$\text{s.t.}\begin{cases} -1 \leqslant x \leqslant 1 \\ -1 \leqslant y \leqslant 1 \end{cases}$$

4.2.2　问题分析

该函数图形如图 4.2.1 所示，在 $-1 \leqslant x \leqslant 1, -1 \leqslant y \leqslant 1$ 范围内有多个局部最大值，需要找出位于原点（0，0）处的全局最优解. 传统经典优化算法在处理类似具有多个局部最优解的问题时，由于其本身的局限性，往往陷于某个局部最优解（依赖于初始条件），而丧失全局寻优能力. 因此，可以考虑具有全局寻优能力的智能优化算法来进行求解，其中，蚁群算法是一种易于实现、效率较高的群智能算法.

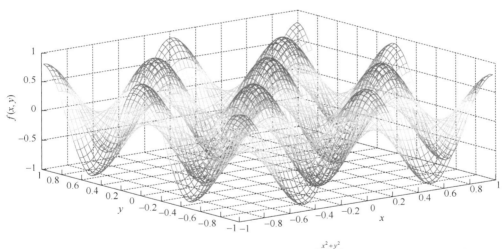

图 4.2.1　$f(x, y) = \cos(2\pi x)\cos(2\pi y)\mathrm{e}^{-\frac{x^2+y^2}{10}}$ 的图形

4.2.3　模型构建

1. 蚁群算法原理

蚁群算法是对自然界蚂蚁的寻径方式进行模拟而得到的一种仿生算法. 蚂蚁在运动过程中，能够在它所经过的路径上留下一种称为信息素（pheromone）的物质进行信息传递，而且蚂蚁在运动过程中能够感知这种物质，并以此指导自己的运动方向. 因此，由大量蚂蚁组成的蚁群集体行为便表现出一种信息正反馈现象：某一路径上走过的蚂蚁越多，后来者选择该路径的概率就越大.

为了说明蚁群算法的原理，先简要介绍一下蚂蚁搜寻食物的具体过程．在蚁群寻找食物时，它们总能找到一条从食物到巢穴之间的最优路径．当它们碰到一个还没有走过的路口时，就随机地挑选一条路径前行，与此同时释放出与路径长度有关的信息素．路径越长，释放的信息素浓度越低．当后来的蚂蚁再次碰到这个路口时，选择信息素浓度较高路径的概率就会相对较大．这样形成一个正反馈，最优路径上的信息素浓度就会越来越大，而其他路径上信息素浓度却会随着时间的流逝而消减，最终整个蚁群就能够找出最优路径．

如图 4.2.2 所示，蚂蚁从点 A 出发，速度相同，食物在点 D，可随机选择路线 ABD 或 ACD．假设初始时每条分配路线 1 只蚂蚁，每个时间单位行走 1 步，图 4.2.2 为经过 9 个时间单位时的情形：走 ABD 的蚂蚁到达终点，而走 ACD 的蚂蚁刚好走到点 C，仅一半路程．

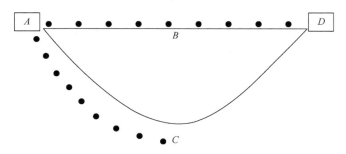

图 4.2.2 蚂蚁觅食经过 9 个时间单位时的情形

图 4.2.3 为从开始算起，经过 18 个时间单位时的情形：走 ABD 的蚂蚁到达终点后得到食物返回了起点 A，而走 ACD 的蚂蚁刚好走到点 D．

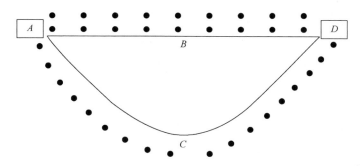

图 4.2.3 蚂蚁觅食经过 18 个时间单位时的情形

假设蚂蚁每经过一处所留下的信息素为 1 个单位，则经过 36 个时间单位后，所有开始一起出发的蚂蚁都经过不同路径从点 D 取得了食物，此时 ABD 的路线往返了 2 趟，每一处的信息素为 4 个单位；而 ACD 的路线往返了 1 趟，每一处的信息素为 2 个单位，其比值为 2∶1．

寻找食物的过程继续进行，按信息素的指导，蚁群在 ABD 路线上增派 1 只蚂蚁（共

2 只），而 *ACD* 路线上仍然为一只蚂蚁. 再经过 36 个时间单位后，两条线路上的信息素单位积累分别为 12 和 4，比值为 3∶1.

若按以上规则继续，蚁群在 *ABD* 路线上再增派 1 只蚂蚁（共 3 只），而 *ACD* 路线上仍然为 1 只蚂蚁. 再经过 36 个时间单位后,两条线路上的信息素单位积累分别为 24 和 6，比值为 4∶1.

若继续进行，则按信息素的指导，最终所有蚂蚁会放弃 *ACD* 路线，而都选择 *ABD* 路线. 这也就是前面所提到的正反馈效应.

2. 自然蚁群与人工蚁群算法

基于以上蚁群寻找食物时的最优路径选择问题，可以构造人工蚁群，来解决最优化问题. 人工蚁群中将具有简单功能的工作单元视为蚂蚁，两者的相似之处在于，都是优先选择信息素浓度较大的路径. 较短路径的信息素浓度高，所以最终被所有蚂蚁选择，也就是最终的优化结果. 两者的区别在于，人工蚁群有一定的记忆能力，能够记忆已经访问过的结点，同时，人工蚁群在选择下一条路径的时候是按一定算法规律有意识地寻找最短路径，而不是盲目选择.

3. 实数编码的小生境蚁群算法（伪码实现）

随机产生 N 只蚂蚁的初始群体，使蚂蚁随机分布在函数的可行域上，根据优化函数计算每只蚂蚁的初始信息素，信息素正比于函数值，然后根据每只蚂蚁的当前信息素和全局最优信息素求出蚂蚁的转移概率，再根据转移概率更新每只蚂蚁的位置，新位置限制在函数可行域内，蚂蚁移动到新位置后就立即更新自己的信息素. 算法步骤如下：

（1）初始化 N 只蚂蚁，实际上就是 N 条道路，计算当前蚂蚁的位置，并作图；

（2）初始化运行参数，开始迭代；

（3）在迭代步数范围之内，计算转移概率，若小于全局转移概率就进行小范围的搜索，否则进行大范围的搜索；

（4）更新信息素，记录状态，准备进行下一次迭代；

（5）转步骤（3）；

（6）输出结果.

伪码描述如下：

```
P0=?;    %P0 为全局转移概率,0<P0<1
P=?;     %P 为信息素蒸发系数,0<P<1
For each ant
    X[i]=(start+(end-start)*rand(1));   %随机产生蚂蚁的初始位置
    T[i]=k*f(X[i]);                     %计算每只蚂蚁的初始信息素(正比于函数
                                           值),k 为比例常数
End
DO                                      %循环迭代
    T_Best=max(T);                      %求出最大信息素
    For each ant
```

```
                Prob[i]=(T_Best-T[i])/T_Best;    %求每只蚂蚁的下一步转移概率
        End
        For each ant
                If Prob[i]<P0
                        Temp=X[i]+min_step*(rand(1)-0.5);   %局部搜索
                Else
                        Temp=X[i]+max_step*(rand(1)-0.5);   %全局搜索
                End
                把 Temp 限制在可行域内[start,end];
                If f(Temp)>f(X[i])                 %目标函数值比较
                        X[i]=Temp;                 %更新蚂蚁的位置成功
                End
        End
        For each ant
                T[i]=(1-P)*T[i]+k*f(X[i]);         %更新每只蚂蚁的信息素
        End
    While(设定的最大迭代次数)
```

4.2.4 模型求解

可以用如下 MATLAB 代码对问题进行求解：

```
%%% Ant main program
%%% 清屏
clear all;
close all;
clc;
tic;

%%% 初始化,参数设置
Ant=100;
Ger=50;
xmin=-1;
xmax=1;
ymin=-1;
ymax=1;
tcl=0.03;

f='cos(2*pi.*x).*cos(2*pi.*y).*exp(-((x.^2+y.^2)/10))';  %待优化的目标函数
[x,y]=meshgrid(xmin:tcl:xmax,ymin:tcl:ymax);
vxp=x;
vyp=y;
vzp=eval(f);
```

```
figure(1);                              %绘制函数图形,蚂蚁的初始分布位置
mesh(vxp,vyp,vzp);
xlabel('x','Fontname','Times New Roman','fontsize',14);
ylabel('y','Fontname','Times New Roman','fontsize',14);
zlabel('f(x,y)','Fontname','Times New Roman','fontsize',14);
hold on;

% 初始化蚂蚁位置
for i=1:Ant
     X(i,1)=(xmin+(xmax-xmin)*rand(1));
     X(i,2)=(ymin+(ymax-ymin)*rand(1));

     % T0 为信息素,函数值越大,信息素浓度越大
     T0(i)=cos(2*pi.*X(i,1)).*cos(2*pi.*X(i,2)).*exp(-((X(i,1).^2
          +X(i,2).^2)/10));
end

plot3(X(:,1),X(:,2),T0,'k*');
grid on;
title('蚂蚁的初始分布位置','fontsize',16);
xlabel('x','Fontname','Times New Roman','fontsize',14);
ylabel('y','Fontname','Times New Roman','fontsize',14);
zlabel('f(x,y)','Fontname','Times New Roman','fontsize',14);

%% 开始寻优
for i_ger=1:Ger
     P0=0.2;                            %P0 为全局转移选择因子
     P=0.8;                             %P 为信息素蒸发系数
     lamda=1/i_ger;                     %转移步长参数
     [T_Best(i_ger),BestIndex]=max(T0);

     for j_g=1:Ant                      %求取全局转移概率
          r=T0(BestIndex)-T0(j_g);
          Prob(i_ger,j_g)=r/T0(BestIndex);
     end

     for j_g_tr=1:Ant
          if Prob(i_ger,j_g_tr)<P0       %小范围转移(寻优)
               temp1=X(j_g_tr,1)+(2*rand(1)-1)*lamda;
               temp2=X(j_g_tr,2)+(2*rand(1)-1)*lamda;
          else                          %大范围转移(寻优)
               temp1=X(j_g_tr,1)+(xmax-xmin)*(rand(1)-0.5);
               temp2=X(j_g_tr,2)+(ymax-ymin)*(rand(1)-0.5);
```

```
        end
        % 把蚂蚁限制在可行域内
        if temp1<xmin
            temp1=xmin;
        end
        if temp1>xmax
            temp1=xmax;
        end
        if temp2<ymin
            temp2=ymax;
        end
        if temp2>ymax
            temp2=ymax;
        end

        % 进行比较,决定蚂蚁是否更新位置(转移)
        if cos(2*pi.*temp1).*cos(2*pi.*temp2).*exp(-((temp1.^2+temp2.
            ^2)/10))...>cos(2*pi.*X(j_g_tr,1)).*cos(2*pi.*X(j_g_tr,2)).
            *exp(-((X(j_g_tr,1).^2+X(j_g_tr,2).^2)/10))
            X(j_g_tr,1)=temp1;
            X(j_g_tr,2)=temp2;
        end

    end

    % 信息素更新
    for t_t=1:Ant
        T0(t_t)=(1-P)*T0(t_t)+cos(2*pi.*X(t_t,1)).*cos(2*pi.*X(t_t,
                2))....*exp(-((X(t_t,1).^2+X(t_t,2).^2)/10));
    end

    [c_iter,i_iter]=max(T0);
    maxpoint_iter=[X(i_iter,1),X(i_iter,2)];
    max_local(i_ger)=cos(2*pi.*X(i_iter,1)).*cos(2*pi.*X(i_iter,2)).
                    ...*exp(-((X(i_iter,1).^2+X(i_iter,2).^2)/10));

    % 将每代全局最优解存到 max_global 矩阵中
    if i_ger>=2
        if max_local(i_ger)>max_global(i_ger-1)
            max_global(i_ger)=max_local(i_ger);
        else
            max_global(i_ger)=max_global(i_ger-1);
        end
```

```
    else
        max_global(i_ger)=max_local(i_ger);
    end

end

%% 结果呈现
figure(2);    %绘制蚂蚁的最终分布位置
mesh(vxp,vyp,vzp);
hold on;
x=X(:,1);
y=X(:,2);
plot3(x,y,eval(f),'b*');
hold on;
grid on;
title('蚂蚁的最终分布位置','fontsize',16);
xlabel('x','Fontname','Times New Roman','fontsize',14);
ylabel('y','Fontname','Times New Roman','fontsize',14);
zlabel('f(x,y)','Fontname','Times New Roman','fontsize',14);

figure(3);    %最优函数值变化趋势
plot(1:Ger,max_global,'b-')
hold on;
grid on;
title('最优函数值变化趋势','fontsize',16);
xlabel('迭代次数','fontsize',14);
ylabel('f(x,y)','Fontname','Times New Roman','fontsize',14);

% 最优解及最优值
[c_max,i_max]=max(T0);
maxpoint=[X(i_max,1),X(i_max,2)]
maxvalue=cos(2*pi.*X(i_max,1)).*cos(2*pi.*X(i_max,2))...
        .*exp(-((X(i_max,1).^2+X(i_max,2).^2)/10))

runtime=toc
```

4.2.5　结果分析

通过上述 MATLAB 代码的运行, 可以得到一个最优解为

$$(x, y) = (-0.001\ 0, 0.001\ 2)$$

对应的最优值为

$$f(x, y) = 1.000\ 0$$

图 4.2.4、图 4.2.5 为蚁群寻优过程示例及运行结果.

蚂蚁的初始分布位置

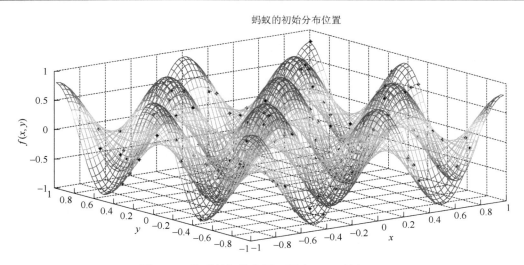

图 4.2.4　蚁群的初始位置（图中"*"所表示）

蚂蚁的最终分布位置

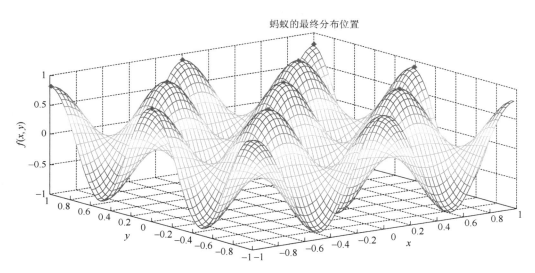

图 4.2.5　蚁群的最终位置（图中"*"所表示）

图 4.2.4 表示了 100 只蚂蚁的初始状态的无序分布情况.

优化后蚂蚁大都跑到某个局部最优解上去了，如图 4.2.5 所示，这样只需将这些局部最优解进行比较就可以得到全局最优解.

图 4.2.6 显示，目标函数值比较迅速地迭代到全局最优目标函数值，从中可以知道，算法收敛速度很快，效果较好.

4.2.6　总结与体会

蚁群算法的核心步骤是：

（1）蚂蚁的表示；

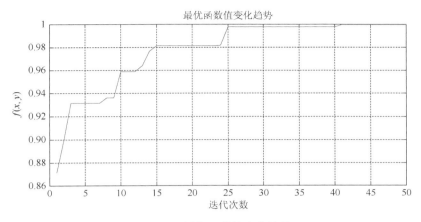

图 4.2.6 最优函数值变化趋势

（2）变量和信息素之间的映射；

（3）前进方向的确定.

蚁群算法根据信息素的浓度高低决定蚂蚁的进化速率，具有较强的全局搜索能力，收敛速度较快.

4.3 贪婪算法

拿到一个优化决策问题，人们通常最直接的反应是看能不能将这个问题的全部状态都列举出来，再进行比较，这是一种穷举的思想. 但当一个问题的状态空间很大时，穷举法计算量会很大. 于是现实中当人们面对这样的问题时，会采取目前看来最接近解状态的选择方案，这就是贪婪算法（greedy method）的基本思想.

贪婪算法是一种不追求最优解，只希望得到较为满意的解的方法. 有些问题，只有通过系统地、彻底地搜索所有可能解才能得到最优解，因此必须耗费大量时间，这使得求出最优解的代价太高，有些复杂问题甚至在现实条件下都不可能完成穷举. 这时候，如果快速求得一个与最优解相差不多的近似解（或次优解）就可以满足要求（满意解），此时就可以考虑选用贪婪算法. 贪婪算法常以当前情况为基础进行最优选择，而不考虑各种可能的整体情况.

贪婪算法采用逐步构造最优解的方式. 一般贪婪算法将构造可行解的工作分阶段来完成，在每个阶段，选择那些在一定标准下局部最优的方案，期望各阶段的局部最优选择带来整体最优. 决策一旦做出，就不可再更改. 在某些情况下，贪婪算法得到的可能是最优解，但更多的情况下，只是近似解. 做出贪婪决策的依据称为贪婪准则（greedy criterion）.

例如，平时购物找钱时，为使找回的零钱的硬币数最少，通常不考虑找零钱的所有方案，而是从最大面值的钱币开始，按递减的顺序考虑各面值的钱币，即先尽量用大面值的钱币，当不足大面值钱币的金额时才去考虑下一种较小面值的钱币. 这就是在使用贪婪算法.

这种方法在现实中总是最优,因为现实中银行对其发行的硬币面值种类进行了巧妙的安排.但是,如果只有面值分别为 1,5,11 单位的硬币,而希望找回总额为 15 单位的硬币,按贪婪算法,应找 1 个 11 单位面值的硬币和 4 个 1 单位面值的硬币,共找回 5 个硬币;而最优的解应是 3 个 5 单位面值的硬币.所以,贪婪算法并不保证在所有情况下都得到最优结果,然而,贪婪算法却是一种具有直觉的倾向且通常情况下所得结果总是非常接近最优值的.它利用的规则就是在实际环境中人所采用的规则.这种算法也称为启发式方法（heuristics method）.

对于一些除了"穷举"方法外没有有效算法的问题,用贪婪算法往往能很快得出较好的结果,如果此结果与最优结果相差不是很多的话,此方法还是很实用的.对于 NP 完全问题,会经常考虑用这种方法.启发式方法在数学建模竞赛中的使用是非常普遍的.

4.3.1　问题描述

背包问题:有 n 件物品和一个容量为 $W(W = 1\,000)$ 的背包.第 j 件物品的价值为 c_j,重量为 w_j.求将哪些物品装入背包可在背包容量允许的前提下使价值总和最大.物品的价值与重量见表 4.3.1.

表 4.3.1　物品的价值与重量

价值	220	208	198	192	180	180	165	162	160	158	155	130	125
重量	80	82	85	70	72	70	66	50	55	25	50	55	40
价值	122	120	118	115	110	105	101	100	100	98	96	95	90
重量	48	50	32	22	60	30	32	40	38	35	32	25	28
价值	88	82	80	77	75	73	72	70	69	66	65	63	60
重量	30	22	50	30	45	30	60	50	20	65	20	25	30
价值	58	56	50	30	20	15	10	8	5	3	1		
重量	10	20	25	15	10	10	10	4	4	2	1		

4.3.2　问题分析

这是一个一维背包问题,也是最基础的背包问题,特点是:每种物品仅有一件,可以选择放或不放.设 x_j 为二进制变量,且

$$x_j = \begin{cases} 1, & \text{物品 } j \text{ 被放入背包} \\ 0, & \text{物品 } j \text{ 不被放入背包} \end{cases}$$

问题自身的特点决定了该问题运用贪婪算法可以得到最优解或较优解.通常有三种贪婪准则:

（1）重量贪婪准则. 从剩下的物品中选择可装入背包的重量最小的物品，重复此过程直至不满足条件为止. 这种策略一般情况下不一定能得到最优解. 考虑 $n=2$，$v=[10,20]$，$c=[5,100]$，$V=25$. 当利用重量贪婪准则时，获得的解为 $x=[1,0]$，比最优解[0,1]要差.

（2）价值贪婪准则. 从剩余的物品中选择可装入背包的价值最大的物品，利用这种规则，价值最大的物品首先被装入（假设有足够容量），然后是下一个价值最大的物品，重复此过程直至不满足条件为止. 这种策略不能保证得到最优解. 例如，考虑 $n=2$，$w=[100,10,10]$，$c=[20,15,15]$，$W=105$. 当利用价值贪婪准则时，获得的解为 $x=[1,0,0]$，这种方案的总价值为 20. 而最优解为[0,1,1]，其总价值为 30.

（3）价值密度贪婪准则. 从剩下的物品中选择可装入背包的单位价值 c_j/w_j 最大的物品，即按 c_j/w_j 非递增的次序装入物品，只要正被考虑的物品装得进就装入背包. 这种策略可能会得到最优解.

4.3.3　模型构建

这里采取价值密度贪婪准则. 算法描述如下：

（1）输入物品个数 n，背包的容量 W，每个物品的重量 w_j 和价值 c_j.

（2）对物品按单位价值 c_j/w_j 从大到小排序.

（3）将排序后的物品依次装入背包. 对于当前物品 j，若背包剩余可装重量大于或等于 w_j，则将物品 j 装入背包. 然后继续考虑下一个物品 $j+1$，重复步骤（3），直到得到问题的解，输出.

经过以上分析，一维背包问题可建立如下数学模型：

$$\max \sum_{j=1}^{n} c_j x_j$$

$$\text{s.t.} \begin{cases} \sum_{j=1}^{n} w_j x_j \leqslant W \\ x_j \in \{0,1\} \, (j=1,2,\cdots,n) \end{cases}$$

4.3.4　模型求解

可以通过以下 MATLAB 代码对上述一维背包问题进行求解：

```
%%% 一维背包问题的主程序
% c 为物品价值
% w 为物品尺寸
% limitW 为背包容量

clear all
clc
```

```
c=[220,208,198,192,180,180,165,162,160,158,...
   155,130,125,122,120,118,115,110,105,101,...
   100,100, 98, 96, 95, 90, 88, 82, 80, 77,...
    75, 73, 72, 70, 69, 66, 65, 63, 60, 58,...
    56, 50, 30, 20, 15, 10,  8,  5,  3,  1];

w=[80,82,85,70,72,70,66,50,55,25,...
   50,55,40,48,50,32,22,60,30,32,...
   40,38,35,32,25,28,30,22,50,30,...
   45,30,60,50,20,65,20,25,30,10,...
   20,25,15,10,10,10, 4,  4,  2,  1];

limitW=1000;

[c_new,w_new,p]=sort1(c,w);                         %按单位价值从大到小排序

Select_Num=D1Knapsack(limitW,c_new,w_new,p)   %被选中物品的原始位置编号

TotalC=sum(c(Select_Num))                         %被选中物品的总价值
TotalW=sum(w(Select_Num))                         %被选中物品的总重量
```

其中调用了如下两个 MATLAB 子程序：

```
%% Function sort1 按单位价值从大到小排序

% c 为物品价值
% w 为物品重量
% c_new 为物品价值排序之后的结果
% w_new 为物品重量排序之后的结果
% p 为记录原始位置信息

function [c_new,w_new,p]=sort1(c,w)
[m,n]=size(c);
d=zeros(m,n);

for i=1:n
    d(i)=c(i)/w(i);                               %计算单位价值
end

p=1:n;                                            %记录原始位置信息
for i=1:n-1
    for j=1:n-i                                   %向后排序
        if d(j)<d(j+1)
            t1=c(j);c(j)=c(j+1);c(j+1)=t1;
            t2=w(j);w(j)=w(j+1);w(j+1)=t2;
```

```
                        t3=d(j);d(j)=d(j+1);d(j+1)=t3;
                        t4=p(j);p(j)=p(j+1);p(j+1)=t4;
                end
            end
    end

    c_new=c;w_new=w;

%% Function D1Knapsack——一维背包问题的价值密度贪婪准则

% limitW 为背包容量
% c_new 为物品价值排序之后的结果
% w_new 为物品重量排序之后的结果
% p 为记录原始位置信息
% Select_Num 为被选中物品的原始位置编号

function Select_Num=D1Knapsack(limitW,c_new,w_new,p)
Select_Num=[];
[m,n]=size(w_new);
for i=1:n
    if w_new(i)>limitW break;      %待放入物品重量大于背包的容量,跳出循环
    else
        Select_Num=[Select_Num p(i)];
        limitW=limitW-w_new(i);
    end
end
```

4.3.5　结果分析

程序运行结果如下:

```
Select_Num=10 40 17 25 28 16 19 35 37 8 26 20 13 11 24 27 9 23 41 1 4 22
           6 30 14 2
TotalC=3095
TotalW=996
```

其中变量 Select_Num 保存的是被选中物品的原始编号，变量 TotalC 和 TotalW 分别表示被选中物品的总价值和总重量.

4.3.6　总结与体会

背包问题是经典的 NP-hard 组合优化问题之一，在经济管理、资源分配、投资决策、装载设计等领域有着重要的应用价值. 与背包问题类似的装箱问题也属于 NP-hard 组合优

化问题（背包问题可视为一维装箱问题），寻找最优解是困难的，类似地，也可以采用贪婪算法等启发式算法进行求解，获得一个满意解，使问题得到一定程度的解决.

4.4　模拟退火算法

模拟退火算法（simulated annealing）得益于材料的统计力学的研究成果. 统计力学表明，材料中粒子的不同结构对应于粒子的不同能量水平. 在高温条件下，粒子的能量较高，可以自由运动和重新排列；在低温条件下，粒子能量较低. 如果从高温开始，非常缓慢地降温（这个过程被称为退火），粒子就可以在每个温度下达到热平衡. 当系统完全被冷却时，最终形成处于低能状态的晶体.

如果用粒子的能量定义材料的状态，米特罗波利斯（Metropolis）算法用一个简单的数学模型描述了退火过程. 假设材料在状态 i 之下的能量为 $E(i)$，那么材料在温度 T 时从状态 i 进入状态 j 就遵循如下规律：

（1）若 $E(j) \leqslant E(i)$，则接受该状态被转换；

（2）若 $E(j) > E(i)$，则状态转换以如下概率被接受：

$$\mathrm{e}^{\frac{E(i)-E(j)}{KT}}$$

其中，K 为物理学中的玻尔兹曼（Boltzmann）常量，T 为材料温度.

在某一特定温度下，进行了充分的转换之后，材料将达到热平衡. 这时材料处于状态 i 的概率满足玻尔兹曼分布：

$$p_T(x=i) = \frac{\mathrm{e}^{-\frac{E(i)}{KT}}}{\sum\limits_{j \subset S} \mathrm{e}^{-\frac{E(j)}{KT}}}$$

其中，x 为材料当前状态的随机变量，S 为状态空间集合. 显然

$$\lim_{T \to \infty} \frac{\mathrm{e}^{-\frac{E(i)}{KT}}}{\sum\limits_{j \subset S} \mathrm{e}^{-\frac{E(j)}{KT}}} = \frac{1}{|S|}$$

其中，$|S|$ 为集合 S 中状态的数量. 这表明所有状态在高温下具有相同的概率，而当温度下降时，有

$$\lim_{T \to 0} \frac{\mathrm{e}^{\frac{E(i)-E_{\min}}{KT}}}{\sum\limits_{j \subset S} \mathrm{e}^{\frac{E(j)-E_{\min}}{KT}}} = \lim_{T \to 0} \frac{\mathrm{e}^{\frac{E(i)-E_{\min}}{KT}}}{\sum\limits_{j \subset S} \mathrm{e}^{\frac{E(j)-E_{\min}}{KT}} + \sum\limits_{j \not\subset S} \mathrm{e}^{\frac{E(j)-E_{\min}}{KT}}}$$

$$= \lim_{T \to 0} \frac{\mathrm{e}^{\frac{E(i)-E_{\min}}{KT}}}{\sum\limits_{j \subset S_{\min}} \mathrm{e}^{\frac{E(i)-E_{\min}}{KT}}} = \begin{cases} \dfrac{1}{|S_{\min}|}, & i \subset S_{\min} \\ 0, & \text{其他} \end{cases}$$

其中,

$$E_{\min} = \min_{j \subset S} E(j) \quad \text{且} \quad S_{\min} = \{i \mid E(i) = E_{\min}\}$$

上式表明,当温度降至很低时,材料会以很大概率进入最小能量状态.

假定要解决的问题是一个寻找最小值的优化问题,将物理学中模拟退火的思想应用于优化问题,就可以得到模拟退火寻优方法.

考虑这样一个组合优化问题:优化函数为 $f: x \to \mathbf{R}^+$,其中,$x(x \in S)$ 为优化问题的一个可行解,$\mathbf{R}^+ = \{y \mid y \in \mathbf{R}, y > 0\}$,$S$ 为函数的定义域,$N(x)(N(x) \subseteq S)$ 为 x 的一个邻域集合.

给定一个初始温度 T_0 和该优化问题的一个初始解 $x(0)$,并由 $x(0)$ 生成下一个解 $x' \in N(x(0))$,是否接受 x' 作为一个新解 $x(1)$ 依赖于概率:

$$P(x(0) \to x') = \begin{cases} 1, & f(x') < f(x(0)) \\ \mathrm{e}^{-\frac{f(x') - f(x(0))}{T_0}}, & \text{其他} \end{cases}$$

换句话说,若生成的解 x' 的函数值比前一个解的函数值更小,则接受 $x(1) = x'$ 作为一个新解;否则,以概率 $\mathrm{e}^{-\frac{f(x') - f(x(0))}{T_0}}$ 接受 x' 作为一个新解.

泛泛地说,对于某一个温度 T_i 和该优化问题的一个解 $x(k)$,可以生成 x'. 接受 x' 作为下一个新解 $x(k+1)$ 的概率为

$$P(x(k) \to x') = \begin{cases} 1, & f(x') < f(x(k)) \\ \mathrm{e}^{-\frac{f(x') - f(x(k))}{T_0}}, & \text{其他} \end{cases}$$

在温度 T_i 下,经过很多次的转移之后,降低温度 T_i,得到 $T_{i+1} < T_i$. 在温度 T_{i+1} 下重复上述过程. 因此,整个优化过程就是不断寻找新解和缓慢降温的交替过程. 最终的解是对该问题寻优的结果. 我们注意到,在每个 T_i 下所得到的一个新状态 $x(k+1)$ 完全依赖于前一个状态 $x(k)$,可以和前面的状态 $x(0), x(1), \cdots, x(k-1)$ 无关,因此,这是一个马尔可夫 (Markov) 过程. 使用马尔可夫过程对上述模拟退火的步骤进行分析,结果表明:从任何一个状态 $x(k)$ 生成 x' 的概率,在 $N(x(k))$ 中是均匀分布的,且新状态 x' 被接受的概率满足上式,那么经过有限次的转换,在温度 T_i 下的平衡态 x_i 的分布如下:

$$P_i(T_i) = \frac{\mathrm{e}^{-\frac{f(x_i)}{T}}}{\sum_{j \subset S} \mathrm{e}^{-\frac{f(x_i)}{T_i}}}$$

当温度 T 降为 0 时,x_i 的分布为

$$p_i^* = \begin{cases} \dfrac{1}{|S_{\min}|}, & x_i \subset S_{\min} \\ 0, & \text{其他} \end{cases} \quad \text{且} \quad \sum_{x_i \subset S_{\min}} p_i^* = 1$$

这说明,如果温度下降十分缓慢,而在每个温度都有足够多次的状态转移,使之在每个温度下达到热平衡,则全局最优解将以概率 1 被找到. 因此,模拟退火算法可以找到全局最优解.

4.4.1 问题描述

例 4.4.1 （飞机侦察路线问题）已知敌方 100 个目标的经度和纬度见表 4.4.1.

表 4.4.1 敌方目标经度和纬度数据表

经度	纬度	经度	纬度	经度	纬度	经度	纬度
53.712 1	15.304 6	51.175 8	0.032 2	46.325 3	28.275 3	30.331 3	6.934 8
56.543 2	21.418 8	10.819 8	16.252 9	22.789 1	23.104 5	10.158 4	12.481 9
20.105 0	15.456 2	1.945 1	0.205 7	26.495 1	22.122 1	31.484 7	8.964 0
26.241 8	18.176 0	44.035 6	13.540 1	28.983 6	25.987 9	38.472 2	20.173 1
28.269 4	29.001 1	32.191 0	5.869 9	36.486 3	29.728 4	0.971 8	28.147 7
8.958 6	24.663 5	16.561 8	23.614 3	10.559 7	15.117 8	50.211 1	10.294 4
8.151 9	9.532 5	22.107 5	18.556 9	0.121 5	18.872 6	48.207 7	16.888 9
31.949 9	17.630 9	0.773 2	0.465 6	47.413 4	23.778 3	41.867 1	3.566 7
43.547 4	3.906 1	53.352 4	26.725 6	30.816 5	13.459 5	27.713 3	5.070 6
23.922 2	7.630 6	51.961 2	22.851 1	12.793 8	15.730 7	4.956 8	8.366 9
21.505 1	24.090 9	15.254 8	27.211 1	6.207 0	5.144 2	49.243	16.704 4
17.116 8	20.035 4	34.168 8	22.757 1	9.440 2	3.920 0	11.581 2	14.567 7
52.118 1	0.408 8	9.555 9	11.421 9	24.450 9	6.563 4	26.721 3	28.566 7
37.584 8	16.847 4	35.661 9	9.933 3	24.465 4	3.164 4	0.777 5	6.957 6
14.470 3	13.636 8	19.866 0	15.122 4	3.161 6	4.242 8	18.524 5	14.359 9
58.684 9	27.148 5	39.516 8	16.937 1	56.508 9	13.709 0	52.521 1	15.795 7
38.430 0	8.464 8	51.818 1	23.015 9	8.998 3	23.644 0	50.115 6	23.781 6
13.790 9	1.951 0	34.057 4	23.396 0	23.062 4	8.431 9	19.985 7	5.790 2
40.880 1	14.297 8	58.828 9	14.522 9	18.663 5	6.743 6	52.842 3	27.288 0
39.949 4	29.511 4	47.509 9	24.066 4	10.112 1	27.266 2	28.781 2	27.665 9
8.083 1	27.670 5	9.155 6	14.130 4	53.798 9	0.219 9	33.649 0	0.398 0
1.349 6	16.835 9	49.981 6	6.082 0	19.363 5	17.662 2	36.954 5	23.026 5
15.732 0	19.569 7	11.511 8	17.388 4	44.039 8	16.263 5	39.713 9	28.420 3
6.990 9	23.180 4	38.339 2	19.995 0	24.654 3	19.605 7	36.998 0	24.399 2
4.159 1	3.185 3	40.140 0	20.303 0	23.987 6	9.403 0	41.108 4	27.714 9

我方有一个基地，经度和纬度为（70，40）. 假设我方飞机的速度为 1 000 km/h，我方派一架飞机从基地出发，侦察完敌方所有目标，再返回原来的基地. 在敌方每一目标点的侦察时间不计，求该架飞机所花费的时间（假设我方飞机巡航时间可以充分长）.[①]

————————————

[①] 例子来源为谢金星《数学模型（第二版）》.

4.4.2　问题分析

上述飞机侦察路线选择问题实际上是一个旅行商问题. 依次给基地编号为 1，敌方目标编号为 $2,3,\cdots,101$，最后我方基地再重复编号为 102（这样便于程序计算）. 距离矩阵 $\boldsymbol{D} = (d_{ij})_{102\times102}$，其中，$d_{ij}$ 为 i,j 两点的距离 $(i,j = 1,2,\cdots,102)$. 这里 $\boldsymbol{D}$ 为实对称矩阵. 那么问题是求一个从点 1 出发，走遍所有中间点，到达点 102 的最短路径. 上面问题中给定的是地理坐标（经度和纬度），我们必须求两点间的实际距离. 设 A，B 两点的地理坐标分别为 (x_1,y_1)，(x_2,y_2)，过 A，B 两点的大圆的劣弧长即为两点的实际距离. 以地心为坐标原点 O，以赤道平面为 XOY 平面，以 0 度经线圈所在的平面为 XOZ 平面，建立三维直角坐标系，则 A，B 两点的直角坐标分别为

$$A(R\cos x_1 \cos y_1, R\sin x_1 \cos y_1, R\sin y_1)$$
$$B(R\cos x_2 \cos y_2, R\sin x_2 \cos y_2, R\sin y_2)$$

其中，$R = 6\,370$ km 为地球的半径.

A,B 两地的实际距离为

$$d = R\arccos\left(\frac{\overrightarrow{OA} \times \overrightarrow{OB}}{|\overrightarrow{OA}| \times |\overrightarrow{OB}|}\right)$$

化简得

$$d = R\arccos\left[\cos(x_1 - x_2)\cos y_1 \cos y_2 + \sin y_1 \sin y_2\right]$$

4.4.3　模型构建

模拟退火算法可以分解为解空间、目标函数和初始解三部分.

（1）解空间.

解空间 S 为 $\{1,2,\cdots,101,102\}$ 所有固定起点和终点的循环排列集合，即

$$S = \{s = (\pi_1, \pi_{i_2}, \pi_{i_3}, \cdots, \pi_{i_{101}}, \pi_{102}) \mid \pi_1 = 1, \pi_{102} = 102, (\pi_{i_2}, \pi_{i_3}, \cdots, \pi_{i_{101}})为(2,3,\cdots,101)的循环排列\}$$

其中，每一个循环排列表示侦察 100 个目标的一个回路；$\pi_i = j$ 为在第 i 次侦察 j 点，初始解可选为 $(1,2,\cdots,102)$，这里使用蒙特卡罗随机模拟方法产生一个较好的初始解.

（2）目标函数.

此时目标函数为侦察所有目标的路径长度，也称为代价函数. 要求

$$\min f(\pi_1, \pi_2, \cdots, \pi_{102}) = \sum_{i=1}^{102} d_{\pi_i \pi_{i+1}}$$

然后通过下述方法产生新解，完成一次迭代.

（3）新解的产生.

可以按照以下两种方式产生：

① 2 变换法.

任选序号 $u,v(u < v)$，交换 u 与 v 之间的顺序，此时的新路径为

$$\pi_1 \cdots \pi_{u-1} \pi_v \pi_{v-1} \cdots \pi_{u+1} \pi_u \pi_{v+1} \cdots \pi_{102}$$

② 3 变换法.

任选序号 u, v 和 w, 将 u 和 v 之间的路径插到 w 之后, 对应的新路径为（设 $u<v<w$）

$$\pi_1 \cdots \pi_{u-1} \pi_{v+1} \cdots \pi_w \pi_u \cdots \pi_v \pi_{w+1} \cdots \pi_{102}$$

（4）代价函数差.

对于 2 变换法, 路径差可表示为

$$\Delta f = (d_{\pi_{u-1}\pi_v} + d_{\pi_u\pi_{v+1}}) - (d_{\pi_{u-1}\pi_u} + d_{\pi_v\pi_{v+1}})$$

对于 3 变换法, 可类似推导相应公式.

（5）接受准则.

$$p = \begin{cases} 1, & \Delta f < 0 \\ \exp\{-\Delta f / T\}, & \Delta f \geqslant 0 \end{cases}$$

若 $\Delta f<0$, 则接受新的路径; 否则, 以概率 $\exp\{-\Delta f/T\}$ 接受新的路径. 即若 $\exp\{-\Delta f/T\}$ 大于 0 到 1 之间的随机数则接受.

（6）降温.

利用选定的降温系数 α 进行降温, 即 $T \leftarrow \alpha T$, 得到新的温度, 这里取 $\alpha = 0.999$.

（7）结束条件.

用选定的终止温度 $e=10 \sim 30$ 判断退火过程是否结束. 若 $T<e$, 算法结束, 输出当前状态.

模拟退火算法步骤可总结如下:

（1）初始化. 初始温度为 T（充分大）, 初始解状态为 S（是算法迭代的起点）, 每个 T 值的迭代次数为 L.

（2）对 $k=1,2,\cdots,L$ 进行步骤（3）~（6）.

（3）产生新解 S'.

（4）计算增量 $\Delta t' = C(S') - C(S)$, 其中, $C(S)$ 为评价函数.

（5）若 $\Delta t'<0$, 则接受 S' 作为新的当前解; 否则, 以概率 $\exp(-\Delta t'/T)$ 接受 S' 作为新的当前解.

（6）若满足终止条件, 则输出当前解作为最优解, 结束程序. 连续若干个新解都没有被接受时终止算法.

（7）T 逐渐减少, 且 $T \rightarrow 0$. 转步骤（2）.

4.4.4　模型求解

可以通过以下 MATLAB 代码对上述飞机侦察问题进行求解:

```
%%飞机侦察问题的模拟退火程序
clear all
clc

%%将原始数据放入括号即可
```

```
sj=[53.7121 15.3046 51.1758  0.0322 46.3253 28.2753 30.3313  6.9348
    56.5432 21.4188 10.8198 16.2529 22.7891 23.1045 10.1584 12.4819
    20.1050 15.4562  1.9451  0.2057 26.4951 22.1221 31.4847  8.9640
    26.2418 18.1760 44.0356 13.5401 28.9836 25.9879 38.4722 20.1731
    28.2694 29.0011 32.1910  5.8699 36.4863 29.7284  0.9718 28.1477
     8.9586 24.6635 16.5618 23.6143 10.5597 15.1178 50.2111 10.2944
     8.1519  9.5325 22.1075 18.5569  0.1215 18.8726 48.2077 16.8889
    31.9499 17.6309  0.7732  0.4656 47.4134 23.7783 41.8671  3.5667
    43.5474  3.9061 53.3524 26.7256 30.8165 13.4595 27.7133  5.0706
    23.9222  7.6306 51.9612 22.8511 12.7938 15.7307  4.9568  8.3669
    21.5051 24.0909 15.2548 27.2111  6.2070  5.1442 49.2430 16.7044
    17.1168 20.0354 34.1688 22.7571  9.4402  3.9200 11.5812 14.5677
    52.1181  0.4088  9.5559 11.4219 24.4509  6.5634 26.7213 28.5667
    37.5848 16.8474 35.6619  9.9333 24.4654  3.1644  0.7775  6.9576
    14.4703 13.6368 19.8660 15.1224  3.1616  4.2428 18.5245 14.3598
    58.6849 27.1485 39.5168 16.9371 56.5089 13.7090 52.5211 15.7957
    38.4300  8.4648 51.8181 23.0159  8.9983 23.6440 50.1156 23.7816
    13.7909  1.9510 34.0574 23.3960 23.0624  8.4319 19.9857  5.7902
    40.8801 14.2978 58.8289 14.5229 18.6635  6.7436 52.8423 27.2880
    39.9494 29.5114 47.5099 24.0664 10.1121 27.2662 28.7812 27.6659
     8.0831 27.6705  9.1556 14.1304 53.7989  0.2199 33.6490  0.3980
     1.3496 16.8359 49.9816  6.0828 19.3635 17.6622 36.9545 23.0265
    15.7320 19.5697 11.5118 17.3884 44.0398 16.2635 39.7139 28.4203
     6.9909 23.1804 38.3392 19.9950 24.6543 19.6057 36.9980 24.3992
     4.1591  3.1853 40.1400 20.3030 23.9876  9.4030 41.1084 27.7149];

x=sj(:,1:2:8);x=x(:);           %把经度值排成列向量
y=sj(:,2:2:8);y=y(:);           %把纬度值排成列向量
sj=[x y];                       %得到坐标
d1=[70,40];                     %起始位置
sj=[d1;sj;d1];                  %将起始位置加入路径中
sjb=sj;                         %备份
sj=sj*pi/180;                   %得到弧度

d=zeros(102);                   %距离矩阵 d 初始化
for i=1:101
    for j=i+1:102
        temp=cos(sj(i,1)-sj(j,1))*cos(sj(i,2))...
            *cos(sj(j,2))+sin(sj(i,2))*sin(sj(j,2));
        d(i,j)=6370*acos(temp);  %距离矩阵
    end
end
d=d+d';                         %对称矩阵
```

```
%%利用随机模拟方式产生一个较好的初始解
S0=[];Sum=inf;
rand('state',sum(clock));                  %开始计时
for j=1:1000
    S=[1 1+randperm(100)102];              %生产一个路径
    temp=0;
    for i=1:101
        temp=temp+d(S(i),S(i+1));          %计算当前的路径的距离
    end
    if temp<Sum                            %更新
        S0=S;Sum=temp;
    end
end


%%这里使用的是 2 路变换,也可以使用 3 路变换,两者取其一
e=0.1^30;L=100000000;at=0.999;T=1;
% 退火过程
for k=1:L
    %产生新解
    c=2+floor(100*rand(1,2));
    c=sort(c);
    c1=c(1);c2=c(2);                       %随机产生两个交换点
    %计算代价函数变换值
    df=d(S0(c1-1),S0(c2))+d(S0(c1),S0(c2+1))...
        -d(S0(c1-1),S0(c1))-d(S0(c2),S0(c2+1));
    % 接受准则
    if df<0
        S0=[S0(1:c1-1),S0(c2:-1:c1),S0(c2+1:102)];
        Sum=Sum+df;                        %接受,并记录
    elseif exp(-df/T)>rand(1)
        S0=[S0(1:c1-1),S0(c2:-1:c1),S0(c2+1:102)];
        Sum=Sum+df;                        %以概率接受,并记录
    end
    T=T*at;
    if T<e
        break;                             %退出
    end
end


%%输出巡航路径及路径长度
S0,Sum
figure(1)
plot(sjb(S0,1),sjb(S0,2),'-bp');           %图形显示结果
```

```
hold on

%用箭头标出侦察的方向
c=[sjb(S0(2:end),1)'-sjb(S0(1:end-1),1)' 0];
d=[sjb(S0(2:end),2)'-sjb(S0(1:end-1),2)' 0];
quiver(sjb(S0,1)',sjb(S0,2)',c,d)

title(['侦察路径'],'fontsize',16);
xlabel('经度','fontsize',14);
ylabel('纬度','fontsize',14);
```

4.4.5 结果分析

大致线路如图 4.4.1 所示，路径总长约为 41 218，回路之间没交叉点，这也反映了算法是有效的. 路径点如下：

1	17	3	45	67	2	92	87	83	74	20	42	51	80	50
15	18	30	82	48	72	14	27	10	84	97	31	77	79	40
60	9	5	54	75	33	73	4	41	91	76	69	11	64	85
65	94	70	19	63	62	26	29	34	66	90	86	8	39	78
88	16	61	49	28	57	47	23	58	81	22	71	7	25	68
37	32	24	13	12	53	89	6	96	55	44	38	98	100	56
21	99	101	52	46	59	93	43	36	35	95	102			

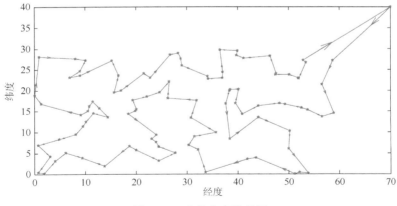

图 4.4.1 飞机侦察路径图

模拟退火算法在应用时有如下特点：

（1）模拟退火算法与初始值无关，算法求得的解与初始解状态 S（算法迭代的起点）无关；

（2）模拟退火算法具有渐近收敛性，已在理论上被证明是一种以概率 1 收敛于全局最优解的全局优化算法；

（3）模拟退火算法具有并行性.

模拟退火算法新解的产生和接受可分为如下四个步骤：

（1）由一个产生函数从当前解产生一个位于解空间的新解. 为便于后续的计算和接受，减少算法耗时，通常选择由当前新解经过简单变换即可产生新解的方法，如对构成新解的全部或部分元素进行置换、互换等，注意到产生新解的变换方法决定了当前新解的邻域结构，因而对冷却进度表的选取有一定的影响.

（2）计算与新解所对应的目标函数差. 因为目标函数差仅由变换部分产生，所以目标函数差最好按增量计算. 事实表明，对大多数应用而言，这是计算目标函数差的最快方法.

（3）判断新解是否被接受. 判断的依据是一个接受准则，最常用的接受准则是米特罗波利斯准则：若 $\Delta t' < 0$，则接受 S' 作为新的当前解 S；否则，以概率 $\exp\{-\Delta t'/T\}$ 接受 S' 作为新的当前解 S.

（4）当新解被确定接受时，用新解代替当前解，这只需将当前解中对应于产生新解时的变换部分予以实现，同时修正目标函数值即可. 此时，当前解实现了一次迭代，可在此基础上开始下一轮试验. 而当新解被判定为舍弃时，可在原当前解的基础上继续下一轮试验.

模拟退火算法的应用很广泛，可以求解 NP 完全问题，但其参数难以控制，主要有三个问题：

（1）温度 T 的初始值设置问题. 温度 T 的初始值设置是影响模拟退火算法全局搜索性能的重要因素之一，初始温度高，则搜索到全局最优解的可能性大，但要花费大量的计算时间；反之，则可节约计算时间，但全局搜索性可能受到影响. 实际应用过程中，初始温度一般需要依据实验结果进行若干次调整.

（2）退火速度问题. 模拟退火算法的全局搜索性能也与退火速度密切相关，一般来说，同一温度下"充分"搜索（退火）是相当必要的，但这需要计算时间. 实际应用中，要针对具体问题的性质和特征设置合理的退火平衡条件.

（3）温度管理问题. 温度管理问题也是模拟退火算法难以处理的问题之一. 实际应用中，由于必须考虑计算复杂度的切实可行性等问题，常采用如下降温方式：

$$T(t+1) = k \times T(t)$$

其中，k 为正的略小于 1.00 的常数，t 为降温的次数.

4.4.6　总结与体会

在模拟退火算法中应注意以下问题：

（1）理论上，降温过程要足够缓慢，使得在每一温度下达到热平衡. 但在计算机实现中，如果降温速度过缓，所得到的解的性能会较为令人满意，但是算法会太慢，相对于简单的搜索算法不具有明显优势；如果降温速度过快，很可能最终得不到全局最优解. 因此，使用时要综合考虑解的性能和算法速度，在两者之间采取一种折中方式.

（2）要确定在每一温度下状态转换的结束准则. 实际操作可以考虑当连续 m 次的转

换过程没有使状态发生变化时结束该温度下的状态转换. 最终温度的确定可以提前定为一个较小的值 e, 或者连续几个温度下转换过程没有使状态发生变化算法就结束.

（3）选择初始温度和确定某个可行解的邻域的方法也要恰当.

4.5　回　溯　法

对于这样一类问题, 其解可以表示成一个 n 元组 $(x_0, x_1, \cdots, x_{n-1})$, 求满足约束条件下的可行解, 或进一步求使目标函数取最大（最小）值的最优解问题. 这样的问题更容易想到的是在约束条件下搜寻解空间, 通过搜索状态空间树的状态求问题答案的方法可分为两类: 深度优先搜索（DFS）和广度优先搜索（BFS, D-检索）, 如果在运用搜索算法时使用剪枝函数（约束条件）, 便称为回溯法（backtracking）. 回溯法也称为试探法, 它是暴力搜索法的一种, 可以视为蛮力法穷举搜索的改进.

对于某些计算问题而言, 回溯法是一种可以找出所有（或一部分）解的一般性算法, 尤其适用于约束满足问题. 它实际上类似于一个深度优先搜索的过程, 在搜索尝试过程中寻找问题的解, 当发现已不满足求解条件时, 就"回溯"返回, 尝试别的路径. 一般而言, 回溯法的求解目标是在状态空间中找出满足约束条件的所有解, 而分支定界法的求解目标则是找出满足约束条件的一个解, 或者是在满足约束条件的解中找出最优解. 这两个算法适合于组合优化问题, 如 TSP、N 皇后、子集与数、图的着色、0-1 背包等, 这些问题都能够通过它们得到较好的解决.

4.5.1　数学理论介绍

用回溯法有几个条件:
（1）解的空间是已知的;
（2）每个解都有判定条件;
（3）每个解都有一定的规模.

应用回溯法求解问题时, 首先应明确定义问题的解空间, 该解空间应至少包含问题的一个解. 在定义了问题的解空间后, 还需要将解空间有效地组织起来, 使得回溯法能方便地搜索整个解空间, 通常将解空间组织成树或图的形式. 然后, 在问题的解空间中令开始结点为当前解, 从开始结点出发, 以深度优先搜索整个解空间. 其中每前进一步, 都试图在当前解的基础上进行扩大. 若存在一个扩大后的解能够满足问题的约束, 则将扩大后的解作为当前解; 否则, 就回溯到上一个解并继续寻找. 如此遍历整个解空间, 直到当前解达到解的规模要求.

在回溯法中, 每次扩大当前解时, 都面临一个可选的状态集合, 新的部分解就通过在该集合中选择构造而成. 这样的状态集合, 其结构是一棵多叉树, 每个树结点代表一个可能的部分解, 它的儿子是在它的基础上生成的其他部分解. 树根为初始状态, 这样的状态集合称为状态空间树.

简言之，回溯算法解决问题的一般步骤如下：

（1）针对所给问题，定义问题的解空间，它至少包含问题的一个（最优）解；

（2）确定易于搜索的解空间结构，使得能用回溯法方便地搜索整个解空间；

（3）以深度优先的方式搜索解空间，并且在搜索过程中使用回溯避免无效搜索.

4.5.2 问题描述

N 皇后问题：这是一个以国际象棋为背景的问题. 如何能够在 8×8 的国际象棋棋盘上放置 8 名皇后，使得任何一个皇后都无法直接吃掉其他皇后？这就是八皇后问题. 为了达到此目的，任意两个皇后都不能处于同一条横行、纵行或斜线上. 八皇后问题可以推广为更一般的 N 皇后问题，这时棋盘的大小变为 $N \times N$，而皇后个数也变为 N.

4.5.3 问题分析

为了使用回溯法求解 N 皇后问题，首先考虑解的结构形式. 由于任意两个皇后不能处于同一行上，假设将第 i 个皇后放在第 i 行上，这样 N 皇后问题的解 X 便可用 N 元集合 $\{x_1, x_2, \cdots, x_n\}$ 表示，其中，x_i 表示第 i 行的皇后所处的列号. 可以知道，满足问题的解的规模为 N，即解的长度为 N.

同时，由于任意两个皇后不能处于同一列上，因而解空间实质上是 1 到 N 的全排列. 解的约束条件即为：$(x_1, x_2, \cdots)$ 对应的摆法中任意两个皇后不能处于同一列，也不能处于同一斜线上.

4.5.4 模型构建

回溯法的程序语言有递归形式和非递归形式两种.

八皇后问题的非递归算法步骤如下：

（1）初始化.

$$N = 8, \quad i = 1, \quad x_j = 0 \quad (j = 1, 2, \cdots, N)$$

其中，N 为解的规模；i 为计数变量，表示当前需要摆放第 i 个皇后；x_i 为第 i 行的皇后所处的列号.

初始化：

$$X = \varnothing, \qquad P = \varnothing$$

其中，X 为当前解，P 用于储存所有满足题意的解.

定义约束条件 f 为：$(x_1, x_2, \cdots)$ 对应的摆法中任意两个皇后不能处于同一列，也不能处于同一斜线上.

（2）对于 x_i，从 $k = x_i + 1$ 开始遍历，若 $\exists k \in [x_i + 1, N]$，使得 $(x_1, x_2, \cdots, x_{i-1}, k) \in f$，则令

$$x_i = k, \qquad X = X \bigcup x_i$$

转步骤（3）；否则转步骤（4）.

（3）若 $i = N$ ，令 $P = P \bigcup X$ ， $X = \varnothing$ ，转步骤（4）；否则，令 $i = i+1$ ，转步骤（2）.

（4）若 $i = 1$ ，停止计算并输出结果 P ；否则，进行回溯，令 $x_i = 0$ ， $i = i-1$ ，转步骤（2）.

4.5.5　模型求解

该算法的 MATLAB 程序如下：

```matlab
function [allResult]=eightQueen(N)
%返回 N 个皇后的位置,每个结果保留在元胞中
%%% 初始化
result_length=N;                        %解的规模
i=1;                                     %当前应求解的位置
curResult=zeros(result_length,1);        %当前解
allResult={};                            %储存所有满足条件的解
%%
while(1)
    isFind=0;                            %记录是否找到可行解
    %step2
    for k=curResult(i)+1:N
        %检查 curResult(i)=k 是否满足约束条件 f
        if(~f([curResult;i;k]))    %不满足则继续寻找
                continue;
        end
        %满足则进行记录
        isFind=1;
        curResult(i)=k;
        break;
    end
    %step3
    if(isFind==1)                    %记录结果
        if(i==result_length)
                allResult(length(allResult)+1,1)={curResult};
                isFind=0;
        else
                i=i+1;
        end
    end
    %step4
    if(isFind==0)
        if(i==1)
                disp(['一共有 ',num2str(size(allResult,1)),'种结果'])
                break;
```

```
                end
                curResult(i)=0;
                i=i-1;
            end
        end
    end
    function isOK=f(input)
    %返回 curResult(i)=k 是否满足约束条件 f
    curResult=input(1:end-2);
    i=input(end-1);
    k=input(end);
    curResult(i)=k;
    isOK=1;
    for j=1:i-1
        if curResult(j)==k || abs(k-curResult(j))==i-j
            isOK=0;
            return;
        end
    end
end
```

八皇后问题的递归算法的代码如下：

```
function  allResult=eightQueen_rec(N)
%返回 N 个皇后的位置,每个结果保留在元胞中
allResult=eightQueen_(zeros(N,1),1);
end
function [allResult]=eightQueen_(X,cur)
%输入待求解 X,以及代求位置 cur
%当 cur>代求解规模时,返回 X,即返回一组可行解
%当 cur<=代求解规模时,进行递归调用,直到求得全部代求位置
allResult={};
if cur>length(X)      %若满足解的规模条件,则进行记录
    allResult={X};
    return
end
for i=1:length(X)
    X(cur)=i;
    flag=1;
    %检查是否满足约束条件
    for j=1:cur-1
        if X(j)==i || abs(i-X(j))==cur-j
            flag=0;
            break;
        end
```

```
    end
    if flag
        %递归调用,寻找下一个
        allResult=[allResult,eightQueen_(X,cur+1)];
    end
  end
  end
```

4.5.6　结果分析

将上述两种不同算法对应的代码分别放在两个文件里进行调用,当 $N=8$ 时,程序运行可以得到长度为 92 的元胞数组:

$$
\begin{array}{cccccccc}
1 & 5 & 8 & 6 & 3 & 7 & 2 & 4 \\
1 & 6 & 8 & 3 & 7 & 4 & 2 & 5 \\
1 & 7 & 4 & 6 & 8 & 2 & 5 & 3 \\
1 & 7 & 5 & 8 & 2 & 4 & 6 & 3 \\
2 & 4 & 6 & 8 & 3 & 1 & 7 & 5 \\
2 & 5 & 7 & 1 & 3 & 8 & 6 & 4 \\
2 & 5 & 7 & 4 & 1 & 8 & 6 & 3 \\
2 & 6 & 1 & 7 & 4 & 8 & 3 & 5 \\
2 & 6 & 8 & 3 & 1 & 4 & 7 & 5 \\
2 & 7 & 3 & 6 & 8 & 5 & 1 & 4 \\
\end{array}
$$

其中,每个元胞存放长度为 8 的向量,向量的第 i 个数字代表第 i 行皇后的列号.事实上,八皇后问题在固定第一个皇后的位置于棋盘的第 1 行第 1 列后,一共有 4 种摆法;若不固定则共有 92 种摆法.若将旋转和对称的解归为一种的话,则一共有 12 个独立解.

4.5.7　总结与体会

回溯法应用的地方很多,是一种系统地搜索问题的解的方法,有通用解题法之称.回溯法对解空间进行了有效的组织,还可以用回溯来提高搜索效率,因此,它的效率大大高于纯粹的穷举法.在许多需要遍历解空间的情况下,回溯法是一个有力的工具.

4.6　粒子群算法

粒子群算法(particle swarm optimization,PSO)是通过模拟鸟群的捕食行为得到的一种进化计算技术(evolutionary computation),1995 年由埃伯哈特(Eberhart)和肯尼迪(Kennedy)提出.该算法最初是受到飞鸟集群活动的规律的启发,进而利用群体智能建立的一个简化模型.设想这样一个场景:一群鸟在随机搜索食物,在这个区域里只有一块食物，所有的鸟都不知道食物在哪里，但是它们知道当前的位置离食物还有多远. 那么找到食物的最优策略是什么呢？最简单有效的方法就是搜寻目前离食物最近的鸟的周围区域.

粒子群算法从这种利用群体中个体对信息的共享，使整个群体的运动在问题求解空间中产生从无序到有序的演化过程中得到启示，并用于解决优化问题. 粒子群算法中，每个优化问题的解都是搜索空间中的一只鸟，我们称之为"粒子". 所有粒子都有一个由被优化的函数决定的适应值（fitness value），每个粒子还有一个速度决定它们飞翔的方向和距离，粒子们就追随当前的最优粒子在解空间中搜索.

粒子群算法初始化为一群随机粒子（随机解），然后通过迭代找到最优解. 在每一次迭代中，粒子通过跟踪两个极值来更新自己，一个极值是粒子本身所找到的最优解，这个解称为个体极值 pBest；另一个极值是整个种群目前找到的最优解，这个极值是全局极值 gBest. 另外，也可以不用整个种群，而只是用其中一部分作为粒子的邻居，那么在所有邻居中的极值就是局部极值.

在找到这两个最优值时，粒子根据如下的公式来更新自己的速度和新的位置

$$v[]=v[]+c1*rand(1)*(pbest[]-present[])+c2*rand(1)*(gbest[]-present[]) \hspace{2em} ①$$

$$present[]=persent[]+v[] \hspace{2em} ②$$

其中，v[]是粒子的速度；persent[]是当前粒子的位置；pbest[]和 gbest[]的定义可参考下面的 MATLAB 代码中的说明；rand(1)将产生一个介于(0,1)之间的随机数；c1，c2 为学习因子，通常 c1=c2=2.

程序的伪代码如下：

```
FOR 每一个粒子
{初始化；}
Do{
    FOR 对每一个粒子{
        计算适应度值；
        If 是硬度值大于历史最佳适应度值
        重置为当前最佳的适应度值；
    }
    标记适应度值最大的粒子，并当做最佳的粒子；
    FOR 每一粒子{
        根据公式①计算进化速度；
        根据公式②计算进化后的位置；
    }
}While 最优值没有满足或者未进入误差范围
```

在每一维粒子的速度都会被限制在一个最大速度 Vmax，如果某一维更新后的速度超过用户设定的 Vmax，那么这一维的速度就被限定为 Vmax.

4.6.1　问题描述

2008 年高教社杯全国数学建模竞赛 A 题，这里只解决圆心的确定.

4.6.2　问题分析

将靶标上圆的圆心的像点视为食物（粒子群算法中的最优解），在圆外随机找到一些点视为鸟（粒子群算法中的粒子），让这些点同鸟寻找食物一样，根据当前信息和历史信息逐渐接近最优解，即为靶标上圆的圆心的像.

4.6.3　模型构建

首先，要求计算图像上某圆像的几何中心，等价于找到一点，使该点到该圆像各点的距离之和最小，即目标函数为

$$\min \sum_{j=0}^{N} s_{ij}$$

由此确定的适应度函数为

$$f(x, y) = \sum_{j=0}^{N_i} (s_{i0}, s_{i1}, \cdots, s_{ij})$$

其中，(x, y) 为某一粒子的坐标. 这里，$f(x, y)$ 的值越大，其粒子的适应度就越小（方便在程序中使用）.

其次，随机产生 30 个粒子，并将 30 个粒子的数据初始化. 初始化第 i 个粒子的初始位置 $(x_i, y_i)(i=1,2,\cdots,30)$，其中，$0 \leqslant x_i \leqslant 1\,024, 0 \leqslant y_i \leqslant 768$，这些数据随机产生.

下面设定常量的取值范围：

（1）设定加权系数 w_0, w_1, w_2 分别为 0.3，0.5，0.4；

（2）设定最高速度 v_m 为一合理的整数，范围为 3～100；

（3）设定时间间隔为 $dt(1 \leqslant dt \leqslant 10)$；

（4）初始化第 i 个粒子的速度 $(vx_i, vy_i)(-v_m \leqslant vx_i, vy_i \leqslant -v_m)$.

再次，开始迭代计算. 第 k 次迭代计算如下：

（1）更新例子的当前速度，计算公式为

$$vx_i^{(k+1)} = w_0 * vx_i^{(k)} + w_1 * (gx_i^{(k)} - vx_i^{(k)}) + w_2 * (ox_i^{(k)} - vx_i^{(k)})$$
$$vy_i^{(k+1)} = w_0 * vy_i^{(k)} + w_1 * (gy_i^{(k)} - vy_i^{(k)}) + w_2 * (oy_i^{(k)} - vy_i^{(k)})$$

（2）更新粒子的当前位置，计算公式为

$$x_i^{(k+1)} = x_i^{(k)} + vx_i^{(k+1)} dt$$
$$y_i^{(k+1)} = y_i^{(k)} + vy_i^{(k+1)} dt$$

（3）更新粒子历史最优位置，适应度函数判断当前位置与历史最优位置的适应度大小关系. 如果当前位置适应度更高，将历史最优位置更新为当前位置的坐标.

（4）粒子最优位置更新为群中适应度最高粒子的位置.

最后，当迭代 20 次之后，得到了该圆的几何中心坐标，即 $(gx^{(20)}, gy^{(20)})$. 寻找几何中心算法结束.

4.6.4　模型求解

可以通过以下 MATLAB 代码找出圆心：

```
%% PSO 为 2008 年高教社杯全国数学建模竞赛 A 题圆心的确定
function PSO_FindCentre_main
clear all
clc
format long;

%%初始化参数
N=30;                   %粒子数目
dt=2;                   %时间间隔
vm=30;                  %最大速度
w0=0.4;                 %权值
w1=0.3;                 %权值
w2=0.5;                 %权值
width=1024;             %图片的宽
height=768;             %图片的高
MN=1024;                %可容纳的最大数据量
num=1;                  %控制计算的是第几个圆的几何中心

bpos=zeros(5,MN);       %用以保存 5 个圆的全部像点坐标

%% 读取数据,保存在变量 bpos 中,共 5 行,对应于 5 个圆的像点坐标

% 此处的数据详见在线小程序,改名为"data_FindCentre.txt"
% 文件包含像素的坐标,由处理相片后得到,以只读方式打开数据文件
file_in=fopen('data_FindCentre.txt','r+');

num=1;pos_x=0;pos_y=0;count=1;
[num,count_data]=fscanf(file_in,'%d',[1 1]);

while(~feof(file_in))
    [pos_x,count_data]=fscanf(file_in,'%d',[1 1]);
    if pos_x<=6                         %控制是否是下个圆的数据
        num=pos_x;
        count=1;
        continue;
    end
    [pos_y,count_data]=fscanf(file_in,' %d',[1 1]);
    if num==5 & count>590  break;end    %文件读写控制
    bpos(num,count)=pos_x;
```

```
        bpos(num,count+1)=pos_y;
        count=count+2;
end

fclose(file_in);                              %关闭数据文件

%%保存当前位置(x1,x2),历史最优位置(x3,y4),当前速度(x5,x6)
disp(sprintf('圆心的坐标如下:'));

num=1;
while num<=5                                  %控制计算机第几个圆的中心
    pos=bpos;
    pos_calc=zeros(N,6);
    gbest=[100,100];b=[0,0];                  %粒子群最优位置

for i=1:N

    % 初始化 30 个粒初始位置
    pos_calc(i,3)=fix(rand(1)*width);      %位置 x
    pos_calc(i,1)=pos_calc(i,3);
    pos_calc(i,4)=fix(rand(1)*height);     %位置 y
    pos_calc(i,2)=pos_calc(i,4);

    % 初始化 30 个粒初始速度
    if rem(rand(1),2)==0
            pos_calc(i,5)=fix(rand(1)*vm);
    else
            pos_calc(i,5)=-fix(rand(1)*vm);
    end
    if rem(rand(1),2)==0
            pos_calc(i,6)=fix(rand(1)*vm);
    else
            pos_calc(i,6)=-fix(rand(1)*vm);
    end

    % 与以前的最优相互比较,获得初始的种群最优位置
    if  fun(pos_calc(i,1),pos_calc(i,2),num,pos)...
            <fun(gbest(1),gbest(2),num,pos)
        gbest(1)=pos_calc(i,1);gbest(2)=pos_calc(i,2);
    end

end
```

```
count=0;
while count<20          %迭代 20 次,直到误差足够小

    for i=1:N              %更新速度
        vx=w0*(pos_calc(i,3)-pos_calc(i,1))...
            /dt+w1*(gbest(1)-pos_calc(i,1))/dt+w2*pos_calc(i,5);
        vy=w0*(pos_calc(i,4)-pos_calc(i,2))...
            /dt+w1*(gbest(2)-pos_calc(i,2))/dt+w2*pos_calc(i,6);

        if vx>vm     %防止超过最高速度
            pos_calc(i,5)=vm/3;
        else
            pos_calc(i,5)=vx;
        end
        if vy>vm
            pos_calc(i,6)=vm/3;
        else
            pos_calc(i,6)=vy;
        end
    end

    for i=1:N              %更新位置
        pos_calc(i,1)=pos_calc(i,1)+pos_calc(i,5)*dt;
        pos_calc(i,2)=pos_calc(i,2)+pos_calc(i,6)*dt;

        if fun(pos_calc(i,1),pos_calc(i,2),num,pos)...
                <fun(pos_calc(i,3),pos_calc(i,4),num,pos)
            %当前比历史更优并更新
            pos_calc(i,3)=pos_calc(i,1);
            pos_calc(i,4)=pos_calc(i,2);
        end
        b(1)=gbest(1);b(2)=gbest(2);
        if fun(pos_calc(i,1),pos_calc(i,2),num,pos)...
                <fun(gbest(1),gbest(2),num,pos)
            %当前处于粒子群最优,更新粒子群最优位置
            gbest(1)=pos_calc(i,1);gbest(2)=pos_calc(i,2);
        end
    end
    count=count+1;
end

b(1)=fix(gbest(1));gbest(1)=b(1);          %坐标取整
b(2)=fix(gbest(2));gbest(2)=b(2);
```

```
for i=(b(1)-5):(b(1)+5)                          %在邻域内计算得到最优解
    for j=(b(2)-5):(b(2)+5)
            if fun(i,j,num,pos)<fun(gbest(1),gbest(2),num,pos)
                gbest(1)=i;gbest(2)=j;    %邻域内调整
            end
    end
end
disp(sprintf('%d %d',gbest(1),gbest(2)));
num=num+1;
end

%%子程序 1:适应度函数,此函数值越大则适应度越小
function r=fun(x,y,num,pos)
r=0;
MN=1024;                                        %可容纳的最大数据量
for i=1:2:MN                                     %求此点到此圆的各像点的距离之和
    if pos(num,i)～=0
        r=r+sqrt((x-pos(num,i)).^2+(y-pos(num,i+1)).^2);
    end
end
```

4.6.5　结果分析

在 MATLAB 中运行上面的程序得圆心的坐标如下:

323	187
422	196
639	212
287	500
583	502

这样就得到了圆心的几何坐标,但是寻求的全局最优解,是否对所有点都有较好的结果还需要进一步分析,可以另外设置较好的评价函数进行进一步优化,这里不予讨论.

粒子群算法是一种群体协作算法,即每个粒子有自己的行为(移动方向、移动速度),并对自己的历史最优位置、当前位置以及群体中最优位置有所感知,或者称为记忆. 它们由这些行为特征以及记忆和感知所得到的信息,通过加权计算,以确定下一时刻的移动方向和速度.

由于粒子群有着相互影响和引导的协同合作计算能力,因而能使整个群体中的最优粒子快速逼近坐标中的最优位置. 粒子群算法有很多变种,结合牛顿力学或量子力学等内容,已经发展成为一个较为优秀的全局搜索算法,有兴趣的读者可以查阅更多的资料.

最后,对粒子群算法的参数设置做一些说明,从上面的例子可以看到,应用 PSO 解决优化问题的过程中有两个重要的步骤,即问题解的编码和适应度函数.

粒子群算法的一个优势就是采用实数编码，不需要像遗传算法一样是二进制编码（或者采用针对实数的遗传操作，例如，对于问题 f(x)=x1^2+x2^2+x3^2 求解，粒子可以直接编码为（x1, x2, x3），而适应度函数就是 f(x). 接着我们就可以利用前面的过程去寻优. 这个寻优过程是一个迭代过程，中止条件一般设置为达到最大循环数或最小错误. 粒子群算法中并没有许多需要调节的参数，下面列出了这些参数以及经验设置：

（1）粒子数. 粒子数一般取 20~40. 其实，对于大部分的问题，10 个粒子已经足够取得好的结果；不过，对于比较难的问题或特定类别的问题，粒子数可以取到 100 甚至 200.

（2）粒子的长度. 粒子的长度由优化问题决定，就是问题解的长度.

（3）粒子的范围. 粒子的范围由优化问题决定，每一维可以设定不同的范围.

（4）最大速度. 最大速度 Vmax，决定粒子在一个循环中最大的移动距离，通常设定为粒子的范围宽度. 例如，上面的例子里，粒子(x1, x2, x3)x1 属于[−10, 10]，那么 Vmax 的大小就是 20.

（5）学习因子. c1 和 c2 通常等于 2，不过也有其他取值，一般 c1 等于 c2，并且范围为 0~4.

（6）中止条件. 中止条件一般设置为最大循环数或最小错误.

4.6.6　总结与体会

粒子群算法与遗传算法类似，是一种基于迭代的优化算法. 系统初始化为一组随机解，通过迭代搜寻最优值. 粒子群算法和遗传算法有很多共同之处：两者都随机初始化种群，都使用适应值来评价系统，且都根据适应值来进行一定的随机搜索；而且，两个系统都不能保证一定找到最优解.

但是，同遗传算法相比，粒子群算法没有遗传算法所用的操作，如交叉和变异，而是粒子在解空间追随最优的粒子进行搜索. 另外，粒子群算法的信息共享机制是很不一样的. 在遗传算法中，染色体互相共享信息，所以整个种群比较均匀地向最优区域移动；而在粒子群算法中，只有 gBest 或 pBest 给出信息给其他的粒子，这是单向的信息流动，整个搜索更新过程是跟随当前最优解的过程. 与遗传算法相比，粒子群算法的优势在于，简单、容易实现，并且没有许多参数需要调整，仅仅根据自己的速度来决定搜索. 粒子还有一个重要的特点，就是有记忆. 在大多数情况下，所有的粒子可能更快地收敛于最优解.

粒子群算法目前已广泛应用于函数优化、神经网络训练、模糊系统控制以及其他算法应用领域.

第 5 章　网 络 优 化

图论起源于著名的柯尼斯堡七桥问题. 在柯尼斯堡的普莱格尔河上有七座桥将河中的岛及岛与河岸连接起来，如图 5.1 所示，A，B，C，D 表示陆地. 问题是要从这四块陆地中任何一块开始，通过每一座桥正好一次，再回到起点，然而无数次的尝试都没有成功. 欧拉（Euler）在 1736 年解决了这个问题，他用抽象分析法将这个问题化为第一个图论问题，即将每一块陆地用一个点来代替，将每一座桥用连接相应的两个点的一条线来代替，从而相当于得到一个图. 欧拉证明了这个问题没有解，并且推广了这个问题，给出了对于一个给定的图可以某种方式走遍的判定法则. 这项工作使欧拉成为图论及拓扑学的创始人.

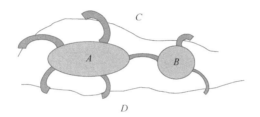

图 5.1　柯尼斯堡七桥问题

1859 年，英国数学家哈密顿（Hamilton）发明了一种游戏：用一个规则的实心十二面体的 20 个顶点代表世界著名的 20 座城市，要求游戏者找一条沿着各边通过每个顶点刚好一次的闭回路，即"绕行世界". 用图论的语言来说，游戏的目的是在十二面体的图中找出一个生成圈. 这个问题后来被称为哈密顿问题. 由于运筹学、计算机科学和编码理论中的很多问题都可以化为哈密顿问题，因而哈密顿问题引起广泛的注意和研究.

在图论的历史中，还有一个最著名的问题——四色猜想. 这个猜想是：在一个平面或球面上的任何地图能够只用四种颜色来着色，使得没有两个相邻的国家有相同的颜色. 每个国家必须由一个单连通域构成，而两个国家相邻是指它们有一段公共的边界，而不仅仅只有一个公共点. 四色猜想有一段有趣的历史. 每个地图可以导出一个图，其中国家都是点，当相应的两个国家相邻时这两个点用一条线来连接. 所以四色猜想是图论中的一个问题，它对图的着色理论、平面图理论、代数拓扑图论等分支的发展起到推动作用.

5.1　图的基本概念

图论中的"图"并不是通常意义下的几何图形或物体的形状图，而是以一种抽象的形式来表达一些确定的事物之间的联系的一个数学系统. 从这个意义上说，有关事物间联系的问题，都可以从图的角度加以分析. 这样，图的一些基本方法的运用是很重要的. 事实上，数学建模竞赛中对图的方法的运用也是非常多的.

定义 5.1.1   一个有序二元组 (V,E) 称为一个图 G，其中 V 称为 G 的顶点集，$V \neq \varnothing$，其元素称为**顶点**或**结点**，简称**点**. E 称为 G 的边集，其元素称为**边**，它连接 V 中的两个点. 若这两个点是无序的，则称该边为**无向边**；否则，称为**有向边**. 若 E 的每一条边都是无向边，则称 G 为**无向图**，如图 5.1.1（a）所示；若 E 的每一条边都是有向边，则称 G 为**有向图**，如图 5.1.1（b）所示；否则，称 G 为**混合图**.

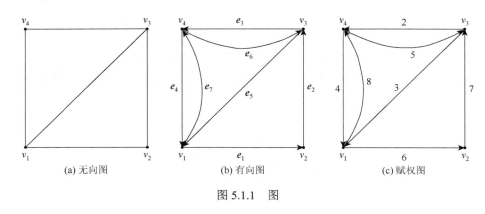

(a) 无向图   (b) 有向图   (c) 赋权图

图 5.1.1   图

定义 5.1.2   **邻接矩阵**表示点与点之间的邻接关系. 一个 n 阶有向图 G 的邻接矩阵为
$$A = (a_{ij})_{n \times n}$$
其中，
$$a_{ij} = \begin{cases} 1, & v_{ij} \in E \\ 0, & v_{ij} \notin E \end{cases}$$

图 5.1.1（b）的邻接矩阵为
$$A = \begin{pmatrix} 0 & 1 & 0 & 1 \\ 0 & 0 & 1 & 0 \\ 1 & 0 & 0 & 1 \\ 1 & 0 & 1 & 0 \end{pmatrix}$$

定义 5.1.3   若将图 G 的每一条边 e 都对应一个实数 $F(e)$，则称 $F(e)$ 为该边的**权**，并称图 G 为**赋权图**（网络），如图 5.1.1（c）所示，记为 $G = (V,E,F)$.

定义 5.1.4   一个 n 阶赋权图 $G = (V,E,F)$ 的**权矩阵**为
$$A = (a_{ij})_{n \times n}$$
其中，
$$a_{ij} = \begin{cases} F(v_i v_j), & v_{ij} \in E \\ 0 & i = j \\ \infty, & v_{ij} \notin E \end{cases}$$

图 5.1.1（c）的权矩阵为

$$A = \begin{pmatrix} 0 & 6 & \infty & 8 \\ \infty & 0 & 7 & \infty \\ 3 & \infty & 0 & 2 \\ 4 & \infty & 5 & 0 \end{pmatrix}$$

例 5.1.1　人、狼、羊、菜渡河问题（图论解法）.

一个摆渡人 F 希望用一条小船把一只狼 W，一头羊 G 和一篮白菜 C 从一条河的左岸渡到右岸去，而船小只能容纳 F，W，G，C 中的两个，决不能在无人看守的情况下，留下狼和羊，或者羊和白菜在一起. 应怎样渡河才能将狼、羊、白菜都运过去？

解　在研究状态和位置发生变更的问题时，常常构造图来解决. 用四维的 0-1 向量来表示四样物体在左岸的状态，1 表示在左岸，0 表示在右岸，共有 16 种状态，其中（0,1,1,0），（0,0,1,1），（0,1,1,1）是不允许存在的，与之相应地，（1,0,0,1），（1,1,0,0），（1,0,0,0）也是不能存在的，剩下的 10 种状态根据人在左岸还是右岸可以各分 5 种，将相互能够转化的状态连上线就构成了图 5.1.2. 于是问题简化为求一条从起点（1,1,1,1）到终点（0,0,0,0）的通路.

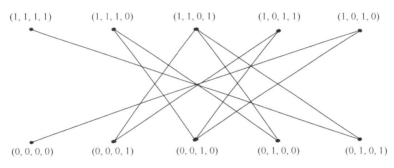

图 5.1.2　渡河问题构成的图

如果各边赋权为 1，即简化为求一条最短路径. 利用下一节的最短路算法，有两种等优方案（图 5.1.3）.

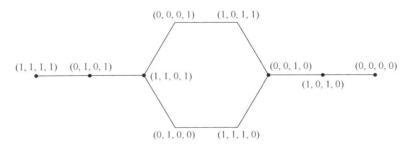

图 5.1.3　两种等优方案

5.2 最短路问题

在现实生活中，经常需要用到两点间的最短距离. 在图论模型中，最短路问题是最基本的问题之一. 现实问题若能抽象成对象关系间的效率、成本、时间或费用相关的赋权图，通常都会涉及最短路问题. 求两点间的最短路及最短距离，常用 Dijkstra 算法或 Floyd 算法.

5.2.1 Dijkstra 算法

Dijkstra 算法是典型的最短路算法，用于计算一个结点到其他所有结点的最短路径. 其主要特点是，以起始点为中心向外层层扩展，直到扩展到终点为止. Dijkstra 算法能得出最短路径的最优解，但由于它遍历计算的结点很多，所以效率低.

Dijkstra 算法的基本思想是：设 $G=(V, E)$ 是一个赋权有向图，把图中顶点集合 V 分成两组，第一组为已求出最短路径的顶点集合（用 S 表示，初始时 S 中只有一个源点，以后每求得一条最短路径，就将终点加入集合 S 中，直到全部顶点都加入 S 中，算法就结束了），第二组为其余未确定最短路径的顶点集合（用 U 表示），按最短路径长度的递增次序依次把第二组的顶点加入 S 中. 在加入的过程中，总保持从源点 V 到 S 中各顶点的最短路径长度不大于从源点 V 到 U 中任何顶点的最短路径长度. 此外，每个顶点对应一个距离，S 中的顶点的距离就是从 V 到此顶点的最短路径长度，U 中的顶点的距离，是从 V 到此顶点只包括 S 中的顶点为中间顶点的当前最短路径长度.

Dijkstra 算法的步骤如下：

（1）令 $l(u_0)=0$ ，对 $v \neq u_0$ ，令 $l(v)=\infty$ ，$S_0=\{u_0\}$ ，$i=0$.

（2）对每个 $v \in \bar{S}_i (\bar{S}_i = V \setminus S_i)$ ，用

$$\min_{u \in S_i} \{l(v), l(u)+w(uv)\}$$

代替 $l(v)$. 计算 $\min_{v \in \bar{S}_i} \{l(v)\}$ ，将达到这个最小值的一个顶点记为 u_{i+1} ，令 $S_{i+1}=S_i \bigcup \{u_{i+1}\}$.

（3）若 $i=|V|-1$ ，停止；若 $i<|V|-1$ ，用 $i+1$ 代替 i ，转步骤（2）.

Dijkstra 算法的 MATLAB 函数文件 dijkstra.m 如下：

```
function [l,t]=dijkstra(A,v)
%dijkstra 最短路算法,l 为顶点 v 到其余顶点的最短距离,t 为父点
n=length(A);                    %顶点个数
V=1:n;                          %顶点集合
s=v;                            %已经找到最短路的点,初始为 v
l=A(v,:);                       %当前各个点到 v 点的距离,初始为直接距离
t=v.*ones(1,n);                 %当前距离时点的父顶点,初始都为 v
ss=setdiff(V,s);nn=length(ss);  %返回 V 中那些不属于 S 的元素
for j=1:n-1                     %一共进行 n-1 次迭代
    for i=1:nn                  %遍历当前还没有找到最短路的点
```

```
        k=ss(1);
    if l(k)>l(ss(i))
        k=ss(i);
        l(k)=l(ss(i));              %取当前迭代中距离最小值
    end
    end
    if l(k)==inf                    %若当前行最小值是无穷大,则结束
        break;
    else                            %否则 k 点的最短路找到
        s=union(s,k);              %返回 s 和 k 的并集
        ss=setdiff(V,s);
        nn=length(ss);
    end
    if length(s)==n                 %全部点的最短路都找到
        break;
    else
        for i=1:nn                  %以 k 为生长点,如果通过 k 点会更短,则更改当前
                                    最短距离
            if l(ss(i))>l(k)+A(k,ss(i))
                l(ss(i))=l(k)+A(k,ss(i));
                t(ss(i))=k;
            end
        end
    end
  end
 end
```

逆向搜索路径的 MATLAB 函数文件 path.m 如下:

```
function  p=path(t,v,vv)
        k=vv;p=k;
        while(1)
        if k==v
            p                      %路径
            break;
        else
            k=t(k);
            p=[k,p];
        end
        end
```

例 5.2.1   求图 5.2.1 中从 v_1 到其他顶点的最短路.

解   在主程序窗口输入:

```
A=[ 0    4    1    inf  inf  inf
    inf  0    inf  4    2    4
    inf  5    0    inf  6    7
    inf  inf  inf  0    inf  inf
```

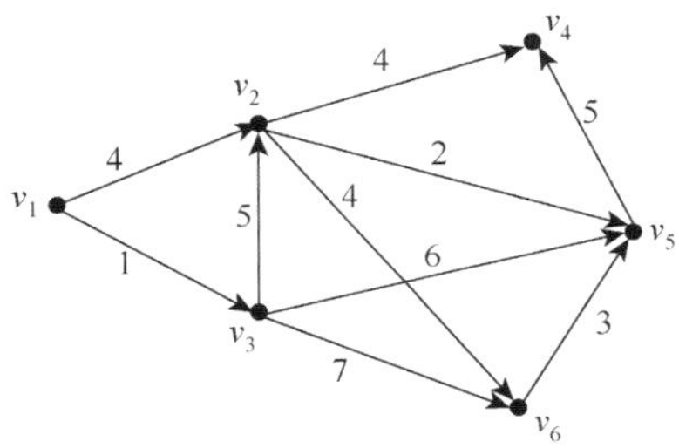

图 5.2.1   求最短路

```
    inf    inf    inf    5      0      inf
    inf    inf    inf    inf    3      0];
[l,t]=dijkstra(A,1)

l=
    0      4      1      8      6      8

t=
    1      1      1      2      2      2
```

如果要求 v_1 到 v_6 的最短路径，可继续输入：

```
path(t,1,6)

p=
    1      2      6
```

需要说明的是，Dijkstra 算法只适用于边权非负的情况.

5.2.2 Floyd 算法

Floyd 算法是可以一次性求出所有点之间最短距离的算法.

Floyd 算法的基本思想是：对于有 n 个顶点的图，每次插入一个顶点 v，然后将始点到终点的当前最短路径与插入顶点 v 作为中间点的最短路径作比较，取较小值以得到新的距离矩阵. 如此循环迭代下去，递推产生一个矩阵序列 $\boldsymbol{D}_0,\boldsymbol{D}_1,\cdots,\boldsymbol{D}_k,\cdots,\boldsymbol{D}_n$，其中 $\boldsymbol{D}_k(i,j)$ 表示从顶点 v_i 到顶点 v_j 的路径上所经过的顶点序号不大于 k 的最短路径长度. 最后，$\boldsymbol{D}_n$ 就是任意两点之间的最短距离矩阵.

Floyd 算法步骤如下：

（1）赋初值. 对所有 i,j，$d_{ij}=a_{ij}$，$r_{ij}=j$，$k=1$. 转向步骤（2）.

（2）更新 d_{ij},r_{ij}，对所有 i,j，若 $d_{ik}+d_{kj}<d_{ij}$，则令 $d_{ij}=d_{ik}+d_{kj},r_{ij}=r_{kj}$，转向步骤（3）.

（3）终止判断. 若 $d_{ii}<0$，则存在一条含有顶点 v_i 的负回路，终止；或者 $k=n$，终止；否则，令 $k=k+1$，转向步骤（2）.

其中，最短路线可由 r_{ij} 得到.

该算法的适用条件和范围如下：

（1）所有成对点的最短路径；

（2）稠密图效果最佳.

Floyd 最短路算法的 MATLAB 函数文件 floyd.m 如下：

```
function[D,R]=floyd(A)
%采用 floyd 算法计算图中任意两点之间最短路程,可以有负权
%参数 D 为连通图的权矩阵,R 是路径矩阵
D=A;n=length(D);                            %赋初值
for(i=1:n)
    for(j=1:n)
```

```
            R(i,j)=j;
        end;
    end                                 %赋路径初值
for(k=1:n)
    for(i=1:n)
        for(j=1:n)
            if(D(i,k)+D(k,j)<D(i,j))
                D(i,j)=D(i,k)+D(k,j);   %更新 D(i,j),说明通过 k 的路程更短
                R(i,j)=R(k,j);
            end;
        end;
    end                                 %更新 R(i,j),需要通过 k

    pd=0;
    for i=1:n                           %含有负权时
        if(D(i,i)<0)
        pd=1;
        break;
    end;
end                                     %跳出内层的 for 循环,存在一条含有顶点
                                          vi 的负回路
if(pd==1)
    fprintf('有负回路');
    break;
end                                     %存在一条负回路,跳出最外层循环,终止
                                          程序
end                                     %程序结束
```

例 5.2.2 求图 5.2.2 中任意两点间的最短路.

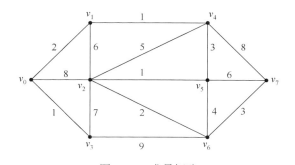

图 5.2.2 求最短路

解 在主程序窗口输入:

```
>>A=[0    2    8    1    inf    inf    inf    inf
2    0    6    inf    1    inf    inf    inf
```

```
8     6     0     7     5     1     2     inf
1     inf   7     0     inf   inf   9     inf
inf   1     5     inf   0     3     inf   8
inf   inf   1     inf   3     0     4     6
inf   inf   2     9     inf   4     0     3
inf   inf   inf   inf   8     6     3     0];
>>[D,R]=floyd(A)

D=

    0     2     7     1     3     6     9    11
    2     0     5     3     1     4     7     9
    7     5     0     7     4     1     2     5
    1     3     7     0     4     7     9    12
    3     1     4     4     0     3     6     8
    6     4     1     7     3     0     3     6
    9     7     2     9     6     3     0     3
   11     9     5    12     8     6     3     0

R=

    1     1     6     1     2     5     3     5
    2     2     6     1     2     5     3     5
    2     5     3     3     6     3     3     7
    4     1     4     4     2     5     4     5
    2     5     6     1     5     5     3     5
    2     5     6     1     6     6     3     6
    2     5     7     7     6     3     7     7
    2     5     7     1     8     8     8     8
```

其中，矩阵 D 中的 D(i,j)为 i 到 j 的最短距离，矩阵 R 中的 R(i,j)为 i 到 j 的最短路中 j 的父顶点，所以需要逆向追踪找到完整的最短路径.

例 5.2.3　某城市要建立一个消防站，位于该城市所属的七个区服务之一，如图 5.2.3 所示. 问消防站应设在哪个区，才能使它到最远区的路径最短？

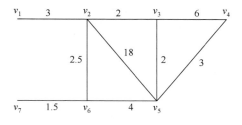

图 5.2.3　建消防站

解 图 5.2.3 是赋权无向图, 顶点表示区, 两顶点之间的边表示连接两区之间的道路, 边上的权表示两区之间的距离. 问题转化为从图 5.2.3 中确定顶点 v_i, 使它到距其最远顶点的路径最短. 根据图的最短路算法, 可设计算法如下:

(1) 用 Floyd 算法求出距离矩阵 $\boldsymbol{D} = (d_{ij})_{v \times v}$.

(2) 计算在各点 v_i 设立服务设施的最大服务距离:

$$S(v_i) = \max_{1 \le j \le v}\{d_{ij}\} \quad (i = 1, 2, \cdots, v)$$

(3) 求出顶点 v_k, 使 $S(v_k) = \min_{1 \le i \le v}\{S(v_{ij})\}$, 则 v_k 就是所求建立消防站的地点, 此点称为图的中心点.

对此问题, 用 MATLAB 编程求解如下:

```
a=[ 0       3      inf     inf     inf     inf     inf
    3       0       2      inf     18      2.5     inf
   inf      2       0       6       2      inf     inf
   inf     inf      6       0       3      inf     inf
   inf     18       2       3       0       4      inf
   inf     2.5     inf     inf      4       0      1.5
   inf     inf     inf     inf     inf     1.5      0]


>>D=floyd(a)

D=


    0        3.0000   5.0000   10.0000   7.0000   5.5000   7.0000
    3.0000   0        2.0000   7.0000    4.0000   2.5000   4.0000
    5.0000   2.0000   0        5.0000    2.0000   4.5000   6.0000
   10.0000   7.0000   5.0000   0         3.0000   7.0000   8.5000
    7.0000   4.0000   2.0000   3.0000    0        4.0000   5.5000
    5.5000   2.5000   4.5000   7.0000    4.0000   0        1.5000
    7.0000   4.0000   6.0000   8.5000    5.5000   1.5000   0
```

运行得

$$S(v_1) = 10, \quad S(v_2) = 7, \quad S(v_3) = 6, \quad S(v_4) = 8.5, \quad S(v_5) = 7, \quad S(v_6) = 7, \quad S(v_7) = 8.5$$

因 $S(v_3) = 6$ 为最小, 故应将消防站设在 v_3 处.

5.2.3 最短路的优化模型

设 0-1 变量 $x_{ij}, x_{ij} = 1$ 表示 (i, j) 边在路上, $x_{ij} = 0$ 表示 (i, j) 边不在路上. ω_{ij} 为边上的权重, 从 v_1 到 v_n 的最短路的优化模型为

$$\min f = \sum_{(i,j)\in E} \omega_{ij} x_{ij}$$

$$\text{s.t.} \begin{cases} \sum_{j=1}^{n} x_{1j} = 1 \\ \sum_{j=1}^{n} x_{ji} = \sum_{j=1}^{n} x_{ij} \, (i \neq 1, n) \\ \sum_{j=1}^{n} x_{jn} = 1 \end{cases}$$

约束限制为：起点只有一条边出来，中间点进来的边数等于出去的边数，终点只有一条边进来.

需要说明的是，利用 Lingo 软件可以求解优化模型得到最短距离，但不能得到最短路径. 优化模型一次也只能得到两点之间的最短路. Lingo 软件也可以利用动态规划算法编写另一种最短路程序，有兴趣的读者可以参考其他资料.

例 5.2.4 （设备更新问题）某企业使用一台设备，每年年初，企业都要作出决定，如果继续使用旧的，要付维修费；若购买一台新设备，要付购买费. 试制定一个 5 年更新计划，使总支出最少.

已知设备在每年年初的购买费分别为 11，11，12，12，13（单位：万元）. 使用不同时间设备在当年所需的维修费见表 5.2.1.

表 5.2.1　设备年龄及其维修费

设备年龄/年	0~1	1~2	2~3	3~4	4~5
维修费/万元	5	6	8	11	18

解　设 b_i 为设备在第 i 年年初的购买费，c_i 为设备使用 i 年后的维修费，把这个问题化为求有向赋权图 $G = (V, E, F)$ 中最短路问题.

$V = \{v_1, v_2, \cdots, v_6\}$，点 v_i 表示第 i 年年初购进一台新设备，虚设一个点 v_6，表示第 5 年年底.

$$E = \{v_i v_j \mid 1 \leqslant i < j \leqslant 6\}$$

$$F(v_i v_j) = b_i + \sum_{k=1}^{j-i} c_k$$

赋权图 $G = (V, E, F)$ 的图解如图 5.2.4 所示.

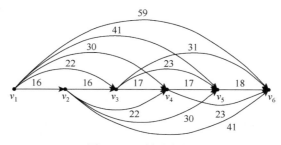

图 5.2.4　赋权图图解

编写 Lingo 程序如下:

```
MODEL:
sets:
nodes/1..6/;
arcs(nodes,nodes)|&1#lt#&2:c,x;
endsets
data:
c=16 22 30 41 59
      16 22 30 41
         17 23 31
            17 23
               18;
enddata
n=@size(nodes);
min=@sum(arcs:c*x);
@for(nodes(i)| i #ne# 1 #and# i #ne# n:
@sum(arcs(i,j):x(i,j))=@sum(arcs(j,i):x(j,i)));
@sum(arcs(i,j)|i #eq# 1:x(i,j))=1;
END
```

运行结果如下:

```
Global optimal solution found.
Objective value:                      53.00000
Infeasibilities:                      0.000000
Total solver iterations:                    0


          Variable        Value       Reduced Cost
            X(1,4)       1.000000         0.000000
            X(4,6)       1.000000         0.000000
```

所以，最优方案是在第 4 年更换新设备，总花费是 53 万元.

5.2.4　总结与体会

最短路问题应用的关键是正确、快速地构造图的权矩阵，分析起点和终点. 从效率上讲，若希望求任意两点间的最短路，最好使用 Floyd 算法，否则使用 Dijkstra 算法.

5.3　最小生成树

最小生成树在经济方面具有许多重要的应用，特别是追求规划和工程的最佳效果. 在图论里，最小生成树也是非常常见的一类问题.

定义 5.3.1　连通而无圈的图称为树（tree），常用 T 表示.

性质 5.3.1　树的边数比顶点数少 1 个，即 $q = p - 1$.

设 $G = (V, E)$ 是一个无向连通赋权图，E 中每条边 (v_i, v_j) 的权为 a_{ij}。如果 G 的一个子图 G' 是一棵包含 G 的所有顶点的树，则称 G' 为 G 的生成树。或者可以由树的定义认为，任意一个连通的 (p, q) 图 G 适当去掉 $q - p + 1$ 条边后，都可以变成树，这棵树称为图 G 的生成树。

最小生成树问题：设 T 是图 G 的一棵生成树，用 $F(T)$ 表示树 T 中所有边的权数之和，$F(T)$ 称为该生成树 T 的权（费用）。一个连通图 G 的生成树一般不止一棵，在 G 的所有生成树中，权数最小的生成树称为 G 的最小生成树。

网络的最小生成树在实际中有广泛应用。例如，在设计通信网络时，用图的顶点表示城市，用边 (v_i, v_j) 的权 a_{ij} 表示建立城市 v_i 和城市 v_j 之间的通信线路所需的费用，则最小生成树就能给出建立通信网络最经济的方案。

5.3.1　Kruskal 避圈法

Kruskal 避圈法是克鲁斯卡尔（Kruskal）在 1956 年提出的最小生成树算法。Kruskal 算法的思想是：每次从剩下的边中选择一条不会产生回路的具有最小权重的边加入已选择的边的集合中。

Kruskal 避圈法就是一个基于贪婪算法的最小生成树算法，对一般问题，可以用贪婪算法得到的只是近似最优解，而不能保证得到最优解。但用贪婪算法计算最小生成树，可以设计出保证得到最优解的算法。

Kruskal 避圈法的 MATLAB 函数文件 kruskal.m 如下：

```
function[T,sum]=kruscal(A)
%T 是最小生成树,sum 是最小生成树的权
n=length(A);
for i=1:n
    l(i)=i;                             %给出相应的边的端点的标号,标号
                                         与下标一样
    A(i,i)=inf;                         %因为用对矩阵求最小值的方法找最
                                         小边,所以改写对角线的 0
end
sum=0;kk=0;T=[];
while kk<n-1                            %n 个顶点只需要 n-1 条边
    min_e=min(min(A));
    if min_e==inf
    fprintf('不是连通图')
    break;
    end
    for i=1:n-1
    for j=i+1:n
        if A(i,j)==min_e
            if l(i)~=l(j)              %不构成圈
```

```
        sum=sum+min_e;T=[T;i,j];
        A(i,j)=inf;A(j,i)=inf;    %被选中的边更改数据避免重复选择
        m=max(l(i),l(j));              %必须先赋值,不能直接在后面使用
                                            max()
        s=min(l(i),l(j));
        for k=1:n
            if l(k)==m
                l(k)=s;           %将添加的连通顶点的标号改成连通
                                   顶点标号的最小值
            end
        end
        kk=kk+1;
    else
    A(i,j)=inf;A(j,i)=inf;         %构成圈的边不选择,改变数据
    end
    end
    end
    end
end
```

最后应该变成全 1 向量, 否则不是连通图或者程序出错.

例 5.3.1 某单位有 5 个部门, 它们之间的距离如图 5.3.1 所示. 现在要在它们之间架设通信线路, 问怎么架设最节省?

解 在 MATLAB 程序主窗口输入:

```
>>A=[ 0  64  61  50  50
      64   0  68  65  68
      61  68   0  60  54
      50  65  60   0  45
      50  68  54  45   0];
>>1,[T,sum]=kruskal(A)    %kruskal 函数要先保存在默认路径下

l=

     1     1     1     1     1

T=

     4     5
     1     4
     3     5
     1     2
```

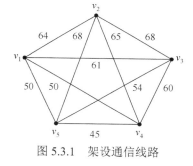

图 5.3.1 架设通信线路

```
sum=

   213
```

全为 1 表示是连通图，T 就是最小生成树的四条边，sum 是最小生成树的权.

5.3.2 Prim 算法

普里姆（Prim）在 1957 年提出另一种最小生成树算法——Prim 算法. 这种算法特别适用于边数相对较多，即比较接近于完全图的图. 此算法是按逐个将顶点连通的步骤进行的，它只需采用一个顶点集合. 这个集合开始时是空集，以后将已连通的顶点陆续加入到集合中去，直到全部顶点都加入到集合中，就得到所需的生成树.

设 $G=(V,E)$ 是一个连通赋权图，$V=\{1,2,\cdots,n\}$. 构造 G 的一棵最小生成树的 Prim 算法的过程是：首先从图的任一顶点起进行，将它加入集合 S 中，置 $S=\{1\}$. 然后作如下的贪婪选择，从与之相关联的边中选出权值 c_{ij} 最小的一条作为生成树的一条边. 此时满足条件 $i\in S$，$j\in V-S$，并将该 j 加入集合中，表示这两个顶点已被所选出的边连通了.

以后每次从一个端点在集合中而另一个端点在集合外的各条边中选取权值最小的一条作为生成树的一条边，并将其在集合外的那个顶点加入集合 S 中，表示该点也已被连通. 如此进行下去，直到全部顶点都加入集合 S 中. 在这个过程中选取到的所有边恰好构成 G 的一棵最小生成树.

由于 Prim 算法中每次选取的边两端总是一个已连通顶点和一个未连通顶点，因而这条边选取后一定能将该未连通点连通而又保证不会形成回路.

例如，对于图 5.3.2（a）中的赋权图，按 Prim 算法选取边的过程如图 5.3.2（b）所示.

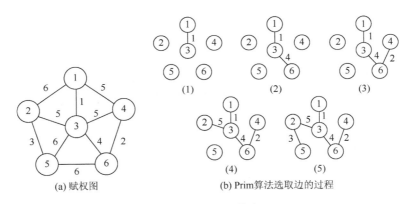

(a) 赋权图　　(b) Prim算法选取边的过程

图 5.3.2　Prim 算法

Prim 算法的 MATLAB 函数文件 prim.m 如下：

```
function[T,c]=tree_prim(a)
n=length(a);
T=[];c=0;v=1;R=2:n;
for j=2:n
```

```
        b(1,j-1)=1;
        b(2,j-1)=j;
        b(3,j-1)=a(1,j);
    end

    i=min(b(3,:));

    while size(T,2)<n-1
        [q,i]=min((b(3,:)));
        T(:,size(T,2)+1)=b(:,i);
        c=c+b(3,i);
        v=b(2,i);
        temp=find(R==b(2,i));
        R(temp)=[];b(:,i)=[];
        for j=1:length(R)
            d=a(v,b(2,j));
            if d<b(3,j)
                b(1,j)=v;b(3,j)=d;
            end
        end
    end
end
```

例 5.3.2 某乡政府计划未来 3 年内, 对所管辖的 10 个村要达到村与村之间都有水泥公路相通的目标. 根据勘测, 10 个村之间修建公路的费用见表 5.3.1. 问乡镇府应如何选择修建公路的路线使总成本最低?

表 5.3.1 两村庄之间修建公路的费用

修路费/万元 村庄 \ 村庄	1	2	3	4	5	6	7	8	9	10
1		12.8	10.5	8.5	12.7	13.9	14.8	13.2	12.7	8.9
2			9.6	7.7	13.1	11.2	15.7	12.4	13.6	10.5
3				13.8	12.6	8.6	8.5	10.5	15.8	13.4
4					11.4	7.5	9.6	9.3	9.8	14.6
5						8.3	8.9	8.8	8.2	9.1
6							8.0	12.7	11.7	10.5
7								14.8	13.6	12.6
8									9.7	8.9
9										8.8
10										

解   在 MATLAB 主程序窗口输入：
```
>>a=[0 12.8 10.5   8.5 12.7 13.9 14.8 13.2 12.7  8.9
     0  0    9.6   7.7 13.1 11.2 15.7 12.4 13.6 10.5
     0  0    0    13.8 12.6  8.6  8.5 10.5 15.8 13.4
     0  0    0     0   11.4  7.5  9.6  9.3  9.8 14.6
     0  0    0     0    0    8.3  8.9  8.8  8.2  9.1
     0  0    0     0    0    0    8.0 12.7 11.7 10.5
     0  0    0     0    0    0    0   14.8 13.6 12.6
     0  0    0     0    0    0    0    0    9.7  8.9
     0  0    0     0    0    0    0    0    0    8.8
     0  0    0     0    0    0    0    0    0    0];
>>a=a+a';
>>[T,c]=tree_prim(a)

T=

    1.0000 4.0000 4.0000 6.0000 6.0000 5.0000 7.0000 5.0000  9.0000
    4.0000 6.0000 2.0000 7.0000 5.0000 9.0000 3.0000 8.0000 10.0000
    8.5000 7.5000 7.7000 8.0000 8.3000 8.2000 8.5000 8.8000  8.8000
c=

   74.3000
```
画出最小生成树如图 5.3.3 所示，最低总成本为 74.3 万元.

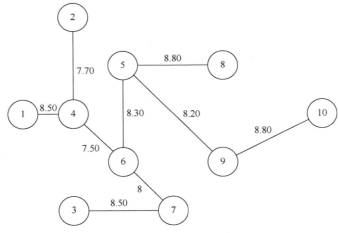

图 5.3.3   最小生成树

最小生成树的使用是非常广泛的，它具有计算复杂度低的优点.

5.3.3   最小生成树的优化模型

设 0-1 变量 x_{ij} 表示边 (i, j) 是否在树上. 模型如下：

$$\min z = \sum_{i=1}^{n}\sum_{j=1}^{n}c_{ij}x_{ij}$$

$$\text{s.t.}\begin{cases} \sum_{i=1}^{n}x_{ij}=1(j=2,3,\cdots,n;\ i\neq j)\quad(\text{除根外，每个点只有一条边进入}) \\ \sum_{j=2}^{n}x_{1j}\geq 1\quad(\text{根至少有一条边连接到其他点}) \\ u_1=0,1\leq u_i\leq n-1(i=2,3,\cdots,n) \quad\quad\quad ① \\ u_j\geq u_k+x_{kj}-(n-2)(1-x_{kj})+(n-3)x_{jk}(k=1,2,\cdots,n;\ j=2,3,\cdots,n;\ j\neq k)\quad ② \end{cases}$$

约束①，②可反映，若有线路从 j 到 k，则 $u_k=u_j+1$；若 $x_{24}=1$，则 $x_{42}=0$；若 $x_{42}=1$，则 $x_{24}=0$ 或 $x_{24}=x_{42}=0$，不会有 $x_{24}=x_{42}=1$. 这样就保证了各边不会构成圈，也不会在一条边上来回走.

例 5.3.3 （最优连线问题）我国西部的 SV 地区共有 1 个城市（标记为 1）和 9 个乡镇（标记为 2～10），该地区不久将用上天然气，其中城市 1 含有井源. 现要设计一供气系统，使得从城市 1 到每个乡镇（2～10）都有一条管道相连，并且铺设的管子的量要尽可能少. 图 5.3.4 为地理位置图，表 5.3.2 给出了城镇之间的距离.

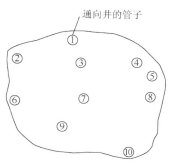

图 5.3.4 地理位置图

表 5.3.2 城镇之间的距离

距离/km 城镇 / 城镇	2	3	4	5	6	7	8	9	10
1	8	5	9	12	14	12	16	17	22
2		9	15	17	8	11	18	14	22
3			7	9	11	7	12	12	17
4				3	17	10	7	15	18
5					8	10	6	15	15
6						9	14	8	16
7							8	6	11
8								11	11
9									10

编写 Lingo 程序如下：

```
model:
sets:
  cities/1..10/:level;    !十个城市;
  link(cities,cities):
    distance,             !城市间距离;
```

```
    x;                           !表示城市 i 和城市 j 是否相连;
endsets
data:
  distance=  0   8   5   9  12  14  12  16  17  22
             8   0   9  15  16   8  11  18  14  22
             5   9   0   7   9  11   7  12  12  17
             9  15   7   0   3  17  10   7  15  15
            12  16   9   3   0   8  10   6  15  15
            14   8  11  17   8   0   9  14   8  16
            12  11   7  10  10   9   0   8   6  11
            16  18  12   7   6  14   8   0  11  11
            17  14  12  15  15   8   6  11   0  10
            22  22  17  15  15  16  11  11  10   0;
enddata
n=@size(cities);                !城市个数;
!目标函数求最小生成树;
min=@sum(link(i,j)|i #ne# j:distance(i,j)*x(i,j));
!第一个城市的度数大于等于 1;
@sum(cities(i)|i #gt# 1:x(1,i))>=1;
!除去第一个外的其他城市;
@for(cities(i)| i #gt# 1:
!每个城市只有一条边进入;
  @sum(cities(j)| j #ne# i:x(j,i))=1;
  @for(cities(j)| j #gt# 1 #and# j #ne# i:
    level(j)>=level(i)+x(i,j)
            -(n-2)*(1-x(i,j))+(n-3)*x(j,i);
  );
!避免圈的形成;
  @bnd(1,level(i),999999);
  level(i)<=n-1-(n-2)*x(1,i);
);
!规定 0-1 变量;
@for(link:@bin(x));
End
```

运行结果如下:

```
Global optimal solution found at iteration:  34
Objective value:                        60.00000
         Variable          Value        Reduced Cost
          X(1,2)         1.000000         8.000000
          X(1,3)         1.000000         5.000000
          X(3,4)         1.000000         7.000000
          X(3,7)         1.000000         7.000000
          X(4,5)         1.000000         3.000000
```

X(5,8)	1.000000	6.000000
X(7,9)	1.000000	6.000000
X(9,6)	1.000000	8.000000
X(9,10)	1.000000	10.00000

管道连接如图 5.3.5 所示.

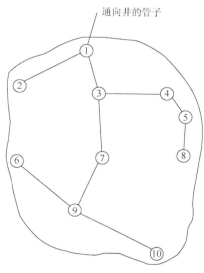

图 5.3.5　管道连接图

5.3.4　总结与体会

最小生成树问题是一类典型的图论问题, 本身不难, 关键是正确、快速地构建权矩阵, 但在实际建模分析中, 注意不要与下面的旅行商问题混淆.

5.4　旅行商问题

一名推销员准备前往若干城市推销产品, 最后回到出发地. 如何为他设计一条最短的旅行路线 (从驻地出发, 经过每个城市恰好一次, 最后返回驻地) ? 这个问题称为旅行商问题 (TSP). 用图论的术语说, 就是在一个赋权完全图中, 找出一个有最小权的哈密顿圈 (包含图 G 的所有顶点的路). TSP 问题是图论中最著名的问题之一, 在算法理论中具有很强的代表性. 不少经典的数学建模竞赛赛题, 其本质都是旅行商问题.

5.4.1　贪婪算法 (近似算法)

TSP 问题是一个典型的组合优化问题, 它显然是 NP 问题. 因为如果任意给出一个行程安排, 可以很容易算出旅行总路程; 但是, 要想知道一条总路程最小的行程是否存在, 在最坏情况下, 必须检查所有可能的旅行安排. 随着 n 的加大, 可能的路径数目与城市数

目 n 是成指数型增长的，这将是个天文数字.

若只有 3 个城市 A，B，C，互相之间都有道路相连，而且起始城市是任意的，则有 6 种访问每个城市的次序，分别为 ABC，ACB，BAC，BCA，CAB，CBA.

若有 4 个城市，则有 24 种次序，可以用阶乘来表示：

$$4! = 4 \times 3! = 4 \times 3 \times 2 \times 1 = 24$$

若有 5 个城市，则有 $5! = 5 \times 4! = 120$ 种次序.

如此下去，即使用计算机来计算，这种急剧增长的可能性的数目也远远超过计算资源的处理能力.

库克（Cook）评论说："如果有 100 个城市，需要求出 100! 条路线的费用，没有哪台计算机能够胜任这一任务. 打个比方，让太阳系中所有的电子以它旋转的频率来计算，就算太阳烧尽了也算不完."

1998 年，科学家们成功地解决了美国 13 509 个城市之间的 TSP 问题，2001 年又解决了德国 15 112 个城市之间的 TSP 问题. 但这一工程代价也是巨大的，共使用了美国莱斯大学和普林斯顿大学之间网络互联的、由速度为 500 MHz 的 Compaq EV6 Alpha 处理器组成的 110 台计算机，所有计算机花费的时间之和为 22.6 年.

下面考虑用贪婪算法来处理这个问题.

图 G 是哈密顿圈的充要条件是：G 包含所有顶点的连通子图且每个顶点度数为 2. 从而，贪婪算法的思想是：像 Kruskal 算法求最小生成树一样，从零图开始，从最小权边加边，顶点度数大于 3 以及形成小回路的边去掉.

例 5.4.1 有 6 个城市，其坐标分别为 $a(0,0)$，$b(4,3)$，$c(1,7)$，$d(15,7)$，$e(15,4)$，$f(18,0)$. 假设一个推销员想从城市 a 出发，问是否存在一个行程安排，使得他能不重复地遍历所有城市后回到这个城市，而且所走路程最少？

解 计算两点之间的距离，容易得到 6 个城市间的距离矩阵为

$$D = \begin{pmatrix} \infty & 5 & 7.07 & 16.55 & 15.52 & 18 \\ 5 & \infty & 5 & 11.7 & 11.01 & 14.32 \\ 7.07 & 5 & \infty & 14 & 14.32 & 18.38 \\ 16.55 & 11.7 & 14 & \infty & 3 & 7.62 \\ 15.52 & 11.01 & 14.32 & 3 & \infty & 5 \\ 18 & 14.32 & 18.38 & 7.62 & 5 & \infty \end{pmatrix}$$

用贪婪算法，先将任意两个城市间的连线距离按从小到大的次序排列，然后从中逐个选择. 但有两种情况的连线应舍弃：

（1）使任一城市的度数（连线数）超过 2 的连线必须舍弃；

（2）在得到经过所有点的回路前就形成小回路的连线必须舍弃.

距离按从小到大的次序排列如下：

de(3)，　　ab(5)，　　　bc(5)，　　ef(5)，　　　ae(7.07)，　　df(7.62)，　　be(11.01)，　　bd(11.7)，ed(14)，　bf(14.32)，　ce(14.32)，　ae(15.52)，　ad(16.55)，　af(18.38)，　ef(18.38)

按贪婪算法原则，其选择过程如下：

```
de;
```

```
de+ab;
de+ab+bc;
de+ab+bc+ef;
de+ab+bc+ef+[ae];        (形成小回路,舍弃)
de+ab+bc+ef+[df];        (形成小回路,舍弃)
de+ab+bc+ef+[be];        (b 顶点度数超过 2,舍弃)
de+ab+bc+ef+[bd];        (b 顶点度数超过 2,舍弃)
de+ab+bc+ef+cd;
de+ab+bc+ef+cd+[bf];     (b 顶点度数超过 2,舍弃)
de+ab+bc+ef+cd+[ce];     (c,e 顶点度数超过 2,舍弃)
de+ab+bc+ef+cd+[ae];     (e 顶点度数超过 2,舍弃)
de+ab+bc+ef+cd+[ae];     (e 顶点度数超过 2,舍弃)
de+ab+bc+ef+cd+[ad];     (d 顶点度数超过 2,舍弃)
de+ab+bc+ef+cd+af;       (得到 1 条回路)
```

最后得到的回路如图 5.4.1（a）所示，总长度为 50.

不过，这不是此问题的最优解，此问题的最优解为图 5.4.1（b）所示的路径（可以用分支定界等方法求得），总长度为 48.39. 用贪婪方法得到的结果同最优解相比只多了 3.3%.

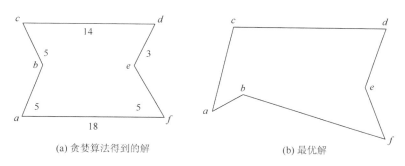

       (a) 贪婪算法得到的解   (b) 最优解

图 5.4.1　解回路

5.4.2　改良圈算法（近似算法）

另一个可行的办法是，首先求一个哈密顿圈 C，然后适当修改 C 以得到具有较小权的另一个哈密顿圈. 修改的方法称为改良圈算法.

设初始圈 $C = v_1 v_2 \cdots v_n v_1$.

（1）对于 $1 < i+1 < j < n$，任取 4 点构造新的哈密顿圈：

$$C_{ij} = v_1 v_2 \cdots v_i v_j v_{j-1} v_{j-2} \cdots v_{i+1} v_{j+1} v_{j+2} \cdots v_n v_1$$

它是由 C 中删除边 $v_i v_{i+1}$ 和 $v_j v_{j+1}$，添加边 $v_i v_j$ 和 $v_{i+1} v_{j+1}$ 而得到的. 若 $w(v_i v_j) + w(v_{i+1} v_{j+1}) < w(v_i v_{i+1}) + w(v_j v_{j+1})$，如图 5.4.2 所示，则以 C_{ij} 代替 C，C_{ij} 称为 C 的改良圈.

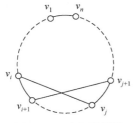

图 5.4.2　改良圈算法

（2）转步骤（1），直至无法改进，停止.

用改良圈算法得到的结果几乎可以肯定不是最优的. 为了得到更高的精确度，可以选择不同的初始圈，重复进行几次算法，以求得较精确的结果.

这个算法的优劣程度有时能用 Kruskal 算法加以说明. 假设 C 是 G 中的最优圈，则对于任何顶点 v，$C-v$ 是在 $G-v$ 中的哈密顿路，因而也是 $G-v$ 的生成树. 由此推知，若 T 是 $G-v$ 中的最优树，同时 e 和 f 是与 v 关联的两条边，并使得 $w(e)+w(f)$ 尽可能小，则 $w(T)+w(e)+w(f)$ 将是 $w(C)$ 的一个下界.

这里介绍的方法已被进一步发展. 圈的修改过程一次替换三条边比一次仅替换两条边更为有效；然而，有点奇怪的是，进一步推广这一想法，就不利了.

例 5.4.2　北京（Pe）乘飞机到东京（T）、纽约（N）、墨西哥城（M）、伦敦（L）、巴黎（Pa）5 个城市旅游，每个城市恰去一次再回北京，应如何安排旅游线路，使旅程最短？各城市之间的航线距离见表 5.4.1.

表 5.4.1　各城市之间航线距离

距离/100 km 城市	L	M	N	Pa	Pe	T
L		56	35	21	51	60
M	56		21	57	78	70
N	35	21		36	68	68
Pa	21	57	36		51	61
Pe	51	78	68	51		13
T	60	70	68	61	13	

解　运行如下 MATLAB 脚本文件：

```
clc,clear
a(1,2)=56;a(1,3)=35;a(1,4)=21;a(1,5)=51;a(1,6)=60;
a(2,3)=21;a(2,4)=57;a(2,5)=78;a(2,6)=70;
a(3,4)=36;a(3,5)=68;a(3,6)=68;
a(4,5)=51;a(4,6)=61;
a(5,6)=13;
a(6,:)=0;
a=a+a';
c1=[5 1:4 6];          %初始圈
L=length(c1);
flag=1;
while flag>0
        flag=0;
```

```
    for m=1:L-3
        for n=m+2:L-1
            if a(c1(m),c1(n))+a(c1(m+1),c1(n+1))<a(c1(m),c1(m+1))+a(c1(n),c1(n+1))
                flag=1;
                c1(m+1:n)=c1(n:-1:m+1);
            end
        end
    end
end
sum1=0;
for i=1:L-1
    sum1=sum1+a(c1(i),c1(i+1));
end
circle=c1;
sum=sum1;
c1=[5 6 1:4];          %改变初始圈,该算法的最后一个顶点不动
flag=1;
while flag>0
        flag=0;
    for m=1:L-3
        for n=m+2:L-1
            if a(c1(m),c1(n))+a(c1(m+1),c1(n+1))<...
                    a(c1(m),c1(m+1))+a(c1(n),c1(n+1))
                flag=1;
                c1(m+1:n)=c1(n:-1:m+1);
            end
        end
    end
end
sum1=0;
for i=1:L-1
    sum1=sum1+a(c1(i),c1(i+1));
end
if sum1<sum
    sum=sum1;
    circle=c1;
end
circle,sum=sum+a(c1(1).c1(n))
```

运行结果如下:

```
>>circle=

    5    6    2    3    1    4
```

```
sum=

    211
```

5.4.3　旅行商问题的优化模型

先将一般加权连通图转化成一个等价的加权完全图. 设在圈中当从 v_i 到 v_j 时, $x_{ij}=1$; 否则, $x_{ij}=0$. 则得如下模型:

$$\min \sum_{i=1}^{n}\sum_{j=1}^{n} w_{ij}x_{ij}$$

$$\text{s.t.}\begin{cases} \sum_{j=1}^{n} x_{ij}=1(i=1,2,\cdots,n) \\ \sum_{i=1}^{n} x_{ij}=1(j=1,2,\cdots,n;\ k=2,3,\cdots,n-1) \\ x_{i_1 i_2}+x_{i_2 i_3}+\cdots+x_{i_k i_1} \leqslant k-1(i_1,i_2,\cdots,i_k=1,2,\cdots,n;\ k=2,3,\cdots,n-1) \\ x_{ij}=0 \text{ 或 } 1(i,j=1,2,\cdots,n;\ i\neq j) \end{cases}$$

第三个约束是不含子巡回的约束, 不方便编写程序, 也可以用如下条件表示:
$$u_i-u_j+nx_{ij} \leqslant n-1 \quad (i=1,2,\cdots,n;\ j=2,3,\cdots,n;\ i\neq j;\ u_i,u_j \geqslant 0)$$

此约束简单说明如下: 若含有子巡回 2-3-4-2, 则会有
$$u_2-u_3+n \leqslant n-1$$
$$u_3-u_4+n \leqslant n-1$$
$$u_4-u_2+n \leqslant n-1$$

三式相加得 $n \leqslant n-1$, 这不可能, 故假设不成立. 对于 n 个点的整体巡回, 因为 $j \geqslant 2$, 不包含起点城市 1, 故不会产生矛盾.

编写 Lingo 程序求解例 5.4.2:

```
MODEL:
sets:
 cities/PE,T,N,M,L,PA/:u;
 link(cities,cities):w,x;        !W 距离矩阵;
endsets
data:
 w=
        0        56        35        21        51        60
       56         0        21        57        78        70
       35        21         0        36        68        68
       21        57        36         0        51        61
       51        78        68        51         0        13
       60        70        68        61        13         0
 ;
```

```
enddata
n=@size(cities);                      !城市个数;
!目标函数距离最短;
min=@sum(link(i,j):w(i,j)*x(i,j));
@for(cities(i):                       !每个城市都可以到达和出去;
@sum(cities(j):x(i,j))=1;
@sum(cities(j):x(j,i))=1;
@for(cities(i):@for(cities(j)|j#gt#1:u(i)-u(j)+n*x(i,j)<n-1));
!避免小圈产生;
@for(link:@bin(x));                   !设定 0-1 变量;
```

运行结果如下:

```
Global optimal solution found.
Objective value:                        211.0000
Objective bound:                        211.0000
Infeasibilities:                        0.000000
Extended solver steps:                         0
Total solver iterations:                     359


            Variable          Value        Reduced Cost
            X(PE,M)        1.000000          21.00000
            X(T,N)         1.000000          21.00000
            X(N,PE)        1.000000          35.00000
            X(M,L)         1.000000          51.00000
            X(L,PA)        1.000000          13.00000
            X(PA,T)        1.000000          70.00000
```

结果与前面计算得到的路径不同, 但都是最优解.

5.4.4 总结与体会

TSP 问题通常可以看成是图论问题的代表性问题, 也是数模竞赛中的"常客". 需要说明的是, TSP 的解法非常多, 前面学习的很多方法如分支定界法、动态规划以及多种近似智能算法等, 都可以用来进行 TSP 问题的求解, 感兴趣的读者可以自行了解.

5.5 着色问题

着色问题是图论中一个非常有意思和实用的问题, 通常与决策规划紧密联系. 它来源于四色问题, 是将四色问题一般化, 更加关注相容或不相容关系的研究和优化.

已知图 $G = (V, E)$, 对图 G 的所有顶点进行着色时, 要求相邻的两个顶点的颜色不一样, 问至少需要几种颜色? 这就是顶点着色问题.

当对图 G 的所有边进行着色时，要求相邻的两条边的颜色不一样，问至少需要几种颜色？这就是边着色问题.

边着色问题可以转化为顶点着色问题.

这些问题的提出是有实际背景的，例如物资储存问题：一家公司制造 n 种化学制品 $A_1, A_2, \cdots, A_n$，其中有些化学制品放在一起可能产生危险，如引发爆炸或产生毒气等，称这样的化学制品是不相容的. 为安全起见，在储存这些化学制品时，不相容的化学制品不能放在同一储存室内. 问至少需要多少个储存室才能存放这些化学制品？

今作图 G，用顶点 $v_1, v_2, \cdots, v_n$ 分别表示 n 种化学制品，顶点 v_i 与 v_j 相邻，当且仅当化学制品 A_i 与 A_j 不相容.

于是储存问题就化为对图 G 的顶点着色问题，对图 G 的顶点最少着色数目便是最少需要的储存室数.

又如时间表问题：现有 m 个工作人员 $x_1, x_2, \cdots, x_m$，操作 n 种设备 $y_1, y_2, \cdots, y_n$. 设工作人员 x_i 必须使用设备 y_j 的时间为 a_{ij}，假定使用的时间均以单位时间计算，矩阵 $A = (a_{ij})_{m \times n}$ 称为工作要求矩阵. 假定每一个工作人员在同一单位时间只能使用一种设备，某一种设备在同一单位时间里也只能被一个工作人员所使用. 问应如何合理安排，使得在尽可能短的时间里满足所有工作人员的要求？这就是要求在工作人员与设备之间找到一个对应，在同一时间内，工作人员 x_i 使用设备 y_j 对应一条从 x_i 到 y_j 的边，问题变为对所得的图 G 的边着色问题，有相同的颜色的边可以安排在同一时间里.

这些都可以转化为着色模型.

对图 $G = (V, E)$ 的顶点进行着色所需最少的颜色数目用 $\chi(G)$ 表示，称为图 G 的色数.

定理 5.5.1 若图 $G = (V, E)$，$d = \max\{d(v) \mid v \in V\}$，则 $\chi(G) \leqslant d + 1$.

这个定理给出了色数的上界. 着色算法目前还没有找到最优算法，下面来看看着色的近似算法.

5.5.1 最大度数优先的 Welsh-Powell 算法（近似算法）

这个算法是一个贪心算法，算法给出了一个较好的着色方法，但不是最有效的方法，即所用的颜色数不一定是最少的，但在许多问题上，它还是有效的.

最大度数优先的 Welsh-Powell 算法的思想是：按度数给顶点从大到小排序，每个顶点给定一个可选的颜色集合，按顺序让顶点在对应颜色集合选择颜色（选第一个颜色），选定后，就将后续相邻顶点的颜色集合中的这种颜色去掉，然后换下一个顶点选择颜色.

算法步骤如下：设 $G = (V, E)$，$V = \{v_1, v_2, \cdots, v_n\}$，且不妨假设 $d(v_1) \geqslant d(v_2) \geqslant \cdots \geqslant d(v_n)$，$c_1, c_2, \cdots, c_n$ 为 n 种不同的颜色.

（1）令有序集 $C_i = \{c_1, c_2, \cdots, c_n\}(i = 1, 2, \cdots, n)$. $j = 1$，转向步骤（2）.

（2）给 v_j 着 C_j 的第一个颜色 C_{j1}. 当 $j = n$ 时，停止；否则，转向步骤（3）.

（3）$\forall k > j$，若 v_k 和 v_j 相邻，则令 $C_k = C_k \setminus \{C_{j1}\}$. $j = j + 1$，转向步骤（2）.

Welsh-Powell 着色算法的 MATLAB 函数文件 welsh.m 如下:

```
function l=welsh(a)
n=length(a);temp=[];
for(i=1:n)temp=a(i,:);d(i)=sum(temp);temp=[];q(i)=i;c(i)=i;end
for h=1:n-1
    for j=1:n-h
        if d(j)<d(j+1)
            t1=d(j);d(j)=d(j+1);d(j+1)=t1;
            t2=q(j);q(j)=q(j+1);q(j+1)=t2;
        end
    end
end
%q 记录顶点标号,c 为颜色集
b=[];l=[];                        %初始化着色矩阵
for i=1:n b(i,:)=c;end
for j=1:n                         %对第 j 个顶点
    t=min(b(j,:));l(q(j))=t;      %求行最小值
    for k=j+1:n
        if(a(q(j),q(k))==1)b(k,t)=inf;end
    end
end
```

例 5.5.1　将图 5.5.1 中顶点进行着色,相邻的顶点不能着相同的颜色,找到着色最少所需颜色数.

解　在 MATLAB 命令窗口输入:

```
>>a=[0 1 1 1 0 1 1
     1 0 1 0 1 1 0
     1 1 0 1 1 0 0
     1 0 1 0 1 0 1
     0 1 1 1 0 0 0
     1 1 0 0 0 0 0
     1 0 0 1 0 0 0];
>>l=welsh(a)

l=

     1    2    3    2    1    3    3
```

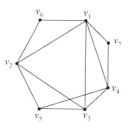

图 5.5.1　着色问题

所以给顶点 $v_1, v_2, \cdots, v_7$ 分别着第 1 种、第 2 种、第 3 种、第 2 种、第 1 种、第 3 种、第 3 种颜色.

5.5.2　着色问题的优化模型

引入 0-1 变量 x_{ik},当 v_i 着第 k 种颜色时,$x_{ik}=1$;否则,$x_{ik}=0$. 设颜色种数为 x,Δ

为顶点的最大度数，建立如下模型：

$$\min x$$

$$\text{s.t.}\begin{cases} \sum_{k=1}^{\Delta+1} x_{ik} = 1 (i=1,2,\cdots,n) \\ x_{ik} + x_{jk} \leqslant 1 (v_i v_j \in E) \\ x \geqslant \sum_{k=1}^{\Delta+1} k x_{ik} (i=1,2,\cdots,n) \\ x_{ik} = 0 \ \text{或} \ 1(i=1,2,\cdots,n; \ k=1,2,\cdots,\Delta+1) \\ x \geqslant 0 \end{cases}$$

对例 5.5.1 的着色问题编写 Lingo 程序如下：

```
model:                              !点着色;
 sets:
    p/1..7/;                        !点集;
    edge(p,p):a,x;                  !x(i,j)表示第 i 个点是否着第 j 种颜色;
    ENDSETS
DATA:
    a=0 1 1 1 0 1 1
      1 0 1 0 1 1 0
      1 1 0 1 1 0 0
      1 0 1 0 1 0 1
      0 1 1 1 0 0 0
      1 1 0 0 0 0 0
      1 0 0 1 0 0 0;                !邻接矩阵;
ENDDATA
MIN=xx;
@for(p(i):@sum(p(k):x(i,k))=1);     !每个点只能着一种颜色;
@for(edge(i,j)|a(i,j)#eq#1#and#j#gt#i:@for(P(k):x(i,k)+x(j,k)<1));
!相邻顶点着不同的颜色;
@for(p(i):xx>@sum(p(k):k*x(i,k)));   !颜色数大于等于着颜色的序号;
@for(edge:@bin(x));                  !限制 X 是 0-1 变量;
End
```

运行结果如下：

```
Global optimal solution found.
Objective value:                              3.000000
Objective bound:                              3.000000
Infeasibilities:                              0.000000
Extended solver steps:                        0
Total solver iterations:                      111

            Variable            Value          Reduced Cost
               X(1,2)         1.000000              0.000000
```

X(2,1)	1.000000	0.000000
X(3,3)	1.000000	3.000000
X(4,1)	1.000000	0.000000
X(5,2)	1.000000	0.000000
X(6,3)	1.000000	0.000000
X(7,3)	1.000000	0.000000

结果分析如下：至少需要 3 种颜色进行着色.

5.5.3 总结与体会

着色问题也是现实生活中常见的一类问题, 在使用时应当注意根据计算规模的大小选择合适的算法, 在求解小规模问题时适宜采用线性规划模型进行全局最优解的求解, 而在求解大规模问题时应当采用 Welsh-Powell 算法进行求解, 以保证算法的可行性.

5.6 网络流问题

现实生活中, 人们经常见到一些网络, 如铁路网、公路网、通信网、运输网等. 这些网络图是一种特殊的有向图, 它们有一个共同的特点, 就是在网络中都有物资、人或信息等某种量从一个地方流向另一个地方. 如何安排这些量的流动以便取得最大效益是一个很有意义的实际问题. 本节先简单介绍网络及网络流的概念, 然后举例说明网络及网络流在数学建模中的应用.

5.6.1 最大流与 Ford-Fulkerson 标号算法

定义 5.6.1 设 $G = (V, E)$ 为有向图, 在 V 中指定一点称为发点（记为 v_s）, 和另一点称为收点（记为 v_t）, 其余点称为中间点. 对每一条边 $v_iv_j \in E$, 对应一个非负实数 C_{ij}, 称为它的容量. 这样的 G 称为容量网络, 简称网络, 记为 $G = (V, E, C)$.

定义 5.6.2 网络 $G = (V, E, C)$ 中任意一条边 v_iv_j 有流量 f_{ij}, 称集合 $f = \{f_{ij}\}$ 为网络 G 上的一个流.

满足下述条件的流 f 称为可行流：

（1）（限制条件）对每一边 v_iv_j 有 $0 \leqslant f_{ij} \leqslant C_{ij}$;

（2）（平衡条件）对于中间点 v_k 有 $\sum_i f_{ik} = \sum_j f_{kj}$.

即中间点 v_k 的输入量等于输出量.

若 f 为可行流, 则对收点 v_t 和发点 v_s 有 $\sum_i f_{si} = \sum_j f_{jt} = W_f$.

即从点 v_s 发出的物质总量等于点 v_t 输入的量. W_f 称为网络流 f 的总流量.

上述概念可以这样来理解, 若 G 是一个运输网络, 则发点 v_s 表示发送站, 收点 v_t 表示接收站, 中间点 v_k 表示中间转运站, 可行流 f_{ij} 表示某条运输线上通过的运输量, 容量 C_{ij} 表示某条运输线能承担的最大运输量, W_f 表示运输总量.

可行流总是存在的，例如，所有边的流量 $f_{ij} = 0$ 就是一个可行流（称为零流）.

所谓最大流问题就是在容量网络中，寻找流量最大的可行流.

实际问题中，一个网络会出现下面两种情况：

（1）发点和收点都不止一个.

解决的方法是：再虚设一个发点 v_s 和一个收点 v_t，发点 v_s 到所有原发点边的容量都设为无穷大，所有原收点到收点 v_t 边的容量都设为无穷大.

（2）网络中除了边有容量外，点也有容量.

解决的方法是：将所有有容量的点分成两个点，例如，点 v 有容量 C_v，将点 v 分成两个点 v' 和 v''，令 $C(v'v'') = C_v$.

最大流的 Ford-Fulkerson 标号算法的思想是：寻找从发点到收点满足一定条件的链（可增广链）来逐渐增大流量，直到找不到这样的链时就是最大流. 没有找到最大流一般有两个原因：一是某些边上的流量不足，需要增加边上的流量；二是某些边上的流量过多，需要降低边上的流量（返回流量）. 总而言之，需要调整. 如果规定从发点到收点的方向是正方向，那么我们找的链上可以有正方向的边，也可以有反方向的边，而链上正方向的边应该可以增加流量（非饱和边），反方向的边应该可以返回流量（非零流边）. 这样，整个链上调整的流量都是从发点去向收点方向的，因此，收点可以收到更多的流量，从而增大网络流.

最大流的 Ford-Fulkerson 标号算法的步骤如下：

（1）给发点 v_s 以标号 $(+, +\infty)$，$d_s = +\infty$.

（2）选择一个已标号的点 x，对于 x 的所有未给标号的邻接点 y，按下列规则处理：

当 $yx \in E$ 且 $f_{yx} > 0$ 时，令 $\delta_y = \min\{f_{yx}, \delta_x\}$，并给 y 以标号 $(x-, \delta_y)$.

当 $xy \in E$ 且 $f_{xy} < C_{xy}$ 时，令 $\delta_y = \min\{C_{xy} - f_{xy}, \delta_x\}$，并给 y 以标号 $(x+, \delta_y)$.

（3）重复步骤（2）直到收点 v_t 被标号或不再有点可标号时为止. 若 v_t 得到标号，说明存在一条可增广链，转*调整过程；若 v_t 未得到标号，标号过程已无法进行，说明 f 已经是最大流.

*调整过程：

（4）决定调整量 $\delta = \delta_{vt}$，令 $u = v_t$.

（5）若点 u 标号为 $(v+, \delta_u)$，则以 $f_{vu} + \delta$ 代替 f_{vu}；若点 u 标号为 $(v-, \delta_u)$，则以 $f_{vu} - \delta$ 代替 f_{vu}.

（6）若 $v = v_s$，则去掉所有标号转步骤（1）重新标号；否则令 $u = v$，转步骤（5）.

算法终止后，令已有标号的点集为 S，则割集 (S, S^c) 为最小割，从而 $W_f = C(S, S^c)$.

最大流的 Ford-Fulkerson 标号算法的 MATLAB 函数文件 ford.m 如下：

```
function[f,wf,No]=ford(C)
n=length(C);
for(i=1:n)for(j=1:n)f(i,j)=0;end;end      %取初始可行流 f 为零流
for(i=1:n)No(i)=0;d(i)=0;end              %No,d 记录标号
while(1)
No(1)=n+1;d(1)=Inf;                       %给发点 vs 标号
```

```
while(1)pd=1;                              %标号过程
for(i=1:n)if(No(i))                        %选择一个已标号的点 vi
for(j=1:n)if(No(j)==0&f(i,j)<C(i,j))       %对于未给标号的点vj,当vivj为非饱和弧时
No(j)=i;d(j)=C(i,j)-f(i,j);pd=0;
if(d(j)>d(i))d(j)=d(i);end
elseif(No(j)==0&f(j,i)>0)                  %对于未给标号的点vj,当vjvi为非零流弧时
    No(j)=-i;d(j)=f(j,i);pd=0;
    if(d(j)>d(i))d(j)=d(i);end;end;end;end;end
if(No(n)|pd)break;end;end                  %若收点 vt 得到标号或无法标号,终止标
                                             号过程
if(pd)break;end                            %vt 未得到标号,f 已是最大流,算法终止
dvt=d(n);t=n;                              %进入调整过程,dvt 表示调整量
while(1)
    if(No(t)>0)f(No(t),t)=f(No(t),t)+dvt;       %前向弧调整
    elseif(No(t)<0)f(No(t),t)=f(No(t),t)-dvt;end %后向弧调整
    if(No(t)==1)for(i=1:n)No(i)=0;d(i)=0;end;break;end %当 t 的标号为 vs
                                                        时,终止调整过程
    t=No(t);end;end;                       %继续调整前一段弧上的流 f
wf=0;for(j=1:n)wf=wf+f(1,j);end            %计算最大流量
f;                                         %显示最大流
wf;                                        %显示最大流量
No;                                        %显示标号,由此可得最小割,程序结束
```

例 5.6.1 求图 5.6.1 所示网络的最大流.

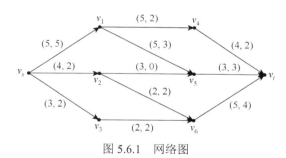

图 5.6.1 网络图

解 在 MATLAB 程序窗口输入:

```
C=[0 2 2 0 1 0
   0 0 0 2 0 0
   0 0 0 1 0 0
   0 0 0 0 1 1
   0 0 0 1 0 3
   0 0 0 0 0 0];
[f,wf]=ford(C)

    f=
         0    5    4    2    0    0    0    0
```

$$
\begin{array}{cccccccc}
0 & 0 & 0 & 0 & 4 & 1 & 0 & 0 \\
0 & 0 & 0 & 0 & 0 & 2 & 2 & 0 \\
0 & 0 & 0 & 0 & 0 & 0 & 2 & 0 \\
0 & 0 & 0 & 0 & 0 & 0 & 0 & 4 \\
0 & 0 & 0 & 0 & 0 & 0 & 0 & 3 \\
0 & 0 & 0 & 0 & 0 & 0 & 0 & 4 \\
0 & 0 & 0 & 0 & 0 & 0 & 0 & 0
\end{array}
$$

```
wf=
```

```
    11
```

所以本题的最大流为 11. f 为最大流时各边上的流量情况.

例 5.6.2　某河流中有四个岛屿，从两岸至各岛屿及各岛屿之间的桥梁编号如图 5.6.2 所示. 在一次敌对的军事行动中，问至少应炸断几座及哪几座桥梁，才能完全切断两岸的交通联系？

解　将两岸及岛屿用点表示，相互间有桥梁联系的用线表示，构造有向图如图 5.6.3 所示.

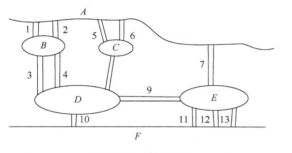

图 5.6.2　桥梁问题

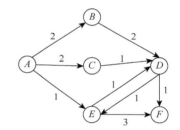

图 5.6.3　有向图

图 5.6.3 中连线方向根据从 A 出发通向 F 的方向而定, 因为如果 $A \to F$ 方向不通的话, 那么 $F \to A$ 方向也不通. 其中, D, E 之间可能 $D \to E$, 也可能 $E \to D$, 故画相对方向的两条线. 各弧旁数字为两点间的桥梁数, 相当于容量. 要求切断 $A \to F$ 间交通联系的最少桥梁数, 就相当于求图中网络的最小割.

在 MATLAB 程序窗口输入:

```
>>C=[0 2 2 0 1 0
     0 0 0 2 0 0
     0 0 0 1 0 0
     0 0 0 0 1 1
     0 0 0 1 0 3
     0 0 0 0 0 0];
[f,wf,No]=ford(C)
```

```
>>f=

       0     2     0     0     1     0
       0     0     0     2     0     0
       0     0     0     0     0     0
       0     0     0     0     1     1
       0     0     0     0     0     2
       0     0     0     0     0     0

wf=

       3
No=
       7    -4     1     3     0     0
```

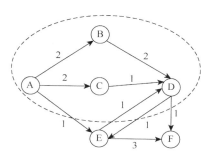

图 5.6.4　两岸及岛屿交通联系有向图

"Wf=3"意味着需要炸 3 座桥，从 No 的值来看，得到标号的是 A，B，C，D 四个顶点，此时的割集就是从集合 $\{A, B, C, D\}$ 指向集合 $\{E, F\}$ 的有向边集，由图 5.6.4 得该网络的最小割为 $\{(D, F), (D, E), (A, E)\}$，即至少应炸断编号为 7，9，10 的三座桥梁，才能完全切断两岸的交通联系.

5.6.2　最小费用流与迭加算法

这里进一步探讨，不仅要使网上的流达到最大或要求的预定值，而且还要使运输流的费用最小，这就是最小费用流问题.

最小费用流问题的一般提法如下：

已知网络 $G = (V, E, C)$，每条边 $v_i v_j \in E$，除了已给容量 C_{ij} 外，还给出了单位流量的费用 $b_{ij} (\geqslant 0)$. 所谓最小费用流问题就是求一个总流量已知的可行流 $f = \{f_{ij}\}$，使得总费用 $b(f) = \sum\limits_{v_i v_j \in E} b_{ij} f_{ij}$ 最小.

特别地，当要求 f 为最大流时，此问题即为最小费用最大流问题.

迭加算法的基本思想是：对于给定流量的网络，给出其伴随网络. 伴随网络是这样构成的：原网络的饱和边因为不能增加流量，在伴随网络中去掉，原网络非饱和的边的权重改为可以增加的流量，有流量的边增加一条反向的平行边，反向边的流值为正向边的流量（即可以返回的流量），单位费用是正向边单位费用的相反数（当把费用退回时，费用也退回减掉）. 然后再伴随网络中找发点到收点的费用最短路，沿着最短路增加流量至要求的流量即可.

设网络 $G = (V, E, C)$，取初始可行流 f 为零流，求解最小费用流问题的迭代步骤如下.

（1）构造伴随网络 $G_f = (V, E_f, F), \forall v_i v_j \in E, E_f, F$ 的定义如下：

当 $f_{ij} = 0$ 时，$v_i v_j \in E_f$，$F(v_i v_j) = b_{ij}$；

当 $f_{ij} = C_{ij}$ 时，$v_j v_i \in E_f$，$F(v_j v_i) = -b_{ij}$；

当 $0 < f_{ij} < C_{ij}$ 时，$v_i v_j \in E_f$，$F(v_i v_j) = b_{ij}$，$v_j v_i \in E_f$，$F(v_j v_i) = -b_{ij}$.

转向步骤（2）.

（2）求出有向赋权图 $G_f = (V, E_f, F)$ 中发点 v_s 到收点 v_t 的最短路 μ，若最短路 μ 存在，转向步骤（3）；否则 f 是所求的最小费用最大流，停止.

（3）增流. 同求最大流的方法一样，重述如下：

令 $\delta_{ij} = \begin{cases} C_{ij} - f_{ij}, & v_i v_j \in \mu^+, \\ f_{ij}, & v_i v_j \in \mu^-, \end{cases}$ $\delta = \min\{\delta_{ij} \mid v_i v_j \in \mu\}$，重新定义流 $f = \{f_{ij}\}$ 为

$$f_{ij} = \begin{cases} f_{ij} + \delta, & v_i v_j \in \mu^+ \\ f_{ij} - \delta, & v_i v_j \in \mu^- \\ f_{ij} & 其他 \end{cases}$$

若 W_f 大于或等于预定的流量值，则适当减少 δ 值，使 W_f 等于预定的流量值，那么 f 是所求的最小费用流，停止；否则转向步骤（1）.

在迭加算法中，需要求费用最短路，我们利用 Ford 算法求解含有负权的有向赋权图 $G = (V, E, F)$ 中某一点到其他各点最短路，并在编程时嵌套在迭加算法的程序中.

Ford 算法求最短路的迭代步骤（动态规划）如下：

当 $v_i v_j \in E$ 时，记 $w_{ij} = F(v_i v_j)$；否则取 $w_{ii} = 0$，$w_{ij} = +\infty (i \neq j)$. v_1 到 v_i 的最短路长记为 $\pi(i)$，v_1 到 v_i 的最短路中 v_i 的前一个点记为 $\theta(i)$.

（1）赋初值 $\pi(1) = 0$，$\pi(i) = +\infty$，$\theta(i) = i (i = 2, 3, \cdots, n)$.

（2）更新 $\pi(i)$，$\theta(i)$. 对于 $i = 2, 3, \cdots, n$ 和 $j = 1, 2, \cdots, n$，若 $\pi(i) < \pi(j) + w_{ji}$，则令

$$\pi(i) = \pi(j), \qquad \theta(i) = j$$

（3）终止判断. 若所有 $\pi(i)$ 都无变化，停止；否则转向步骤（2）.

在算法的每一步中，$\pi(i)$ 都是从 v_1 到 v_i 的最短路长度的上界. 若不存在负长回路，则从 v_1 到 v_i 的最短路长度是 $\pi(i)$ 的下界，经过 $n-1$ 次迭代后，$\pi(i)$ 将保持不变. 若在第 n 次迭代后 $\pi(i)$ 仍在变化，说明存在负长回路.

迭加算法求最小费用最大流的 MATLAB 函数文件 cost.m 如下：

```
function[f,wf,zwf]=cost(C,b)
n=length(C);
wf=0;wf0=Inf;                          %wf 表示最大流量,wf0 表示预定的流量值
for(i=1:n)for(j=1:n)f(i,j)=0;end;end   %取初始可行流 f 为零流
while(1)
    for(i=1:n)for(j=1:n)if(j~=i)a(i,j)=Inf;end;end;end   %构造有向赋权图
    for(i=1:n)for(j=1:n)if(C(i,j)>0&f(i,j)==0)a(i,j)=b(i,j);
        elseif(C(i,j)>0&f(i,j)==C(i,j))a(j,i)=-b(i,j);
        elseif(C(i,j)>0)a(i,j)=b(i,j);a(j,i)=-b(i,j);end;end;end
```

```
for(i=2:n)p(i)=Inf;s(i)=i;end          %用 Ford 算法求最短路,赋初值
for(k=1:n)pd=1;                          %求有向赋权图中 vs 到 vt 的最短路
    for(i=2:n)for(j=1:n)if(p(i)>p(j)+a(j,i))p(i)=p(j)+a(j,i);s(i)=
    j;pd=0;end;end;end
    if(pd)break;end;end                  %求最短路的 Ford 算法结束
if(p(n)==Inf)break;end                   %不存在 vs 到 vt 的最短路,算法终止.注意在求最小
                                          费用最大流时构造有向赋权图中不会含负权回路,所
                                          以不会出现 k=n
dvt=Inf;t=n;                             %进入调整过程,dvt 表示调整量
while(1)                                 %计算调整量
    if(a(s(t),t)>0)dvtt=C(s(t),t)-f(s(t),t);    %前向弧调整量
    elseif(a(s(t),t)<0)dvtt=f(t,s(t));end        %后向弧调整量
    if(dvt>dvtt)dvt=dvtt;end
    if(s(t)==1)break;end                 %当 t 的标号为 vs 时,终止计算调整量
    t=s(t);end                           %继续调整前一段弧上的流 f
pd=0;if(wf+dvt>=wf0)dvt=wf0-wf;pd=1;end           %如果最大流量大于或
                                                  等于预定的流量值
t=n;while(1)                             %调整过程
    if(a(s(t),t)>0)f(s(t),t)=f(s(t),t)+dvt;       %前向弧调整
    elseif(a(s(t),t)<0)f(t,s(t))=f(t,s(t))-dvt;end   %后向弧调整
    if(s(t)==1)break;end                 %当 t 的标号为 vs 时,终止调整过程
    t=s(t);end
if(pd)break;end                          %如果最大流量达到预定的流量值
wf=0;for(j=1:n)wf=wf+f(1,j);end;end       %计算最大流量
zwf=0;for(i=1:n)for(j=1:n)zwf=zwf+b(i,j)*f(i,j);end;end    %计算最小费用
f                                        %显示最小费用最大流
wf                                       %显示最小费用最大流量
zwf                                      %显示最小费用,程序结束
```

例 5.6.3   在图 5.6.5 所示运输网络上,求 s 到 t 的最小费用最大流,括号内为 (C_{ij}, b_{ij}).

解   在 MATLAB 的程序窗口输入:

```
>>[w,wf,zwf]=cost(C,b)

w=

    0     6    16     0     0
    0     0     0     0    14
    0     8     0     8     0
    0     0     0     0     8
    0     0     0     0     0
wf=
   22
zwf=
  110
```

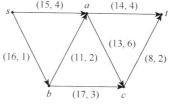

图 5.6.5   最小费用最大流问题

结果分析：最大流量为 22，最小费用为 110. f 矩阵为最小费用最大流.

5.6.3　网络流问题的优化模型

最大流问题的数学模型如下：
$$\max z(y) = v_f$$
$$\text{s.t.} \begin{cases} \displaystyle\sum_{\substack{j\in V \\ (i,j)\in A}} f_{ij} - \sum_{\substack{j\in V \\ (j,i)\in A}} f_{ji} = \begin{cases} v_f, & i=s \\ -v_f, & i=t \\ 0, & i\ne s,t \end{cases} \\ 0 \le f_{ij} \le c_{ij}, (i,j)\in A \end{cases}$$

最小费用流问题的数学模型如下：
$$\min z(y) = \sum_{(i,j)\in A} b_{ij} f_{ij}$$
$$\text{s.t.} \begin{cases} \displaystyle\sum_{\substack{j\in V \\ (i,j)\in A}} f_{ij} - \sum_{\substack{j\in V \\ (j,i)\in A}} f_{ji} = \begin{cases} v_f, & i=s \\ -v_f, & i=t \\ 0, & i\ne s,t \end{cases} \\ 0 \le f_{ij} \le c_{ij}, \quad (i,j)\in A \end{cases}$$

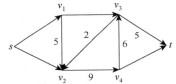

图 5.6.6　石油运输问题

例 5.6.4　现需要将城市 s 的石油通过管道运送到城市 t，中间有 4 个中转站 v_1, v_2, v_3, v_4，城市与中转站的连接以及管道的容量如图 5.6.6 所示，求从城市 s 到城市 t 总的最大运输量.

解　采用上述模型，使用 Lingo 求解，程序如下：

```
sets:
  nodes/s,1,2,3,4,t/;
  arcs(nodes,nodes)/
      s,1 s,2 1,2 1,3 2,4 3,2 3,t 4,3 4,t/:c,f; !定义稀疏集表示连接
                                                  情况;
endsets
data:
  c=8    7   5   9   9   2   5   6  10;
enddata
max=flow;
@for(nodes(i)|i#ne#1#and#i#ne#@size(nodes):
    @sum(arcs(i,j):f(i,j))-@sum(arcs(j,i):f(j,i))=0);  !中间的点入量等于出量;
@sum(arcs(i,j)|i#eq#1:f(i,j))=flow;                     !出发点流量;
@sum(arcs(i,j)|j#eq#@size(nodes):f(i,j))=flow;          !终点流量;
@for(arcs:@bnd(0,f,c));
```

运行结果如下：

```
Global optimal solution found.
Objective value:                              14.00000
```

```
Total solver iterations:                              5

                    Variable          Value          Reduced Cost
                    F(S,1)          7.000000          0.000000
                    F(S,2)          7.000000          0.000000
                    F(1,2)          2.000000          0.000000
                    F(1,3)          5.000000          0.000000
                    F(2,4)          9.000000         -1.000000
                    F(3,T)          5.000000         -1.000000
                    F(4,T)          9.000000          0.000000
```

结果分析：由程序可知最大流量为 14.

5.6.4　总结与体会

网络流问题中，在处理结点个数较少的问题时，应当采用线性规划模型；在解决结点数目较多的问题时，则应当采用 Ford-Fulkerson 标号算法.

5.7　大型网络模型实例

5.7.1　灾情巡视路线问题

例 5.7.1　某县遭受水灾，为考察灾情、组织自救，县领导决定带领有关部门负责人到全县各乡（镇）、村巡视. 巡视路线指从县政府所在地出发，走遍各乡（镇）、村，又回到县政府所在地的路线.

问题一：若分 3 组（路）巡视，试设计总路程最短且各组尽可能均衡的路线.

问题二：假定巡视人员在各乡（镇）停留时间 $T = 2$ h，在各村停留时间 $t = 1$ h，汽车行驶速度 $V = 35$ km/h. 要在 24 h 内完成巡视，至少应分几组？给出这种分组下最佳的巡视路线.

乡（镇）、村的公路网示意图如图 5.7.1 所示.

解　（1）问题假设.

①汽车在路上的速度总是一定的，不会出现抛锚等现象；

②巡视当中，在每个乡（镇）、村停留的时间一定，不会出现特殊情况而延误时间；

③每个小组的汽车行驶速度完全一样；

④分组后，除公共路外，各小组只能走自己区内的路，不能走其他小组的路.

（2）模型的建立与求解.

将公路网图中每个乡（镇）、村视为图中的一个结点，各乡（镇）、村之间的公路视为图中对应结点间的边，各条公路的长度（或行驶时间）视为对应边上的权，所给公路网就转化为加权网络图，问题就转化为在给定的加权网络图中寻找从给定点 O 出发，行遍所有顶点至少一次再回到点 O，使得总权（路程或时间）最小，此即最佳推销员回路问题.

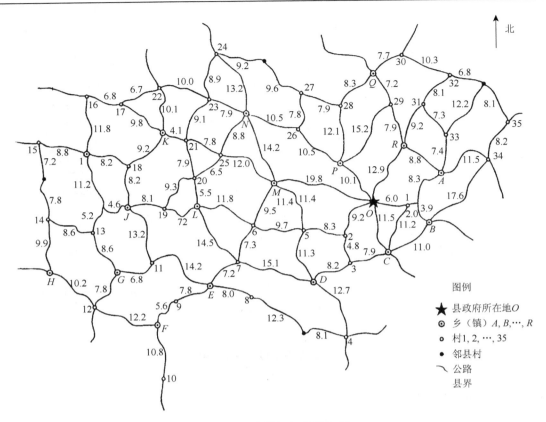

图 5.7.1　灾情巡视路线问题

问题一：此问题是多个推销员的最佳推销员回路问题，即在加权图 G 中求顶点集 V 的划分 $V_1, V_2, \cdots, V_n$，将 G 分成 n 个生成子图 $G[V_1], G[V_2], \cdots, G[V_n]$，使得

①顶点 $O \in V_i (i = 1, 2, \cdots, n)$；

②$\bigcup\limits_{i=1}^{n} V_i = V(G)$；

③$\dfrac{\max\limits_{i,j} \left| \omega(C_i) - \omega(C_j) \right|}{\max\limits_{i} \omega(C_i)} \leqslant \alpha$，其中，$C_i$ 为 V_i 的导出子图 $G[V_i]$ 中的最佳推销员回路，$\omega(C_i)$ 为 C_i 的权 $(i, j = 1, 2, \cdots, n)$；

④$\sum\limits_{i=1}^{n} \omega(C_i) = \min$.

称 $\alpha_0 = \dfrac{\max\limits_{i,j} \left| \omega(C_i) - \omega(C_j) \right|}{\max\limits_{i} \omega(C_i)}$ 为该分组的实际均衡度，α 为最大容许均衡度.

显然 $0 \leqslant \alpha_0 \leqslant 1$，$\alpha_0$ 越小，说明分组的均衡性越好. 取定一个 α 后，α_0 与 α 满足条件③的分组是一个均衡分组. 条件④表示总巡视路线最短.

此问题包含两方面：一是对顶点分组；二是在每组中求最佳推销员回路，即为单个推销员的最佳推销员问题．

由于单个推销员的最佳推销员回路问题不存在多项式时间内的精确算法，故多个推销员的问题也不存在多项式时间内的精确算法．而图中结点数较多，有 53 个，只能去寻求一种较合理的划分准则．进行初步划分后，求出各部分的近似最佳推销员回路的权，再进一步进行调整，使得各部分满足均衡性条件③．

从点 O 出发去其他点，要使路程较小应尽量走点 O 到该点的最短路．故用图论软件包求出点 O 到其余顶点的最短路，这些最短路构成一棵以点 O 为树根的树，将从点 O 出发的树枝称为干枝，如图 5.7.2 所示．从图中可以看出，从点 O 出发到其他点共有 6 条干枝，它们的名称分别为①，②，③，④，⑤，⑥．

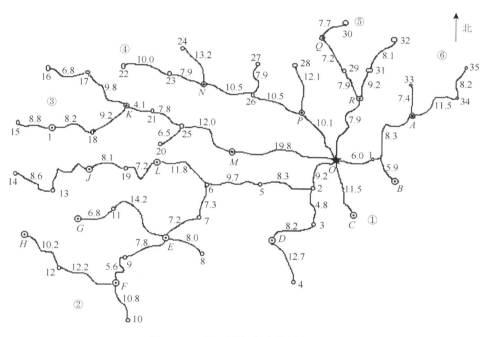

图 5.7.2　点 O 到任意点的最短路图

根据实际工作的经验及上述分析，在分组时应遵从以下准则：

准则一：尽量使同一干枝及其分枝上的点分在同一组；

准则二：将相邻干枝上的点分在同一组；

准则三：尽量将长的干枝与短的干枝分在同一组．

由上述分组准则，找到两种分组形式如下：

分组一：（⑥，①），（②，③），（⑤，④）；

分组二：（①，②），（③，④），（⑤，⑥）．

显然分组一的方法极不均衡，故考虑分组二．

对分组二中每组顶点的生成子图，用本章 5.4.2 的求哈密顿圈的改良圈算法求出近似最优解及其相应的巡视路线. 使用改良圈算法前, 可随机搜索多个初始圈进行改良, 比如选择 1000 个初始圈, 在所有的改良圈结果中再找最佳的哈密顿圈作为近似解.

分组二的近似解见表 5.7.1.

表 5.7.1　分组二的近似解　　　　　　　　　　　　　　单位: km

小组名称	路线	路线长度	路线总长度
I	O-P-28-27-26-N-24-23-22-17-16-I-15-I-18-K-21-20-25-M-O	191.1	
II	O-2-5-6-L-19-J-11-G-13-14-H-12-F-10-F-9-E-7-E-8-4-D-3-C	241.9	558.5
III	O-R-29-Q-30-32-31-33-35-34-A-B-1-O	125.5	

因为该分组的均衡度为

$$\alpha_0 = \frac{\omega(C_1) - \omega(C_2)}{\max_{i=1,2,3} \omega(C_i)} = \frac{241.9 - 125.5}{241.9} = 54.2\%$$

所以此分法的均衡性很差.

为改善均衡性, 将第 II 组中的顶点 $C, 2, 3, D, 4$ 分给第 III 组（顶点 2 为这两组的公共点）, 重新分组后的近似最优解见表 5.7.2.

表 5.7.2　　重新分组后的近似最优解　　　　　　　　单位: km

编号	路线	路线长度	路线总长度
I	O-P-28-27-26-N-24-23-22-17-16-I-15-I-18-K-21-20-25-M-O	191.1	
II	O-2-5-6-7-E-8-E-9-F-10-F-12-H-14-13-G-11-J-19-L-6-5-2-O	216.4	599.8
III	O-R-29-Q-30-32-31-33-35-34-A-1-B-C-3-D-4-D-3-2-O	192.3	

因为该分组的均衡度为

$$\alpha_0 = \frac{\omega(C_3) - \omega(C_1)}{\max_{i=1,2,3} \omega(C_i)} = \frac{216.4 - 191.1}{216.4} = 11.69\%$$

所以这种分法的均衡性较好.

问题二: 由于 $T = 2\,\mathrm{h}$, $t = 1\,\mathrm{h}$, $V = 35\,\mathrm{km/h}$, 需访问的乡（镇）共有 17 个, 村共有 35 个. 计算出在乡（镇）、村的总停留时间为 $17 \times 2 + 35 = 69(\mathrm{h})$, 要在 24 h 内完成巡回, 若不考虑行走时间, 有 $69/i < 24$（i 为分的组数）, 得 i 最小为 4, 故至少要分 4 组.

由于该网络的乡（镇）、村分布较为均匀, 因而有可能找出停留时间尽量均衡的分组, 当分 4 组时, 各组停留时间大约为 $69/4 = 17.25(\mathrm{h})$, 则每组分配在路途上的时间大约为 $24 - 17.25 = 6.75(\mathrm{h})$. 而前面讨论过, 分 3 组时有个总路程 599.8 km 的巡视路线, 分 4 组时的总路程不会比 599.8 km 长太多, 不妨以 599.8 km 来计算. 路上时间约为 $599.8/35 = 17(\mathrm{h})$, 若平均分配给 4 个组, 每个组约需 $17/4 = 4.25(\mathrm{h}) < 6.75(\mathrm{h})$, 故分成 4 组是可能办到的.

现在尝试将顶点分为 4 组. 分组的原则除遵从前面准则一、二、三外, 还应遵从以下准则四.

准则四：尽量使各组的停留时间相等.

用上述原则在图 5.7.2 上将图分为 4 组，同时计算各组的停留时间，然后用哈密顿圈算法算出各组的近似最佳推销员巡回，得出路线长度及行走时间，从而得出完成巡视的近似最佳时间. 用欧拉圈算法计算时，初始圈的输入与分 3 组时同样处理.

这 4 组的近似最优解见表 5.7.3.

表 5.7.3　4 组的近似最优解

组名	路线	路线总长度/km	停留时间/h	行走时间/h	完成巡视的总时间/h
I	O-2-5-6-7-E-8-E-11-G-12-H-12-F-10-F-9-E-7-6-5-2-O	195.8	17	5.59	22.59
II	O-R-29-Q-30-Q-28-27-26-N-24-23-22-17-16-17-K-22-23-N-26-P-O	199.2	16	5.69	21.69
III	O-M-25-20-21-K-18-I-15-14-13-J-19-L-6-M-O	159.1	18	4.54	22.54
IV	O-R-A-33-31-32-35-34-B-1-C-3-D-4-D-3-2-O	166.0	18	4.74	22.74

注：加底纹的表示此点前面经过并停留过，此次只经过不需停留；加框的表示此点只经过不停留.

该分组实际均衡度为

$$\alpha_0 = \frac{22.74 - 21.69}{22.74} = 4.62\%$$

可以看出，表 5.7.3 分组的均衡度很好，且完全满足 24 h 完成巡视的要求.

5.7.2　送货员送货问题

当今社会网络越来越普及，网购已成为一种常见的消费方式，随之物流行业也渐渐兴盛，每个送货员需要以最快的速度及时将货物送达，而且他们往往一人送多个地方，因此需要设计方案使其耗时最少.

例 5.7.2　现有一快递公司，库房在图 5.7.3 中的点 O，一送货员需将货物送至城市内多处，请设计送货方案，使所用时间最少. 该地形图的示意图如图 5.7.3 所示；各货物号信息、50 个位置点的坐标及各点连通信息详见在线小程序.

现在送货员要将 100 件货物送到 50 个地点.

问题一：若将 1～30 号货物送到指定地点并返回，设计最快完成路线与方式，并给出结果（要求标出送货线路）.

问题二：假定该送货员从早上 8 点上班开始送货，1～30 号货物的送达时间不能超过指定时间，请设计最快完成路线与方式（要求标出送货线路）.

问题三：若不需要考虑所有货物送达时间限制（包括前 30 件货物），现在要将 100 件货物全部送到指定地点并返回. 设计最快完成路线与方式（要求标出送货线路，给出送完所有快件的时间）. 受重量和体积限制，送货员可中途返回取货. 可不考虑中午休息时间.

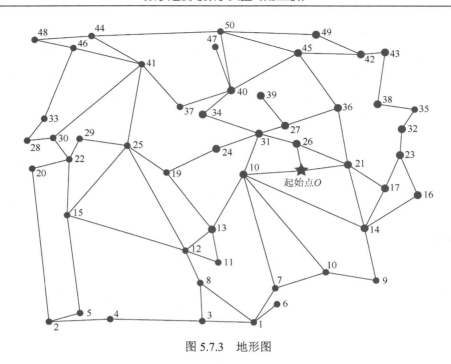

图 5.7.3　地形图

解　（1）分析与建模.

①假设送货员的最大载重是 50 kg，所带货物的最大体积为 1 m^3；

②假设送货员的平均速度为 24 km/h，不会出现特殊情况；

③每件货物交接花费 3 min，同一地点有多件货物也简单按照每件 3 min 交接计算，不会出现特殊情况而延误时间；

④送货员只沿示意图连线路径行走；

⑤假设快递公司地点 O 为第 51 个位置点；

⑥假设送货员回到出发点 O 后取货时间不计.

快递公司的送货员需要将货物送到所有货物交接地点，最后回到出发点. 问如何安排送货路线，能最快完成任务，即总的送货行程最短. 此即图论中最佳推销员路径问题.

若不考虑送货员最大载重和所带货物的最大体积，两个位置点边上的权表示距离，则问题就成为在加权图中寻找一条经过每个位置点至少一次的最短闭通路问题，即求最佳哈密顿圈，亦即 NP 完全问题.

（2）准备工作.

用 MATLAB 编程先求出给定的相互之间可直接到达地点之间的距离，见表 5.7.4.

表 5.7.4　各地点的距离

序号	位置点 1	位置点 2	距离/m
1	1	3	1 916
2	1	8	2 864
3	2	20	7 823

续表

序号	位置点 1	位置点 2	距离/m
4	2	4	2 293
5	3	8	1 958
6	3	4	3 536
7	5	15	5 005
8	5	2	1 253
9	6	1	1 294
10	7	18	5 918
11	7	1	4 510
12	8	12	1 757
13	9	14	2 681
14	9	10	1 946
⋮	⋮	⋮	⋮
81	$O/51$	18	2 182
82	$O/51$	21	1 797
83	$O/51$	26	1 392

　　用表 5.7.4 各地点的距离可构造示意图的带权邻接矩阵, 再用 Floyd 算法求每对地点之间的最短路径.

　　Floyd 算法的基本思想是: 直接在示意图的带权邻接矩阵中用插入顶点的方法依次构造出 n 个矩阵 $\boldsymbol{D}^{(1)}, \boldsymbol{D}^{(2)}, \cdots, \boldsymbol{D}^{(n)}$, 使最后得到的矩阵 $\boldsymbol{D}^{(n)}$ 成为图的距离矩阵, 同时也求出插入点矩阵以便得到两点间的最短路径.

　　用 MATLAB 编程程序详见在线小程序. 得 $\boldsymbol{D}^{(51)} = (D_{ij})_{51 \times 51}$, 其中, D_{ij} 即为两点间最短路径距离, 见表 5.7.5.

表 5.7.5　两点间最短路径距离

距离/km 位置点 ＼ 位置点	1	2	3	4	5	⋯	49	50	$O/51$
1	0	7 745	1 916	5 452	8 998	⋯	20 306	16 989	10 068
2	7 745	0	5 829	2 293	1 253	⋯	25 570	22 001	16 296
3	1 916	5 829	0	3 536	7 082	⋯	20 705	17 388	10 467
4	5 452	2 293	3 536	0	3 546	⋯	24 241	20 924	14 003
5	8 998	1 253	7 082	3 546	0	⋯	24 317	20 748	16 563
6	1 294	9 039	3 210	6 746	10 292	⋯	21 600	18 283	11 362
7	1 968	9 713	3 884	7 420	10 966	⋯	18 338	15 021	8 100

续表

距离/km 位置点	1	2	3	4	5	…	49	50	O/51
8	2 864	7 787	1 958	5 494	9 040	…	18 747	15 430	8 509
⋮	⋮	⋮	⋮	⋮	⋮		⋮	⋮	⋮
49	20 306	25 570	20 705	24 241	24 317	…	0	3 569	11 721
50	16 989	22 001	17 388	20 924	20 748	…	3 569	0	9 928
O/51	10 068	16 296	10 467	14 003	16 563	…	11 721	9 928	0

判定一个加权图 $G(V,E)$ 是否存在哈密顿圈是一个 NP 问题，而它的完备加权图 $G'(V,E')$（E' 中的每条边 (x,y) 的权等于顶点 x 与 y 在图 G 中最短路径的权）中一定存在哈密顿圈，所以在完备图 $G'(V,E')$ 中寻找最佳哈密顿圈. 该过程采用改良圈算法，并利用矩阵翻转实现.

矩阵翻转：在一个矩阵中，对它的第 i 行（列）到第 j 行（列）翻转是以第 i 行（列）和第 j 行（列）的中心位置为转轴，旋转 180°，这样，第 i 行（列）和第 j 行（列）的位置互换，第 $i+1$ 行（列）和第 $j-1$ 行（列）位置互换……

问题一：由各货物号信息表知，1～30 号货物总重量为 48.5 kg，总体积为 0.88 m³，显然送货员能够一次带上所有货物到达各送货点，而且货物要送达的送货点总共有 21 个：
$$V(13,14,16,17,18,21,23,24,26,27,31,32,34,36,38,39,40,42,43,45,49)$$

本模型运用图论中最佳推销员路径问题与最佳哈密顿圈中的相关结论，建立了关于该类问题的优化模型，将出发点 $O/51$ 与 21 个送货点结合起来构造完备加权图.

不考虑送货员最大载重和体积，用矩阵翻转方法来实现改良圈算法过程，求最佳哈密顿圈. 由完备加权图，确定初始哈密顿圈，列出该初始哈密顿圈加点序边框的距离矩阵，然后用改良圈算法对矩阵进行翻转，就可得到近似最优解的距离矩阵，从而确定近似最佳哈密顿圈.

由于用矩阵翻转方法来实现改良圈算法的结果与初始圈有关，故为了得到较优的计算结果，在用 MATLAB 编程时，随机搜索出若干个初始哈密顿圈，如 1 000 个. 在所有哈密顿圈中，找出权最小的一个，此即要找的最佳哈密顿圈的近似解.

最佳哈密顿圈的近似解为

$$\min \sum_{i=1}^{1\,000} f(V_i)$$

送货时间为

$$T = \frac{f(V_i)}{24} + 0.05 \times H$$

用 MATLAB 编程（程序详见在线小程序）得到的近似最佳送货路线及总路线长度，下面仅列出几条，见表 5.7.6.

表 5.7.6　近似最佳送货路线及总路线长度

编号	总路线长度/m	送货路线
I	54 709	$O/51\rightarrow26\rightarrow21\rightarrow17\rightarrow14\rightarrow16\rightarrow23\rightarrow32\rightarrow38\rightarrow36\rightarrow43\rightarrow42\rightarrow49\rightarrow45\rightarrow40\rightarrow34\rightarrow39\rightarrow27\rightarrow$ $31\rightarrow24\rightarrow13\rightarrow18\rightarrow O/51$
II	54 996	$O/51\rightarrow18\rightarrow13\rightarrow24\rightarrow31\rightarrow34\rightarrow40\rightarrow45\rightarrow42\rightarrow49\rightarrow43\rightarrow38\rightarrow32\rightarrow23\rightarrow16\rightarrow14\rightarrow17\rightarrow21\rightarrow$ $36\rightarrow39\rightarrow27\rightarrow26\rightarrow O/51$
III	55 773	$O/51\rightarrow21\rightarrow17\rightarrow14\rightarrow16\rightarrow23\rightarrow32\rightarrow36\rightarrow38\rightarrow43\rightarrow42\rightarrow49\rightarrow45\rightarrow40\rightarrow34\rightarrow31\rightarrow39\rightarrow27\rightarrow$ $18\rightarrow13\rightarrow24\rightarrow26\rightarrow O/51$
IV	57 914	$O/51\rightarrow18\rightarrow13\rightarrow24\rightarrow31\rightarrow34\rightarrow40\rightarrow45\rightarrow49\rightarrow42\rightarrow43\rightarrow38\rightarrow36\rightarrow27\rightarrow39\rightarrow26\rightarrow14\rightarrow16\rightarrow$ $23\rightarrow32\rightarrow17\rightarrow21\rightarrow O/51$

选择总路线长度最短的送货路线，即第 I 条送货路线（图 5.7.4）：

$O/51\rightarrow26\rightarrow21\rightarrow17\rightarrow14\rightarrow16\rightarrow23\rightarrow32\rightarrow38\rightarrow36\rightarrow43\rightarrow42\rightarrow49\rightarrow45\rightarrow40\rightarrow34\rightarrow39\rightarrow27\rightarrow$ $31\rightarrow24\rightarrow13\rightarrow18\rightarrow O/51$

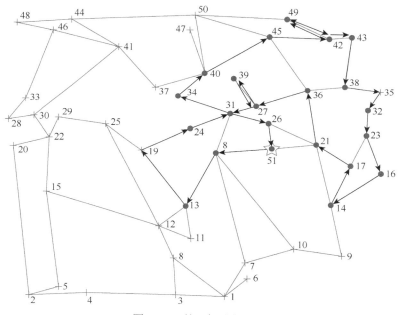

图 5.7.4　第 I 条送货路线

送货员走的总长度为

$$\min\sum_{i=1}^{1\,000}f(V_i)=54.709\ \mathrm{km}$$

送货总时间为

$$T=3.78\ \mathrm{h}$$

问题二：送 1～30 号货物仍可一次性送完，不用考虑送货员最大载重和体积，但选择路线必须满足货物送到的时间不超过指定时间. 用 MATLAB 编程，在问题一程序里加入时间限制，得到送货路线（图 5.7.5）：

$O/51\rightarrow18\rightarrow13\rightarrow24\rightarrow31\rightarrow34\rightarrow40\rightarrow45\rightarrow42\rightarrow49\rightarrow43\rightarrow38\rightarrow32\rightarrow23\rightarrow16\rightarrow14\rightarrow17\rightarrow21\rightarrow$ $36\rightarrow39\rightarrow27\rightarrow26\rightarrow O/51$

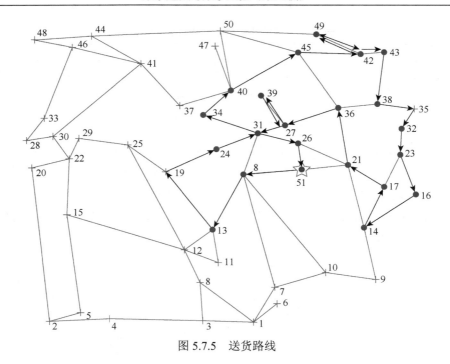

图 5.7.5   送货路线

送货员走的总长度为

$$\min \sum_{i=1}^{1\,000} f(V_i) = 54.996 \text{ km}$$

送货总时间为

$$T = 3.79 \text{ h}$$

问题三：由各货物号信息表知，1～100 号货物总重量为 148 kg，总体积为 2.8 m³. 考虑到送货员最大载重和所带货物的最大体积，送货员可分三次送完所有货物.

此问题包含两个方面：一是对送货地点的分组；二是在每组中求最佳送货路线.

我们只能寻求一种较合理的划分准则，使得各组总路线长度加起来比较理想. 选出三个点，使这三个点中两两之间的最短路长度是 50 个送货点所有的三点组中最大的，这三个点是各组的基点. 通俗地说，就是找到图中"分得最开"的三个点作为基点. 对于其他任意点，依次算出其与三个基点的最短路长度，离哪个基点近，它就被分到哪一组.

根据以上算法，用 MATLAB 编程（程序详见在线小程序）得到一个初始分组，并算得它的货物重量总和及货物体积总和，见表 5.7.7.

表 5.7.7   货物重量总和及货物体积总和

编号	包含的送货点	货物重量总和/kg	货物体积总和/m³
第一组	2,5,11,12,13,15,19,20,22,24,25,26,28,29,30,31,33,41,44,46,48	55.04	1.062 2
第二组	1,3,4,6,7,8,9,10,14,16,17,18,21	29.12	0.568 8
第三组	23,27,32,34,35,36,37,38,39,40,42,43,45,47,49,50	63.84	1.169 0

可以看出要对初始分组进行调整,满足每组货物重量总和小于 50 kg,货物体积总和小于 1 m³. 调整后每组送货点、货物重量总和及货物体积总和见表 5.7.8.

表 5.7.8 调整后货物重量总和及货物体积总和

编号	包含的送货点	货物重量总和/kg	货物体积总和/m³
第一组	11,12,13,15,19,20,22,24,25,26,28,29,30,33,41,44,46,48	49.90	0.911 2
第二组	1,2,3,4,5,6,7,8,9,10,14,16,17,18,21,23,32,35	48.38	0.985 0
第三组	27,31,34,36,37,38,39,40,42,43,45,47,49,50	49.72	0.903 8

由问题一的算法,可得出每组送货时间、最优送货路线及总路线长度,见表 5.7.9 和图 5.7.6(a)、(b)、(c).

表 5.7.9 送货时间、最优送货路线及总路线长度

编号	送货时间/h	总路线长度/m	送货路线
第一组	3.69	47 736	$O/51 \to 26 \to 24 \to 19 \to 25 \to 41 \to 44 \to 48 \to 46 \to 33 \to 28 \to 30 \to 29 \to 20 \to 22 \to 15 \to 12 \to 11 \to 13 \to O/51$（图 (a)）
第二组	3.79	52 743	$O/51 \to 18 \to 8 \to 2 \to 5 \to 4 \to 3 \to 1 \to 6 \to 7 \to 10 \to 9 \to 14 \to 16 \to 32 \to 35 \to 23 \to 17 \to 21 \to O/51$（图 (b)）
第三组	3.47	42 421	$O/51 \to 27 \to 39 \to 36 \to 38 \to 34 \to 42 \to 49 \to 50 \to 45 \to 40 \to 37 \to 47 \to 34 \to 31 \to O/51$（图 (c)）

结果,最终三组的路线长度分别为 47.736 km,52.743 km 和 42.421 km,均匀性很好,总路线长度为 142.9 km.

送完所有货物的总时间为

$$T_{总} = T_1 + T_2 + T_3 = 10.95 \text{ h}$$

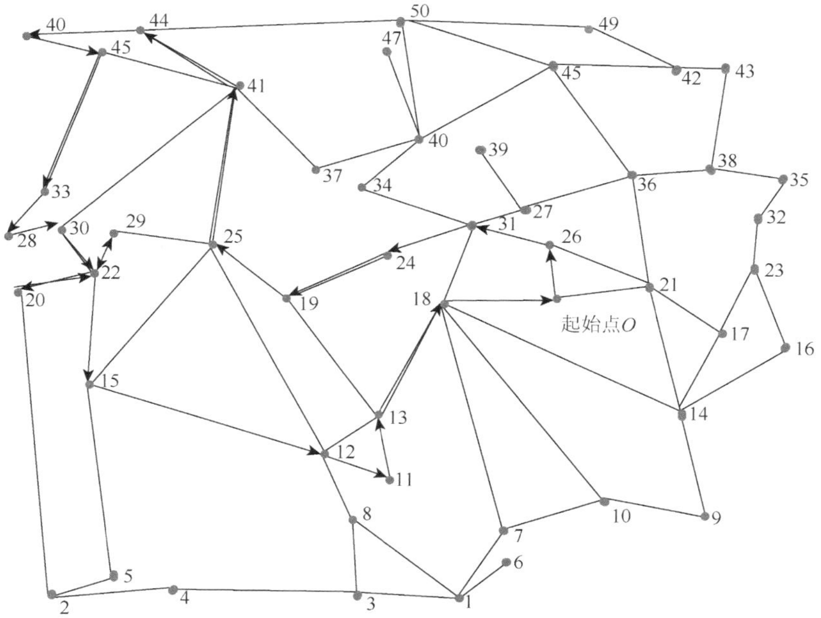

(a) 第一组

图 5.7.6 送货路线

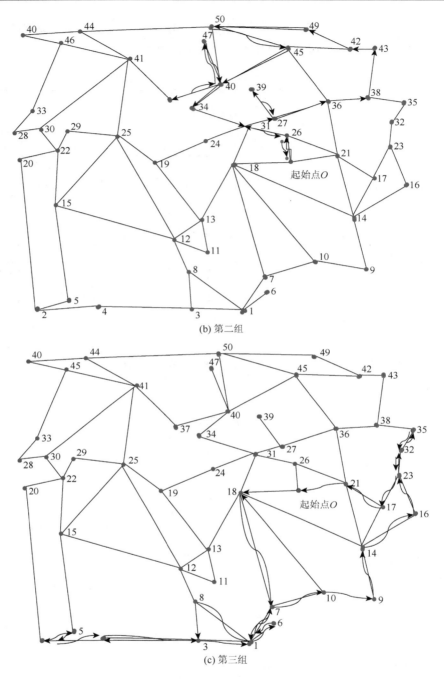

(b) 第二组

(c) 第三组

图 5.7.6　送货路线（续）

为了检验该结果，还计算了将 50 个送货点只分一组，在不考虑送货员最大载重和体积的情况下，送货员的最短路线长度为 119.762 km. 但分组变多时，由于路线的重复，总路线会增加，本结果增加了 23 km，这是可以容忍的.

第6章 计算机仿真与排队论

6.1 计算机仿真

计算机仿真是一种非实物仿真方法,是在研究系统过程中根据相似原理,利用计算机来逼真模仿研究对象,对研究对象进行数学描述,建立模型,这个模型包含所研究系统的主要特点. 运行这个实验模型,可以获得所要研究系统的必要信息,了解系统随时间变化的行为或特性,来评价或预测一个系统的行为效果,为决策提供信息. 计算机仿真是解决较复杂的实际问题的一条有效途径,可用于解决鼠疫的检测和预报,三峡的安全、生态,公交车的调度,航空管理,经营投资,道路修建,通信网络服务,电梯系统服务等问题.

运用计算机仿真可解决以下 5 类问题:

(1)难以用数学公式表示的系统,或者没有建立或求解数学模型的有效方法的系统;

(2)虽然可以用解析的方法解决问题,但数据的分析与计算过于复杂,这时计算机仿真可以提供简单、可行的求解方法;

(3)希望能在较短的时间内观测到系统发展的全过程,以估计某些参数对系统行为的影响;

(4)难以在实际环境中进行实验和观测时,计算机仿真是唯一可行的方法,如太空飞行的研究;

(5)需要对系统或过程进行长期运行比较,从大量方案中寻找最优方案.

计算机仿真在计算机中运行实现,不怕破坏,易修改,可重用,安全、经济,不受外界条件和场地空间的限制.

仿真分为静态仿真和动态仿真. 动态仿真又可分为连续系统仿真和离散系统仿真. 离散系统是指状态变量只在某个离散时间点集合上发生变化的系统,如电梯系统服务、排队系统、通信网络服务等. 连续系统是指状态变量随时间连续改变的系统,如传染病的检测和预报等.

仿真系统必须设置一个仿真时钟将时间从一个时刻向另一个时刻推进,并且可随时反映系统时间的当前值. 模拟时间推进的方法有时间步长法和事件步长法两种. 模拟离散系统常用事件步长法,模拟连续系统常用时间步长法(也称固定增量推进法或步进式推进).

本节将介绍离散系统仿真、连续系统仿真、时间步长法、事件步长法和蒙特卡罗(Monte Carlo)模拟.

6.1.1 准备知识:随机数的产生

由于仿真研究的实际系统受到多种随机因素的作用和影响,在仿真过程中必须处理大量的随机因素. 要解决这一个问题，前提是要确定随机变量的类型并选择合适的产生随机数的方法.

对随机现象进行模拟，实质上是要给出随机变量的模拟，也就是说，要利用计算机随机产生一系列数值，使它们服从一定的概率分布，这些数值被称为随机数.

最常用的是 $(0,1)$ 区间内均匀分布的随机数. 其他分布的随机数可利用均匀分布的随机数产生.

在 MATLAB 软件中，可以直接产生满足各种分布的随机数，命令如下：

（1）产生 $m \times n$ 阶 $(0, 1)$ 均匀分布的随机数矩阵：rand(m, n)；产生一个 $(0, 1)$ 均匀分布的随机数：rand.

（2）产生 $m \times n$ 阶 $[a, b]$ 均匀分布 $U[a, b]$ 的随机数矩阵：unifrnd(a, b, m, n)；产生一个 $[a, b]$ 均匀分布的随机数：unifrnd(a, b).

（3）产生 $m \times n$ 阶正态分布 $N(0, 1)$ 标准正态分布随机数矩阵：randn(m, n)；产生 $N(\mu, \sigma^2)$ 正态分布的随机数：normrnd(μ, σ)；产生 $m \times n$ 阶 $N(\mu, \sigma^2)$ 正态分布的随机数矩阵：normrnd(μ, σ, m, n).

（4）产生 $m \times n$ 阶期望值为 μ 的指数分布随机数矩阵：exprnd(μ, m, n).

（5）产生 $m \times n$ 阶参数为 λ 的泊松分布随机数矩阵：poissrnd(λ, m, n).

例 6.1.1　产生 5×3 阶 $(0, 1)$ 均匀分布的随机数矩阵；产生 1×7 阶 $[1, 32]$ 均匀分布的随机数矩阵；产生 1×7 阶 $N(70, 25)$ 正态分布的随机数矩阵.

解　程序及结果：

```
>>rand(5,3)
  ans=
        0.2311    0.4565    0.7919
        0.6068    0.0185    0.9218
        0.4860    0.8214    0.7382
        0.8913    0.4447    0.1763
        0.7621    0.6154    0.4057
>>unifrnd(1,32,1,7)
  ans=1.3057    5.3056    7.2857    7.1604   19.7176    9.4378    7.1632
>>normrnd(70,25,1,7)
  ans=44.7342  85.3616  82.6935  112.3107  84.7821  53.9101  79.5084
```

注　由于随机性本质，同样的指令生成的随机结果会不同.

例 6.1.2　顾客到达某商店的间隔时间服从参数为 10 的指数分布，可以用 exprnd(10) 模拟. 该商店在单位时间内到达的顾客数服从参数为 0.1 的泊松分布，可以用 poissrnd(0.1) 模拟.（这两个实际上是等价的）

解　顾客到达某商店的间隔时间服从参数为 10 的指数分布，指两个顾客到达商店的平均间隔时间为 10 个单位时间，即平均 10 个单位时间到达 1 个顾客.

该商店在单位时间内到达的顾客数服从参数为 0.1 的泊松分布，指 1 个单位时间内平均到达 0.1 个顾客.

（1）程序及结果：

```
exprnd(10)
ans=2.0491
```

（2）程序及结果：

```
poissrnd(0.1)
ans=1
```

例 6.1.3　敌空战部队对我方港口进行空袭，其到达规律服从泊松分布，平均每分钟到达 4 架飞机.

（1）模拟敌机在 3 min 内到达目标区域的数量，以及在第 1 min，第 2 min，第 3 min 内各到达几架飞机；

（2）模拟在 3 min 分钟内每架飞机的到达时刻.

解　敌机到达规律服从泊松分布，分别对每分钟敌机到达数量进行仿真；由例 6.1.2 知，敌机到达规律服从泊松分布等价于敌机到达港口的间隔时间服从参数为 1/4 的指数分布，由指数分布可仿真出每架飞机的到达时刻.

（1）MATLAB 程序如下：

```
n1=poissrnd(4)    %模拟第 1 min 内到达的飞机架数
n2=poissrnd(4)    %模拟第 2 min 内到达的飞机架数
n3=poissrnd(4)    %模拟第 3 min 内到达的飞机架数
n=n1+n2+n3        %3 min 内到达的飞机架数之和
```

运行结果如下：

```
n1=3,n2=8,n3=5,n=16.
```

（2）MATLAB 程序如下：

```
clear
t=0;
j=0;              %到达的飞机架数
while t<3
    j=j+1
    t=t+exprnd(1/4)
end
```

运行结果如下：

```
j=1,t=0.0409;j=2,t=0.0580;j=3,t=0.1548;j=4,t=0.2242;j=5,t=0.2984;
j=6,t=0.5324;j=7,t=0.6380;j=8,t=1.0792;j=9;t=1.1663;j=10,t=2.0281;
j=11,t=2.3491;j=12,t=3.1179.
```

6.1.2　随机变量的模拟

利用均匀分布的随机数可以产生具有任意分布的随机变量的样本，从而可以对随机变量的取值情况进行模拟.

1. 离散型随机变量的模拟

设随机变量 X 的分布律为 $P\{X = x_i\} = p_i (i = 1, 2, \cdots)$，令

$$p^{(0)} = 0, \qquad p^{(n)} = \sum p_i \quad (n = 1, 2, \cdots)$$

将 $p^{(n)}$ 作为分点，将区间$(0, 1)$分为一系列小区间 $(p^{(n-1)}, p^{(n)})$. 对于均匀的随机变量 $R \sim U(0, 1)$，有

$$P\{p^{(n-1)} < R \leqslant p^{(n)}\} = p^{(n)} - p^{(n-1)} \quad (n = 1, 2, \cdots)$$

由此可知，事件 $\{p^{(n-1)} < R \leqslant p^{(n)}\}$ 和事件 $\{X = x_n\}$ 有相同的发生概率. 因此，可以用随机变量 R 落在小区间内的情况来模拟离散的随机变量 X 的取值情况. 具体执行的过程为：每产生一个$(0, 1)$上均匀分布的随机数 r，若 $p^{(n-1)} \leqslant r \leqslant p^{(n)}$，则理解为发生事件"$X = x_n$".

例 6.1.4　随机变量 $X = \{0, 1, 2\}$ 表示每分钟到达银行柜台的人数，X 的分布列见表 6.1.1，试模拟 10 min 内顾客到达柜台的情况.

表 6.1.1　每分钟到达银行柜台的人数分布列

X_k	0	1	2
p_k	0.4	0.3	0.3

解　因为每分钟到达柜台的人数是随机的，所以可用计算机随机生成一组$(0, 1)$数据，由 X 的概率分布情况，可认为随机数在$(0, 0.4)$范围内时没有顾客光顾，在$[0.4, 0.7)$范围内有 1 个顾客光顾，在$[0.7, 1)$范围内有 2 个顾客光顾.

MATLAB 程序如下：

```
r=rand(1,10);
    for i=1:10;
      if r(i)<0.4
        n(i)=0;
      elseif 0.4<=r(i)&r(i)<0.7
        n(i)=1;
      else n(i)=2;
     end;
    end
    r
    n
```

显示随机结果：

```
r=0.0579  0.3529  0.8132  0.0099  0.1389  0.2028  0.1987  0.6038
   0.2722  0.1988
n=0  0  2  0  0  0  0  1  0  0
```

2. 连续型随机变量的模拟

具有给定分布的连续型随机变量可以利用在区间$(0, 1)$上均匀分布的随机数来模拟. 最常用的方法是逆变换法.

若随机变量 Y 有连续的分布函数 $F(y)$，而 X 是区间$(0, 1)$上均匀分布的随机变量，令

$Z = F^{-1}(X)$，则 Z 与 Y 有相同的分布.

若已知 Y 的概率密度为 $f(y)$，由 $Y = F^{-1}(X)$，有

$$X = F(Y) = \int_{-\infty}^{y} f(y)\mathrm{d}y$$

若给定区间$(0, 1)$上均匀分布的随机数 r_i，则具有给定分布的随机数 y_i 可由方程

$$r_i = \int_{-\infty}^{y_i} f(y)\mathrm{d}y$$

解出.

例 6.1.5　模拟服从参数为 λ 的指数分布时，由

$$r_i = \int_{-\infty}^{y_i} \lambda \mathrm{e}^{-\lambda y}\mathrm{d}y = 1 - \mathrm{e}^{-\lambda y_i}$$

可得

$$y_i = -\frac{1}{\lambda}\ln(1 - r_i)$$

也可简化为

$$y_i = -\frac{1}{\lambda}\ln r_i$$

6.1.3　时间步长法

时间步长法可用于随时间变化的情况的过程模拟，在公交车调度、激光辐照转动充压圆柱壳体热力学效应等问题中均有广泛应用.

时间步长法也称为固定增量推进法或步进式推进法，它按照时间流逝的顺序，一步步对系统的活动进行仿真. 仿真过程分为许多相等的时间间隔，时间步长的单位可根据实际问题取为秒、分、小时、天等. 仿真时钟按时间步长等距推进，每次推进都要扫描系统中所有的活动，按照预定的计划和目标进行分析、计算，记录系统状态的变化，直到满足某个终止条件为止. 时间步长法的流程图如图 6.1.1 所示.

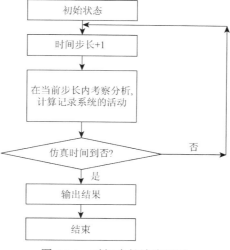

图 6.1.1　时间步长法流程图

例 6.1.6 某水池有 2 000 m³ 水，其中含盐 2 kg，以 6 m³/min 的速率向水池内注入含盐为 0.5 kg/m³ 的盐水，同时又以 4 m³/min 的速率从水池流出搅拌均匀的盐水. 试用计算机仿真该水池内盐水的变化过程，并每隔 10 min 计算水池中水的体积、含盐量和含盐率. 欲使池中盐水的含盐率达到 0.2 kg/m³，需经过多长时间？

解 这是一个连续系统，首先要将系统离散化，在一些离散点上进行考察，这些离散点的间隔就是时间步长. 可以取步长为 1 min，即隔 1 min 考察一次系统的状态，并相应地记录和分析. 在注入和流出活动的作用下，池中水的体积与含盐量、含盐率均随时间变化，初始时刻含盐率为 0.001 kg/m³，以后每分钟注入含盐率为 0.5 kg/m³ 的水 6 m³，流出混合均匀的盐水 4 m³，当池中水的含盐率达到 0.2 kg/m³ 时，仿真过程结束.

记 T 时刻水的体积为 $w(\text{m}^3)$，水的含盐量为 $s(\text{kg})$，水的含盐率为 $r = s/w(\text{kg/m}^3)$，每隔 1 min 池水的动态变化过程如下：每分钟水的体积增加 $6 - 4 = 2(\text{m}^3)$；每分钟向池内注入盐 $6 \times 0.5 = 3(\text{kg})$；每分钟向池外流出盐 $4r(\text{kg})$；每分钟池内增加盐 $3 - 4r(\text{kg})$.

MATLAB 程序如下：

```
clear
h=1;                                        %时间步长为1
s0=2;                                       %初始含盐2 kg
w0=2000;                                    %初始水池有水2 000 m³
r0=s0/w0;                                   %初始浓度
s(1)=s0+0.5*6*h-4*h*r0;                     %1 min 后的含盐量
w(1)=w0+2*h;                                %1 min 后水池中盐水的体积
r(1)=s(1)/w(1);                             %1 min 后的浓度
t(1)=h;
y(1)=(2000000+3000000*h+3000*h^2+h^3)/(1000+h)^2;
for i=2:200
    t(i)=i*h;
    s(i)=s(i-1)+0.5*6*h-4*h*r(i-1);         %第 i 步后的含盐量
    w(i)=w(i-1)+2*h;                        %第 i 步后盐水的体积
    r(i)=s(i)/w(i);                         %第 i 步后盐水的浓度
    y(i)=(2000000+3000000*t(i)+3000*t(i)^2+t(i)^3)/(1000+t(i))^2;
    m=floor(i/10);
    if i/10-m<0.1
        tm(m)=m;
        wm(m)=w(i);
        sm(m)=s(i);
        rm(m)=r(i);
    end
    if r(i)>0.2                             %若第 i 步后盐水的浓度大于 0.2
        t02=i*h;
        r02=r(i);
        break
    end
end
```

```
        end
    [t02,r02]
    [10*tm',sm',rm']                              %'表示转置
    subplot(1,2,1),plot(t,s,'blue');
    holdon
    subplot(1,2,2),plot(t,y,'red');
```

本例还可以用微分方程建立数学模型，并求出它的解析解，这个解析解就是问题的精确解. 有兴趣的读者可以按照这个思路求出该问题的精确解，考察相应时刻精确解与仿真解的差异，还可以进一步调整仿真过程的时间步长，通过与精确解的比较来研究时间步长的大小对仿真精度的影响.

6.1.4　事件步长法

事件步长法常用于排队系统中，排队系统是随机系统的一个大类，包括各种交通系统、电话系统、加工系统等，是离散事件系统仿真应用的经典系统. 这些系统中被服务者的到来时间、服务时间的长短以及系统中被服务者的数量等都不是确定值，而是随机值，随机性是这类系统的固有属性，所以被称为随机服务系统.

事件步长法是以事件发生的时间为增量，按照时间的进展，一步一步地对系统的行为进行仿真，直到预定的时间结束为止. 其过程是：设置仿真时钟初值为 0，跳到第一个事件发生的时刻，计算系统的状态，产生未来事件并加入队列中；跳到下一事件，计算系统的状态……重复这一过程直到满足某个终止条件为止.

例 6.1.7　（收款台前的排队过程）假设：

（1）顾客到达收款台是随机的，平均时间间隔为 0.5 min，即间隔时间服从 $\lambda = 2$ 的指数分布；

（2）对不同的顾客收款和装袋的时间服从正态分布 $N(1,1/3)$.

试模拟 20 位顾客到收款台前的排队情况，我们关心的问题是每个顾客平均等待的时间、队长及服务员的工作效率.

解　单服务台结构的排队系统有两类原发事件，即到来和离去，顾客到来的后继事件是顾客接受服务，顾客离去的后继事件是服务台寻找服务，这 4 类事件各自的子程序框图如图 6.1.2 所示.

假设 $t(i)$ 为第 i 位顾客的到达时刻，$t_2(i)$ 为第 i 位顾客接受服务的时间（随机变量），$T(i)$ 为第 i 位顾客的离去时刻.

将第 i 位顾客到达作为第 i 件事发生：$t(i+1) - t(i) = r(i)$（随机变量）. 平衡关系：当 $t(i+1) \geqslant T(i)$ 时，$T(i+1) = t(i+1) + t_2(i+1)$；否则，$T(i+1) = T(i) + t_2(i+1)$.

MATLAB 程序如下：

```
    clear
    t=zeros(1,21);              %每位顾客的到达时刻
    T=zeros(1,21);              %每位顾客的离去时刻
    w=zeros(1,21);              %顾客等待时间累加
```

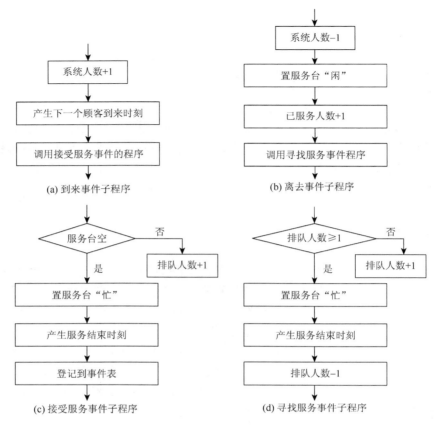

图 6.1.2　服务台事件流程图

```
ww=zeros(1,21);              %收款台空闲时间累加
r=exprnd(2,1,21);            %服从指数分布的随机数
t2=normrnd(1,1/3,1,21);      %服从正态分布的随机数
for i=1:1:20
    t(i+1)=t(i)+r(i);
    if t(i+1)>=T(i);         %不需要排队,即第 i+1 个顾客到来时第 i 个顾客服务已经完成
        w(i+1)=w(i);T(i+1)=t(i+1)+t2(i+1);
        ww(i+1)=t(i+1)-T(i)+ww(i);
    elsew(i+1)=T(i)-t(i+1)+w(i);
        T(i+1)=T(i)+t2(i+1);ww(i+1)=ww(i);
    end;
end;
b=[t',T',w',ww'];
[brow,bcol]=size(b);         %求队长,brow 表示行数,bcol 表示列数
b=[b,zeros(brow,1)];         %zero 生成 brow 行 1 列的零矩阵
for j=2:brow
    l=0;                     %队列长度
    if j-l-1>0
```

```
        while b(j,1)<=b(j-l-1,2)
                    l=l+1;
        end;
    b(j,bcol+1)=l;
  end;
 end;
 b
 g1=w(end)/20                    %平均等待时间
 g2=sum(T-t)/20                  %平均逗留时间
 g3=T(end)/20                    %平均每分钟服务的顾客人数
```
运行结果如下：
```
 g1=0.3778,g2=1.4340,g3=1.8288.
```
所以，每个顾客的平均等待时间为 0.377 8 min，平均每个顾客的逗留时间为 1.434 0 min，平均每分钟服务的顾客人数为 1.828 8 个.

6.1.5　蒙特卡罗模拟

蒙特卡罗方法能够帮助人们从数学上表述物理、化学、工程、经济学及环境动力学中一些非常复杂的相互作用，真实地模拟实际情况，得到的结果与实际非常相符，可以很圆满地解决问题.

蒙特卡罗模拟也称为随机模拟（random simulation）方法，有时也称为随机抽样技术、统计试验方法，简称 M-C 模拟. 蒙特卡罗模拟是静态模拟方法，此方法对研究的系统进行随机观测抽样，通过对样本值的观测统计，求得所研究系统的某些参数. 其基本思想是：当所求解问题是某种随机事件出现的概率或某个随机变量的期望值时，通过某种"试验"的方法，以这种事件出现的频率估计这一随机事件的概率，或者得到这个随机变量的某些数字特征，并将其作为问题的解.

例 6.1.8　用蒙特卡罗模拟求圆周率 π 的估计值.

在概率论中，蒲丰（de Buffon）投针是用统计试验求圆周率 π 的典型方法，这里给出另一个求圆周率 π 的概率模型.

解　如图 6.1.3 所示，考虑边长为 1 的正方形，以坐标原点为圆心，1 为半径在正方形内画出一个 1/4 圆. 设二维随机变量 (X,Y) 在正方形内服从均匀分布，则 (X,Y) 落在 1/4 圆内的概率为

$$P\{X^2 + Y^2 \leqslant 1\} = \pi/4$$

现产生 n 对二维随机点 (x_i, y_i)，x_i, y_i 是在区间 $(0, 1)$ 内均匀分布的随机数，若其中有 k 对满足 $x_i^2 + y_i^2 \leqslant 1$，即相当于做 n 次投点试验，其中有 k 次落在 1/4 圆内. 计算落入 1/4 圆内的频率为 k/n，由

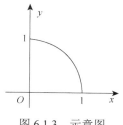

图 6.1.3　示意图

大数定律，事件发生的频率依概率收敛于发生的概率，可得圆周率 π 的估计值为 $4k/n$. 并且当试验次数越多时，估计值的精度越高.

MATLAB 程序如下：

```
clear
n=50000
X=rand(n,1);
Y=rand(n,1);
k=0;
for i=1:n;
    if X(i)^2+Y(i)^2<=1
    k=k+1;
    end
end
4*k/n
```

运行结果如下：

```
ans=3.1510
```

有兴趣的读者可以增加投点的试验次数 n，从而提高精度.

6.1.6　案例分析

在物资的供应过程中，由于到货与销售不可能做到同步同量，故总要保持一定的库存储备. 如果库存过多，就会造成积压浪费以及保管费的上升；如果库存过少，又会造成缺货. 如何选择库存和订货策略，是一个需要研究的问题. 库存问题有多种类型，一般都比较复杂，下面讨论一种简单的情形.

例 6.1.9　（库存问题）某电动车行的仓库管理人员采取一种简单的订货策略，当库存量降低到 P 辆电动车时就向厂家订货，每次订货 Q 辆. 如果某一天的需求量超过了库存量，商店就有销售损失和信誉损失；但如果库存量过多，会导致资金积压和保管费增加. 若现在已有如表 6.1.2 所示的两种库存策略，试比较并选择一种策略以使总费用最少.

表 6.1.2　订货方案

方案	重新订货点 P/辆	重新订货量 Q/辆
方案 1	125	150
方案 2	150	250

这个问题的已知条件是：

（1）从发出订货到收到货物需隔 3 天；

（2）每辆电动车的保管费为 0.50 元/天，每辆电动车的缺货损失为 1.60 元/天，每次的订货费为 75 元；

（3）每天电动车需求量是 0 到 99 之间均匀分布的随机数；

（4）原始库存为 110 辆，并假设第一天没有发出订货.

解　这一问题用解析法讨论比较麻烦，但用计算机按天仿真仓库货物的变动情况却很方便. 以 30 天为例, 依次对这两种方案进行仿真, 最后比较各方案的总费用, 从而可以作出决策.

计算机仿真时的工作流程是早上到货、全天销售、晚上订货, 输入一些常数和初始数据后, 以一天为时间步长进行仿真. 首先检查这一天是否为预定到货日期, 若是, 则原有库存量加 Q, 并将预订到货量清为零; 若不是, 则库存量不变. 接着仿真随机需求量, 可用计算机语言中的随机函数得到. 若库存量大于需求量, 则新的库存量减去需求量; 反之, 新库存量变为零, 并且要在总费用上加缺货损失, 然后检查实际库存量加上预订到货量是否小于重新订货点 P, 若是, 则需要重新订货, 这时就加一次订货费. 如此重复运行 30 天, 即可得所需费用总值. 由此比较这两种方案的总费用, 可以得到较好的方案.

程序详见在线小程序.

运行结果如下:

```
cost=2308        2908
mincost=2308
```

两种方案的花费分别为 2 308 元和 2 908 元, 第一种方案花费较小, 所以第一种方案更好.

例 6.1.10 (赶火车过程仿真) 一列火车从 A 站经过 B 站开往 C 站, 某人每天赶往 B 站乘这趟火车. 已知火车从 A 站到 B 站运行时间为均值 30 min、标准差 2 min 的正态随机变量. 火车大约在下午 1 点离开 A 站, 离开时刻的频率分布见表 6.1.3. 这个人到达 B 站时的频率分布见表 6.1.4. 用计算机仿真火车开出、火车到达 B 站、这个人到达 B 站的情况, 并给出他能赶上火车的仿真结果.

表 6.1.3 离开时刻的频率分布

离开时刻 T	1:00	1:05	1:10
频率	0.7	0.2	0.1

表 6.1.4 到达 B 站时的频率分布

到达时刻 T	1:28	1:30	1:32	1:34
频率	0.3	0.4	0.2	0.1

解 引入以下变量: T_1 为火车从 A 站开出的时刻, T_2 为火车从 A 站运行到 B 站所需要的时间, T_3 为此人到达 B 站的时刻. 则有表 6.1.5、表 6.1.6.

表 6.1.5 T_1 的频率分布

T_1/min	0	5	10
p	0.7	0.2	0.1

表 6.1.6 T_2 的频率分布

T_2/min	28	30	32	34
p	0.3	0.4	0.2	0.1

显然，这位旅客要赶上火车的条件是 $T_3 < T_1 + T_2$，那么可以通过计算机模拟出 T_1，T_2，T_3 这三个时间，再检验是否满足 $T_3 < T_1 + T_2$. 若满足，则能够赶上火车；否则不能赶上火车.

开车时间的仿真程序：

```
s1=0;s2=0;s3=0;
x=rand(10000,1);
for i=1:10000
        if x(i)<0.7
            s1=s1+1;
        end
        if x(i)>0.9
            s3=s3+1;
        end
    end
[s1/10000,1-s1/10000-s3/10000,s3/10000]
```

此人到达时刻的仿真程序：

```
s1=0;s2=0;s3=0;s4=0;
x=rand(10000,1);
for i=1:10000
    if x(i)<0.3
        s1=s1+1;
    elseifx(i)<0.7
        s2=s2+1;
    elseifx(i)<0.9
        s3=s3+1;
        else
        s4=s4+1;
        end
    end
end
[s1/10000,s2/10000,s3/10000,s4/10000]
```

火车运行时间的仿真程序：

```
x=randn(10000,1);
for i=1:10000
    y(i)=30+2*x(i);
end
```

赶上火车的仿真程序：

```
s=0;
x1=rand(10000,1);
x2=rand(10000,1);
x3=randn(10000,1);
for i=1:10000
```

```
if x1(i)<0.7
    T1=0;
elseifx1(i)<0.9
    T1=5;
else
    T1=10;
end
    T2=30+2*x3(i);
if x2(i)<0.3
    T3=28;
elseif x2(i)<0.7
    T3=30;
elseif x2(i)<0.9
    T3=32;
else
    T3=34;
end
if T3<T1+T2
    s=s+1;
end
  end
 [s/10000]
```

三个开车时刻的概率分别为 0.695 7, 0.203 6, 0.100 7, 此人到达 B 站的三个时刻的概率分别为 0.304 4, 0.391 9, 0.203 7, 0.100 0, 此人赶上火车的概率为 0.634 9.

6.1.7　总结与体会

计算机仿真的精度受到许多方面因素的影响, 比较难以控制. 因此, 在能用解析方法求解时, 通常不用计算机仿真. 计算机仿真环境局限于一个单维的数字化信息空间, 将主体和客体人为分割开来, 严重影响了人类对丰富多彩的自然界的多种渠道的理解和把握. 不过, 随着虚拟现实等技术的发展, 情况将有望获得改善.

在科技发展一日千里的今天, 计算机仿真方法的应用仍然是非常广泛且不可替代的. 展望未来, 计算机仿真方法将在人工智能、军事、医学、社会等领域有着广阔的应用前景.

6.2　排　队　论

排队常常是件很令人恼火的事情, 尤其是在我国这样的人口大国. 生活中许多时候和地方都会遇到排队, 如银行、医院、理发店、火车售票处、游乐场等. 这一节将讨论一下生活中排队的数学模型.

6.2.1　基本概念

　　排队论（queuing theory）也称为随机服务系统理论（random servicesy stem theory），是一门研究拥挤现象（排队、等待）的科学. 具体地说，它是在研究各种排队系统概率规律性的基础上，解决相应排队系统的最优设计和最优控制问题.

　　不同的顾客与服务组成了各式各样的服务系统. 顾客为了得到某种服务而到达服务系统，若不能立即获得服务则必须排队等待，待获得服务后离开系统. 图 6.2.1～6.2.5 给出了各种排队系统的简图.

图 6.2.1　单服务台排队系统

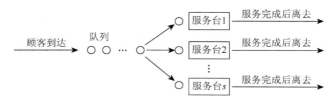

图 6.2.2　单队列-s 个服务台的并联排队系统

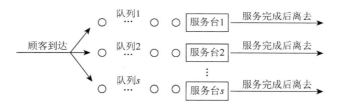

图 6.2.3　s 个队列-s 个服务台的并联排队系统

图 6.2.4　单队列-多个服务台的串联排队系统

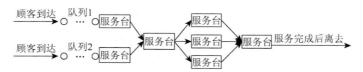

图 6.2.5　多队列-多服务台混联、网络系统

一般的排队系统，都可由图 6.2.6 中模型加以描述.

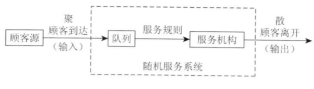

图 6.2.6　随机服务系统

6.2.2　排队系统的描述

1. 排队系统的特征和基本过程

实际的排队系统虽然千差万别，但是它们有以下的共同特征：

（1）有请求服务的人或物，如顾客.

（2）有为顾客服务的人或物，即服务员或服务台.

（3）顾客到达系统的时刻是随机的，为每一位顾客提供服务的时间是随机的，因此整个排队系统的状态也是随机的. 排队系统的这种随机性可能造成某些时候顾客排队较长，而另外一些时候服务员（台）又空闲无事.

2. 排队系统的基本组成

通常，排队系统由输入过程、服务规则和服务台三个部分组成.

（1）输入过程，是指要求服务的顾客是按怎样的规律到达排队系统的过程，有时也称之为顾客流. 一般可以从三个方面来描述一个输入过程：

①顾客总体数，也称为顾客源、输入源，是指顾客的来源. 顾客源可以是有限的，也可以是无限的. 例如，到售票处购票的顾客总数可以认为是无限的；而某个工厂因故障待修的机床则是有限的.

②顾客到达方式，是指顾客是怎样来到系统的，他们是单个到达的，还是成批到达的. 例如，病人到医院看病，病人是单个到达的；而库存问题中生产器材进货和产品入库（视为顾客）是成批到达的.

③顾客流的概率分布，也称为相继顾客到达的时间间隔分布，是在求解排队系统有关运行指标问题时首先需要确定的指标. 也可以理解为，在一定的时间间隔内，到达 $K(K=1,2,\cdots)$ 个顾客的概率是多大. 顾客流的概率分布一般有定长分布、二项分布、泊松流（最简单流）、埃尔朗（Erlang）分布等若干种.

（2）服务规则，是指服务台从队列中选取顾客进行服务的顺序，一般可以分为损失制、等待制和混合制三类.

①损失制，是指如果顾客到达排队系统时，所有服务台都已被先来的顾客占用，那么他们就自动离开系统永不再来. 典型例子是，电话拨号后出现忙音，顾客不愿等待而自动挂断电话，如要再打，就需重新拨号，这种服务规则即为损失制.

②等待制，是指当顾客来到系统时，所有服务台都不空，顾客加入排队行列等待服务，

如排队等待售票、故障设备等待维修等. 等待制中，服务台在选择顾客进行服务时，常有如下四种规则：

　　a. 先到先服务，即按顾客到达的先后顺序对顾客进行服务，这是最普遍的情形；

　　b. 后到先服务，例如，仓库中叠放的钢材，后叠放上去的先被领走，就属于这种情况；

　　c. 随机服务，即当服务台空闲时，不按照排队序列而随意指定某个顾客服务，如电话交换台接通呼叫电话；

　　d. 优先权服务，例如，老人、儿童先进车站，危重病员先就诊，遇到重要数据需要处理，计算机立即中断其他数据的处理等，均属于此种服务规则.

　　③混合制，是等待制与损失制相结合的一种服务规则，一般允许排队，但又不允许队列无限长下去. 具体说来，混合制大致分为三种：

　　a. 队长有限，即当排队等待服务的顾客人数超过规定数量时，后来的顾客就自动离去，另求服务，系统的等待空间是有限的. 例如，最多只能容纳 K 个顾客在系统中，当新顾客到达时，若系统中的顾客数（又称为队长）小于 K，则可进入系统排队或接受服务；否则，便离开系统，且不再回来. 例如，水库的库容是有限的；旅馆的床位是有限的.

　　b. 等待时间有限，即顾客在系统中的等待时间不超过某一给定的长度 T，当等待时间超过 T 时，顾客将自动离去，且不再回来. 例如，易损坏的电子元器件的库存问题，超过一定存储时间的元器件被自动认为失效. 又如，顾客到饭馆就餐，等了一定时间后不愿再等而自动离去另找饭馆用餐.

　　c. 逗留时间（等待时间与服务时间之和）有限，例如，用高射炮射击敌机，当敌机飞越高射炮射击有效区域的时间为 t 时，若在这个时间内未被击落，也就不可能再被击落了.

　　不难注意到，损失制和等待制可视为混合制的特殊情形，例如，记 s 为系统中服务台的个数，则当 $K=s$ 时，混合制即成为损失制；当 $K=\infty$ 时，混合制即成为等待制.

　　（3）服务台可以从以下三方面来描述：

　　①服务台数量及构成形式. 从数量上说，服务台有单服务台和多服务台之分. 从构成形式上看，服务台有单队-单服务台式、单队-多服务台并联式、多队-多服务台并联式、单队-多服务台串联式、单队-多服务台并串联混合式，以及多队-多服务台并串联混合式等.

　　②服务方式. 这是指在某一时刻接受服务的顾客数，它有单个服务和成批服务两种. 例如，公共汽车一次就可乘载一批乘客，就属于成批服务.

　　③服务时间的分布. 一般来说，在多数情况下，对每一个顾客的服务时间是一随机变量，其概率分布有定长分布、负指数分布、k 阶埃尔朗分布、一般分布（所有顾客的服务时间都是独立同分布的）等.

6.2.3　排队系统的描述符号与分类

　　为了区别各种排队系统，根据输入过程、排队规则和服务机制的变化对排队模型进行描述或分类，可给出很多排队模型. 为了方便描述，20 世纪 50 年代，肯德尔（Kendall）提出了一种目前在排队论中广泛采用的肯德尔记号，其完整的表达方式通常用到 6 个符号，并取如下固定格式：

$$A/B/C/D/E/F$$

各符号的意义如下:

A: 顾客相继到达的间隔时间分布, 常用符号为

①M, 到达过程为泊松过程或负指数分布;

②D, 定长输入;

③E_k, k 阶埃尔朗分布;

④G, 一般相互独立的随机分布.

B: 服务时间分布, 所用符号与表示顾客相继到达的间隔时间分布相同, 即

①M, 服务过程为泊松过程或负指数分布;

②D, 定长分布;

③E_k, k 阶埃尔朗分布;

④G, 一般相互独立的随机分布.

C: 服务台 (员) 个数. "1"表示单个服务台, "s"($s>1$) 表示多个服务台.

D: 系统中顾客容量限额, 也称为等待空间容量. 例如, 系统有 K 个等待位子, 则 $0<K<\infty$. 当 $K=0$ 时, 系统不允许等待, 即为损失制; 当 $K=\infty$ 时, 为等待制系统, 此时"∞"一般省略不写; 当 K 为有限整数时, 为混合制系统.

E: 顾客源限额, 分有限与无限两种, "∞"表示顾客源无限, 此时"∞"一般也可省略不写.

F: 服务规则, 常用符号为

①FCFS (first come first serve), 先到先服务的排队规则;

②LCFS (last come first serve), 后到先服务的排队规则;

③PR, 优先权服务的排队规则.

例如, 某排队问题为 $M/M/s/\infty/\infty/$FCFS, 表示顾客到达间隔时间为负指数分布 (泊松流); 服务时间为负指数分布; 有 s ($s>1$) 个服务台; 系统等待空间容量无限 (等待制); 顾客源无限, 采用先到先服务规则.

某些情况下, 排队问题仅用上述表达形式中的前 3 个、4 个或 5 个符号, 如无特别说明, 均理解为系统等待空间容量无限, 顾客源无限, 先到先服务, 单个服务的等待制系统.

6.2.4 排队系统的主要数量指标

研究排队系统的目的是通过了解系统运行的状况, 对系统进行调整和控制, 使系统处于最优运行状态. 因此, 首先需要弄清系统的运行状况. 描述一个排队系统运行状况的主要数量指标如下:

(1) 队长和排队长 (队列长). 队长是指系统中的平均顾客数 (排队等待的顾客数与正在接受服务的顾客数之和), 记为 L_s; 排队长是指系统中正在排队等待服务的平均顾客数, 记为 L_q.

队长和排队长一般都是随机变量, 我们希望能确定它们的分布, 或者至少能确定它们的平均值 (即平均队长和平均排队长) 及有关的矩 (如方差等). 队长的分布是顾客和服

务员都关心的，特别是对系统设计人员来说，如果能知道队长的分布，就能确定队长超过某个数的概率，从而确定合理的等待时间.

（2）等待时间和逗留时间. 从顾客到达时刻起到他开始接受服务为止这段时间称为等待时间. 等待时间是随机变量，也是顾客最关心的指标，因为顾客通常希望等待时间越短越好. 从顾客到达时刻起到他接受服务完成止这段时间称为逗留时间. 逗留时间也是随机变量，同样也是顾客非常关心的. 对这两个指标的研究当然是希望能确定它们的分布，或者至少能知道顾客的平均等待时间 W_q 和平均逗留时间 W_s.

（3）忙期和闲期. 忙期是指从顾客到达空闲着的服务台起，到服务台再次成为空闲为止的这段时间，即服务台连续忙的时间. 忙期是随机变量，是服务员最关心的指标，因为它关系到服务员的服务强度. 与忙期相对的是闲期，即服务台连续保持空闲的时间. 在排队系统中，忙期和闲期总是交替出现的.

除了上述几个基本数量指标外，还会用到其他一些重要的指标，如在损失制或系统容量有限的情况下，由于顾客被拒绝，而使服务系统受到损失的顾客损失率及服务强度等，也都是十分重要的数量指标.

（4）一些数量指标的常用记号.

①主要数量指标.

L 或 L_s：平均队长，即稳态系统任一时刻所有顾客数的期望值；

L_q：平均等待队长或队列长，即稳态系统任一时刻等待服务的顾客数的期望值；

W 或 W_s：平均逗留时间，即（在任一时刻）进入稳态系统的顾客逗留时间的期望值；

W_q：平均等待时间，即（在任一时刻）进入稳态系统的顾客等待时间的期望值.

②其他常用数量指标.

s：系统中并联服务台的数目；

λ：平均到达率；

$1/\lambda$：平均到达间隔；

μ：平均服务率；

$1/\mu$：平均服务时间；

ρ：服务强度，即每个服务台单位时间内的平均服务时间，一般有 $\rho = \lambda/(s\mu)$；

N：稳态系统任一时刻的状态，即系统中所有顾客数；

U：任一顾客在稳态系统中的逗留时间；

Q：任一顾客在稳态系统中的等待时间.

其中，N，U，Q 都是随机变量.

对于损失制和混合制的排队系统，当顾客到达服务系统时，若系统容量已满，则顾客自行离去. 这就是说，到达的顾客不一定全部进入系统，为此引入 λ_e. 对于等待制的排队系统，有 $\lambda_e=\lambda$.

用 λ 表示有效平均到达率，即每单位时间内进入系统的平均顾客数（期望值）；μ 表示单位时间内服务完毕离去的平均顾客数. 因此，$1/\lambda$ 表示相邻两顾客到达的平均间隔时间；$1/\mu$ 表示对每个顾客的平均服务时间. 李特尔（Little）给出了如下公式：

$$L_s = \lambda W_s, \qquad L_q = \lambda W_q$$

$$W_s = W_q + \frac{1}{\mu}, \qquad L_s = L_q + \frac{\lambda}{\mu}$$

该公式称为李特尔公式.

下面介绍与排队论有关的 Lingo 函数.

（1）@peb(load, S). 该函数的返回值是当到达负荷为 load、服务系统中有 S 个服务台且允许排队时系统繁忙的概率，也就是顾客等待的概率.

（2）@pel(load, S). 该函数的返回值是当到达负荷为 load、服务系统中有 S 个服务台且不允许排队时系统损失概率，也就是顾客得不到服务离开的概率.

（3）@pfs(load, S, K). 该函数的返回值是当到达负荷为 load、顾客数为 K、平行服务台有 S 个时有限源的泊松服务系统等待或返修顾客数的期望值.

排队系统中，由于顾客到达分布和服务时间分布是多种多样的，加之服务台数、顾客源有限和无限，排队容量有限和无限等不同组合，就会有数不胜数的不同的排队模型，若对所有排队模型都进行分析与计算，不但十分繁杂而且也没有必要. 下面仅分析几种常见的排队系统模型.

1. 泊松输入-指数服务排队模型

泊松输入-指数分布服务的排队系统的一般解决过程：

（1）根据已知条件绘制状态转移速度图；

（2）依据状态转移速度图写出各稳态概率之间的关系；

（3）求出 p_0 及 p_n；

（4）计算各项数量运行指标；

（5）用系统运行指标构造目标函数，并对系统进行优化.

设 $\lambda > 0$ 为单位时间平均到达的顾客数.

$$P\{I = n\} = \frac{\lambda^n e^{-\lambda}}{n!} \quad (n = 0, 1, 2, \cdots)$$

其中，顾客等待概率 P_{wait} 为

```
@peb(load,S)
```

其中，S 是服务台或服务员的个数；load 是系统到达负荷，即 $\text{load} = \lambda/\mu$.

顾客平均等待时间为

$$W_q = \frac{P_{\text{wait}} \cdot T}{S - \text{load}}$$

其中，$T/(S{-}\text{load})$ 是一个重要指标，可以视为一个"合理的长度间隔". 此处需要注意的是，当 load 趋于 S 时，此值趋于无穷. 也就是说，当系统负荷接近服务台的个数时，顾客平均等待时间将趋于无穷. 当 load>S 时，该式无意义.

2. $M/M/1$ 等待制排队模型

（1）$M/M/1/\infty$ 负指数分布参数 λ, μ.

例 6.2.1 某维修中心在周末只安排一名员工为顾客服务，新来维修的顾客到达后，若已有顾客正在接受服务，则需要排队等待. 假设来维修的顾客到达过程为泊松流，平均每小时 4 人，维修时间服从负指数分布，平均需要 6 min，试求该系统的主要数量指标.

解 记 $R = \lambda = 4, T = 1/\mu$ （平均服务时间），利用 Lingo 求解：

```
S=1;R=4;T=6/60;load=R*T;
Pwait=@peb(load,S);
W_q=Pwait*T/(S-load);L_q=R*W_q;
W_s=W_q+T;L_s=W_s*R;
```

（2）$M/M/S/\infty$：λ, μ.

例 6.2.2 三个打字员，平均每份文件的打印时间为 10 min，而文件的到达率为 15 份/h，试求该打印室的主要指标.

读者可以参考例 6.2.1 Lingo 程序进行求解.

（3）$M/M/1/1$ 损失制模型.

顾客到达，若服务台被占用，则立即离开. 这里主要考察下面几个指标：

① 系统损失概率为

```
Plost=@pel(load,S)
```

② 单位时间内平均进入系统的顾客数（R_c 或 λ_c）为
$$R_c = \lambda_c = \lambda(1 - \text{Plost})$$

③ 系统的相对通过能力 Q 与绝对通过能力 A 分别为
$$Q = 1 - \text{Plost}, \qquad A = \lambda c Q$$

④ 系统在单位时间内占用服务台的均值为
$$L_s = \lambda c / \mu = R_c T \qquad （损失制中 L_q = 0）$$

⑤ 系统服务台的效率为
$$\eta = L_s / s$$

⑥ 顾客在系统内平均逗留时间（由于 $W_q = 0$）为
$$W_s = 1/\mu = T$$

例 6.2.3 设某条电话线，平均每分钟有 0.6 次呼叫，若每次通话时间平均为 1.25 min，求系统相应的参数指标.

解 利用 Lingo 求解：

```
S=1;R=0.6;T=1.25;load=R*T;
Plost=@pel(load,S);
Q=1-Plost;R_e=Q*R;A=Q*R_e;
L_s=R_e*T;eta=L_s/S;
```

下面再来看一个例子：

例 6.2.4 某火车站售票处有三个窗口，同时售各车次的车票. 顾客到达服从泊松分布，平均每分钟到达 $\lambda = 0.9$（人）；服务时间服从负指数分布，平均服务率 $\mu = 0.4$（人/min）.

分两种情况：第一，顾客排成一队，依次购票；第二，顾客在每个窗口排一队，不准串队. 求：

（1）售票处空闲的概率；

（2）平均等待时间和逗留时间；

（3）队长和队列长.

解　第一种情况. 这是一个 $M/M/3/\infty/\infty$ 排队模型.

$$W_s = W_q + \frac{1}{\mu} = \frac{@\text{peb}(2.25,3) \times 2.5}{3 - 2.25} \times 1.893 + 2.5 = 4.393 \ (\text{min})$$

其中，

$$\text{load} = \lambda/\mu = 2.25, \qquad L_s = \lambda W_s = 3.954$$

售票处空闲概率公式为

$$p_0 = \left[\sum_{k=0}^{s-1} \frac{(s\rho)^k}{k!} + \frac{s^s}{s!} \cdot \frac{\rho^s}{1-\rho} \right]^{-1}$$

依据题意有 $s = 3, \rho = \dfrac{\lambda}{s\mu} = 0.75$，得

$$p_0 = \left[1 + \frac{\lambda}{\mu} + \frac{1}{2!}\left(\frac{\lambda}{\mu}\right)^2 + \frac{1}{3!}\left(\frac{\lambda}{\mu}\right)^3 \cdot \frac{1}{1-0.75} \right]^{-1} = 0.074\ 8$$

$k\,(k \leqslant s)$ 个窗口空闲的概率公式为

$$p_k = \frac{(s\rho)^k}{k!} p_0$$

得

$$p_1 = \left(\frac{\lambda}{\mu}\right) p_0 = 2.25 \times 0.074\ 8 = 0.168\ 3$$

$$p_2 = \frac{\left(\dfrac{\lambda}{\mu}\right)^2}{2!} p_0 = 0.189\ 3$$

故售票处空闲的概率为 0.074 8，有一个窗口空闲的概率为 0.168 3，有两个窗口空闲的概率为 0.189 3. 平均等待时间 W_q=1.893(min)，平均逗留时间 W=4.393(min)，队长 L_s=3.954（人），队列长 L_q=1.704（人）.

第二种情况. 现在问题为 $M/M/1/\infty/\infty$ 排队模型，三个系统并联，则

$$\lambda = 0.3, \qquad \mu = 0.4, \qquad \rho = \lambda/\mu = 0.75, \qquad p_0 = 1 - \rho = 0.25$$

三个服务台都有空的时候，有

$$p_0^3 = 0.015\ 6, \qquad L_s = \frac{\rho}{1-\rho} = 3, \qquad \lambda_e = \lambda = 0.3$$

$$L_q = L_s - \rho = 2.25, \qquad W_s = \frac{L_s}{\lambda} = 10, \qquad W_q = W_s - \frac{1}{\mu} = 7.5$$

故售票处空闲的概率为 0.015 6，有一个窗口空闲的概率为 0.25，有两个窗口空闲的概率为 0.062 5. 平均等待时间 W_q=7.5 min，平均逗留时间 W_s=10 min，队长 L_s=3，三个队共 3+3+3=9，队列长 L_q=2.25，共 6.75 人.

相比之下，排一队共享三个服务台效率更高.

例 6.2.5　某车站候车室在某段时间旅客到达服从泊松流分布，平均速度为 50 人/h，每位旅客在候车室内停留的时间服从负指数分布，平均停留时间为 0.5 h，问候车室内平均人数为多少？

解　将旅客停留在候车室视为服务，于是系统为 $M/M/\infty/\infty/\infty$ 排队模型，$\lambda=50$，$\mu=1/0.5=2$.

6.2.5　排队系统的优化目标与最优化问题

完全消除排队现象是不现实的，那将会造成服务人员和设施的严重浪费，但是设施的不足和低水平的服务，又将引起太多的等待，从而导致生产和社会性损失. 从经济角度考虑，排队系统的费用应该包含以下两个方面：一个是服务费用，它是服务水平的递增函数；另一个是顾客等待的机会损失（费用），它是服务水平的递减函数. 两者的总和呈一条 U 形曲线.

系统最优化的目标就是寻求上述合成费用曲线的最小值. 在这种意义下，排队系统的最优化问题通常分为两类：一类称为系统的静态最优设计，目的在于使设备达到最大效益，或者说，在保证一定服务质量指标的前提下，要求机构最为经济；另一类称为系统动态最优经营，是指一个给定排队系统，如何经营可使某个目标函数值达到最优.

归纳起来，排队系统常见的优化问题在于：

（1）确定最优服务率 λ^*；

（2）确定最佳服务台数量 s^*；

（3）选择最合适的服务规则；

（4）确定上述几个量的最优组合.

有兴趣的读者可以查阅资料了解排队系统优化设计的基本思想. 本小节仅给出一个简单的案例进行简要分析.

例 6.2.6　一车间内有 10 台相同的机器，每台机器运行时每小时能创造 60 元的利润，且平均每小时损坏 1 次，而一名修理工修复 1 台机器需要 15 min，以上时间均服从负指数分布，设一名修理工每小时工资为 90 元，问：

（1）该车间应设置多少名修理工，使得总费用最少？

（2）若要求损坏的机器等待修理的时间不超过 30 min，应设置多少名修理工？

解　这是 $M/M/s/K/K$ 模型，s 为未知量.

（1）$K=10$，设 L_s 为队长，则每小时工作的机器台数为 $K-L_s$. 设置 s 名修理工. 所以，目标规划为

$$\min f = 60L_s + 90s$$

Lingo 求解程序如下：

```
K=10;R=1;T=0.25;
L_s=@pfs(K*T*R,S,K);
R_e=R*(K-L_s);
```

```
P=(K-L_s)/K;
L_q=L_s-R_e*T;
W_s=L_s/R_e;
W_q=W_s-T;
Pwork=R_e/S*T;
min=60*L_S+90*s;
@gin(s);
```

求得结果 $s=2$，即设置 2 名修理工.

（2）$K=10$. 设 W_Q 为等待时间，则增加约束为 W_Q，设置 s 名修理工. 目标规划为

$$\min f = 60L_s + 90s$$

利用 Lingo 求解的程序如下：

```
K=10;R=1;T=0.25;min=60*L_S+90*s;
L_s=@pfs(K*T*R,S,K);R_e=R*(K-L_s);P=(K-L_s)/K;L_q=L_s-R_e*T;
W_s=L_s/R_e;W_q=W_s-T;Pwork=R_e/S*T;w_q<0.5;
    @gin(S);
```

求得结果 $s=2$，即设置 2 名修理工.

6.2.6 总结与体会

在使用排队论时，要注意该问题是属于排队论哪个模型，选择合适的模型解决问题，并且应注意顾客到达和服务时间的分布检验.

第7章 微分方程与差分方程模型

7.1 微分方程模型

7.1.1 微分方程模型的使用背景

在研究实际问题时, 常常会联系到某些变量的变化率或导数, 这样所得到变量之间的关系式就是微分方程模型. 微分方程模型反映的是变量之间的间接关系, 要得到直接关系, 就需要求解微分方程.

求解微分方程有三种方法: 一是求精确解; 二是求数值解 (近似解); 三是定性理论方法.

7.1.2 微分方程模型的建立方法

1. 根据规律列方程

根据规律列方程, 是指利用数学、力学、物理、化学等学科中的定理或经过实践检验的规律等来建立微分方程模型.

2. 微元分析法

微元分析法, 是指利用已知的定理与规律寻找微元之间的关系式, 与第一种方法不同的是, 对微元而不是直接对函数及其导数应用规律.

3. 模拟近似法

在生物、经济等学科的实际问题中, 许多现象的规律性不是很清楚, 即使有所了解也是极其复杂的. 模拟近似法, 是指建模时在不同的假设下去模拟实际的现象, 建立能近似反映问题的微分方程, 然后从数学上求解或分析所建方程及其解的性质, 再去同实际情况对比, 检验此模型能否刻画、模拟某些实际现象.

微分方程建模是数学建模的重要方法, 在科技工程、经济管理、生态环境、人口、交通等领域有着广泛的应用. 本章通过几个案例详细地介绍微分方程建模的方法.

7.1.3 案例分析

1. 缉私问题

一艘缉私舰雷达发现距 c km 处有一艘走私船正以匀速 a km/min 沿直线行驶. 缉私舰

立即以最大速度 b km/min 追赶，若用雷达进行跟踪，保持缉私舰的瞬时速度方向始终指向走私船，试求缉私舰追逐路线和追上的时间.

（1）模型建立.

建立如图 7.1.1 所示的坐标系，缉私舰在 $(c, 0)$ 处发现走私船在 $(0, 0)$ 处，走私船逃跑方向为 y 轴方向. 在 t 时刻，走私船到达 $R(0, at)$，缉私舰到达 $D(x, y)$，根据题意有如下关系式：

$$\frac{\mathrm{d}y}{\mathrm{d}x} = \tan\alpha = \frac{y - at}{x - 0}$$

化简，得

$$x\frac{\mathrm{d}y}{\mathrm{d}x} - y = -at$$

对 t 求导，得

$$\frac{\mathrm{d}x}{\mathrm{d}t} \cdot \frac{\mathrm{d}y}{\mathrm{d}x} + x\frac{\mathrm{d}^2 y}{\mathrm{d}x^2} \cdot \frac{\mathrm{d}x}{\mathrm{d}t} - \frac{\mathrm{d}y}{\mathrm{d}t} = -a$$

化简得

$$x\frac{\mathrm{d}^2 y}{\mathrm{d}x^2} = -a\frac{\mathrm{d}t}{\mathrm{d}x}$$

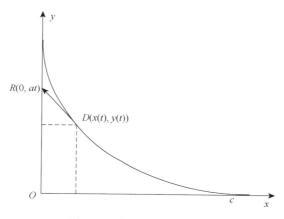

图 7.1.1　缉私舰追击示意图

又因 $\dfrac{\mathrm{d}s}{\mathrm{d}t} = b, s$ 为弧长，故

$$\frac{\mathrm{d}t}{\mathrm{d}x} = \frac{\mathrm{d}t}{\mathrm{d}s} \cdot \frac{\mathrm{d}s}{\mathrm{d}x} = -\frac{1}{b}\sqrt{1 + \left(\frac{\mathrm{d}y}{\mathrm{d}x}\right)^2}$$

可得

$$\begin{cases} x\dfrac{\mathrm{d}^2 y}{\mathrm{d}x^2} = r\sqrt{1 + \left(\dfrac{\mathrm{d}y}{\mathrm{d}x}\right)^2} \\ y(c) = 0, \ y'(c) = 0 \end{cases}$$

其中，$r=a/b.$

（2）模型求解.

① 求解析解.

令 $\dfrac{\mathrm{d}y}{\mathrm{d}x}=p$，则 $\dfrac{\mathrm{d}^2y}{\mathrm{d}x^2}=\dfrac{\mathrm{d}p}{\mathrm{d}x}$，有

$$\begin{cases}\dfrac{\mathrm{d}p}{\sqrt{1+p^2}}=r\dfrac{\mathrm{d}x}{x}\\ p(c)=0\end{cases}$$

积分得

$$p+\sqrt{1+p^2}=\left(\dfrac{x}{c}\right)^r,\qquad p-\sqrt{1+p^2}=-\left(\dfrac{c}{x}\right)^r$$

所以

$$\begin{cases}\dfrac{\mathrm{d}y}{\mathrm{d}x}=\dfrac{1}{2}\left[\left(\dfrac{x}{c}\right)^r-\left(\dfrac{c}{x}\right)^r\right]\\ y(c)=0\end{cases}$$

当 $r=\dfrac{a}{b}<1$ 时，有

$$y=\dfrac{c}{2}\left[\dfrac{1}{1+r}\left(\dfrac{x}{c}\right)^{1+r}-\dfrac{1}{1-r}\left(\dfrac{x}{c}\right)^{1-r}\right]+\dfrac{cr}{1-r^2}$$

当 $x=0$ 时，$y=\dfrac{cr}{1-r^2}=at$，则

$$t=\dfrac{y}{a}=\dfrac{cr}{a(1-r^2)}=\dfrac{bc}{(b^2-a^2)}$$

故 $c=3$ km，$a=0.4$ km/min，分别取 $b=0.6$ km/min，0.8 km/min，1.2 km/min，缉私舰追赶路线如图 7.1.2 所示，追赶时间分别为 $t=9$ min，5 min，2.812 5 min.

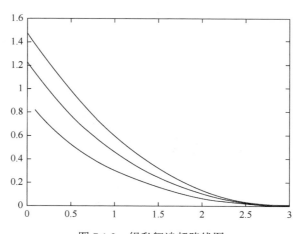

图 7.1.2 缉私舰追赶路线图

当 $r = \dfrac{a}{b} > 1$ 时，有

$$y = \frac{c}{2}\left[\frac{1}{1+r}\left(\frac{x}{c}\right)^{1+r} + \frac{1}{r-1}\left(\frac{c}{x}\right)^{r-1}\right] - \frac{cr}{r^2-1}$$

当 $x \to 0$ 时，$y \to +\infty$，缉私舰不可能追赶上走私船.

当 $r=1$ 时，有

$$y = \frac{1}{2}\left(\frac{x^2 - c^2}{2c} - c\ln\frac{x}{c}\right)$$

当 $x \to 0$ 时，$y \to +\infty$，缉私舰不可能追赶上走私船.

②求数值解.

假设走私船逃跑速度 $a=60$ km/h，缉私舰追击速度 $b=80$ km/h，缉私舰发现走私船时相距 $c=500$ km. 计算得 $r = a/b = 0.75$.

首先，建立 M-文件.

```
%文件名为 zhuiji.m
functionf=zhuiji(x,y)                  %建立微分方程组函数,函数名为 zhuiji
f=[y(2);0.75*sqrt(1-y(2)^2)/x];
```

其次，建立主程序.

```
%文件名为 zhui.m
[x,y]=ode23('zhuiji',[500,1],[0, 0]);   %调用 ode23 求解方程组
plot(x,y(:,1))                          %画出图形
```

运行结果如图 7.1.3 所示.

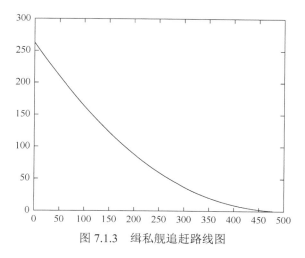

图 7.1.3　缉私舰追赶路线图

图 7.1.3 描述了当走私船逃跑速度 $a=60$ km/h，缉私舰追击速度 $b=80$ km/h，缉私舰发现敌艇时相距 $c=500$ km 的情况下的追击路线图.

2. 人口增长模型

据考古学家论证，地球上出现生命距今已有 20 亿年，而人类的出现距今却不足 200 万年.

纵观人类人口总数的增长情况，可以发现：1 000 年前人口总数为 2.75 亿；经过漫长的过程，到 1830 年，人口总数达 10 亿；又经过 100 年，在 1930 年，人口总数达 20 亿；30 年之后，在 1960 年，人口总数达 30 亿；又经过 15 年，1975 年的人口总数是 40 亿；12 年之后，即 1987 年，人口已达 50 亿.

我们自然会产生这样一个问题：人类人口增长的规律是什么？如何用数学来描述这一规律？

1）Malthus 模型

1789 年，马尔萨斯（Malthus）在分析了 100 多年的人口统计资料之后，提出了 Malthus 模型.

（1）模型假设.

①设 $x(t)$ 为 t 时刻的人口数，且 $x(t)$ 连续可微；

②人口的增长率 r 表示单位时间内增长的人口占总人口的比例，r 为常数（增长率＝出生率-死亡率）；

③人口数量的变化是封闭的，即人口数量的增加与减少只取决于人口中个体的生育和死亡，且每一个体都具有同样的生育能力与死亡率.

（2）模型构建与求解.

由假设，t 时刻到 $t+\Delta t$ 时刻人口的增量为

$$x(t+\Delta t)-x(t)=rx(t)\Delta t$$

于是得

$$\begin{cases} \dfrac{\mathrm{d}x}{\mathrm{d}t}=rx \\ x(0)=x_0 \end{cases}$$

其解为

$$x(t)=x_0\mathrm{e}^{rt} \qquad\qquad ①$$

（3）模型评价.

考虑 200 多年来人口增长的实际情况，1961 年世界人口总数为 3.06×10^9，在 1961～1970 年这段时间内，平均每年人口自然增长率为 2%，则式①可写为

$$x(t)=3.06\times10^9\mathrm{e}^{0.02(t-1\,961)} \qquad\qquad ②$$

根据 1700～1961 年世界人口统计数据，发现这些数据与式②的计算结果相当符合. 因为在这期间，地球上人口大约每 35 年增加 1 倍，而式②算出每 34.6 年增加 1 倍.

利用式②对世界人口进行预测，也会得出惊异的结论：当 $t=2\,670$ 时，$x(t)=4.4\times10^{15}$，即 4 400 万亿，这相当于地球上每平方米要容纳至少 20 人.

显然，用这一模型进行预测的结果远高于实际人口增长，误差的原因是对增长率 r 的估计过高. 由此，可以对 r 是常数的假设提出疑问.

2）阻滞增长模型（logistic 模型）

如何对增长率 r 进行修正呢？我们知道，地球上的资源是有限的，它只能供一定数量的生命生存所需. 随着人口数量的增加，自然资源、环境条件等对人口再增长的限制作用将越来越显著. 当人口较少时，可以将增长率 r 视为常数，但是，当人口增加到一定数量

之后，就应当视 r 为一个随着人口的增加而减小的量，即将增长率 r 表示为人口 $x(t)$ 的函数 $r(x)$，且 $r(x)$ 为 x 的减函数.

（1）模型假设.

①设 $r(x)$ 为 x 的线性函数，$r(x) = r - sx$（工程师原则，首先用线性）；

②自然资源与环境条件所能容纳的最大人口数为 x_m，即当 $x = x_m$ 时，增长率 $r(x_m) = 0$.

（2）模型构建与求解.

由假设①、②可得

$$r(x) = r\left(1 - \frac{x}{x_m}\right)$$

则有

$$\begin{cases} \dfrac{\mathrm{d}x}{\mathrm{d}t} = r\left(1 - \dfrac{x}{x_m}\right)x \\ x(t_0) = x_0 \end{cases} \qquad ③$$

式③是一个可分离变量的方程，其解为

$$x(t) = \frac{x_m}{1 + \left(\dfrac{x_m}{x_0 - 1}\right)\mathrm{e}^{-r(t - t_0)}}$$

（3）模型检验.

由式③计算可得

$$\frac{\mathrm{d}^2 x}{\mathrm{d}t^2} = r^2\left(1 - \frac{x}{x_m}\right)\left(1 - \frac{2x}{x_m}\right)x \qquad ④$$

人口总数 $x(t)$ 有如下规律：

① $\lim\limits_{x \to +\infty} x(t) = x_m$，即无论人口初值 x_0 如何，人口总数以 x_m 为极限.

②当 $0 < x < x_m$ 时，$r(x) = r\left(1 - \dfrac{x}{x_m}\right) > 0$，这说明 $x(t)$ 是单调增加的. 又由式④知，当 $x < \dfrac{x_m}{2}$ 时，$\dfrac{\mathrm{d}^2 x}{\mathrm{d}t^2} > 0$，$x = x(t)$ 为凹函数；当 $x > \dfrac{x_m}{2}$ 时，$\dfrac{\mathrm{d}^2 x}{\mathrm{d}t^2} < 0$，$x = x(t)$ 为凸函数.

③人口变化率 $\dfrac{\mathrm{d}x}{\mathrm{d}t}$ 在 $x = \dfrac{x_m}{2}$ 时取到最大值，即人口总数达到极限值一半以前是加速生长时期，经过这一点之后，生长速率会逐渐变小，最终达到零.

表 7.1.1 给出了 21 世纪初用 Malthus 模型和 logistic 模型计算所得的美国人口预测数. 自 1790 年开始，每十年统计一次，取 x_m=197 273 000，r=0.031 34，人口数量以百万为单位.

表 7.1.1　美国人口预测表

年份	实际统计人数/百万	Malthus 模型预测值/百万	误差/%	logistic 模型预测值/百万	误差/%
1790	3.929	3.929 0	0.000 0	3.929 0	0.000 0
1800	5.308	5.375 1	1.264 9	5.336 0	0.528 0

续表

年份	实际统计人数/百万	Malthus 模型预测值/百万	误差/%	logistic 模型预测值/百万	误差/%
1810	7.240	7.353 6	1.568 5	7.228 1	−0.164 5
1820	7.638	10.060 2	4.380 4	7.756 9	1.234 0
1830	12.866	13.763 0	6.972 0	13.109 5	1.892 7
1840	17.069	18.828 7	10.309 6	17.506 5	2.563 2
1850	23.192	25.759 0	11.068 6	23.192 6	0.002 4
1860	31.443	35.240 1	12.076 2	30.413 0	−3.275 9
1870	38.558	48.210 9	25.034 7	37.372 9	2.113 3
1880	50.156	65.955 8	31.501 3	50.178 6	0.045 0
1890	62.948	90.232 1	43.343 8	62.771 0	−0.281 2
1900	75.995	123.443 7	62.436 6	76.872 0	1.154 0
1910	91.972	168.879 4	83.620 5	91.974 6	0.002 8
1920	105.711	231.038 6	118.556 9	107.397 6	1.595 5
1930	122.775	316.076 7	157.443 9	122.400 6	−0.304 9
1940	131.669	432.414 6	228.410 4	136.320 5	3.532 7
1950	150.697	591.572 9	292.557 9	148.679 9	−1.338 5

用式①对 1790 年以来的美国人口进行检验，发现有很大差异，见表 7.1.1.

利用 MATLAB 求解 Malthus 模型和 logistic 模型，预测美国人口数量，程序如下所示：

```
k=197.273;                        %x_m=197.273
r=0.03134;                        %r=0.03134
t=0:10:160;                       %时间间隔为 10 年
n0=3.929;
n1=[3.929 5.308 7.240 7.638 12.866 17.069 23.192 31.443 38.558 50.156
    62.948 75.9 95 91.972 105.711 122.775 131.669 150.697];   %实际统计资料
n2=n0*exp(r*t);                   %Malthus 模型
n3=k./(1+((k/n0)-1).*exp(-r.*t)); %logistic 模型
t=t+1790;
plot(t,n1,'k*-',t,n2,'go-',t,n3)
```

运行结果如图 7.1.4 所示，图中星号是 logistic 模型求解的预测值，圆圈是 Malthus 模型预测值，曲线为实际统计值. 由图 7.1.4 可以看出，Malthus 模型只是在短时间内是精确的，而 logistic 模型与实际统计值十分吻合. 这说明，logistic 模型能很好地模拟现实的过程.

3. 传染病模型

随着卫生设施的改善、医疗水平的提高以及人类文明的不断发展，诸如霍乱、天花等曾经肆虐全球的传染性疾病已经得到了有效的控制. 但是，一些新的、不断变异着的传染

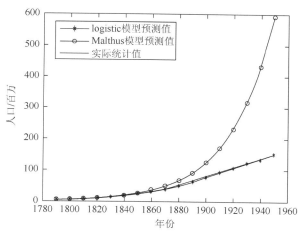

图 7.1.4　美国人口预测图

病毒却悄悄地向人类袭来. 20 世纪 80 年代，十分险恶的艾滋病毒开始肆虐全球，至今仍在蔓延；2003 年春，来历不明的 SARS 病毒突袭人间，给人们的生命带来了极大的危害. 长期以来，建立数学模型来描述传染病的传播过程、分析受感染人数的变化规律、探索制止传染病蔓延的手段等，一直是有关专家关注的一个热点问题.

　　不同类型传染病的传播过程有其各自不同的特点，弄清这些特点需要相当多的病理知识，这里不可能从医学角度一一分析各种传染病的传播特点，而只能按照一般的传播机理来建立数学模型.

　　1）模型 I

　　这是一个最简单的传染病模型. 设 t 时刻的病人人数 $x(t)$ 是连续、可微函数，并且每个病人每天有效接触（足以使人致病的接触）的平均人数是常数 λ. 考察 t 到 $t+\Delta t$ 这段时间内病人人数的增加，于是就有

$$x(t+\Delta t)-x(t)=\lambda x(t)\Delta t$$

变换得

$$\frac{x(t+\Delta t)-x(t)}{\Delta t}=\lambda x(t) \tag{①}$$

再设当 $t=0$ 时，有 x_0 个病人，并对式①取 $\Delta t\to 0$ 时的极限，得微分方程

$$\frac{\mathrm{d}x}{\mathrm{d}t}=\lambda x,\qquad x(0)=x_0$$

解得

$$x(t)=x_0\mathrm{e}^{\lambda t} \tag{②}$$

　　式②表明，随着 t 的增加，病人人数 $x(t)$ 将会无限增长，这显然是不符合实际的.

　　上述建模失败的原因是：

　　（1）在病人有效接触的人群中，有健康人也有病人，而其中只有健康人才可以被传染为病人，所以，在改进的模型中必须区别这两种人；

　　（2）人群的总人数是有限的，不是无限的，而且，随着病人人数的增加，健康者人数在逐渐减少，因此，病人人数不会无限地增加下去.

2）模型 II

模型假设：

（1）在疾病传播期内所考察地区的总人数 N 不变，既不考虑生死，也不考虑迁移.

（2）人群分为易感染者和已感染者两类，以下简称健康者和病人，并记时刻 t 这两类人在总人数中所占的比例分别为 $s(t)$ 和 $i(t)$.

（3）每个病人每天有效接触的平均人数为常数 λ，λ 称为日接触率. 当病人与健康者有效接触时，健康者受感染变为病人.

根据上述假设，每个病人每天可使 $\lambda s(t)$ 个健康者变为病人. 因为病人人数为 $Ni(t)$，所以每天共有 $\lambda Ns(t)i(t)$ 个健康者被感染. 于是，$\lambda Ns(t)i(t)$ 就是病人人数 $Ni(t)$ 的增加率，即有

$$N\frac{\mathrm{d}i}{\mathrm{d}t} = \lambda Ns(t)i(t) \qquad\qquad ③$$

又因为 $s(t)+i(t)=1$，再记初始时刻 $(t=0)$ 病人的比例为 i_0，则

$$\frac{\mathrm{d}i}{\mathrm{d}t} = \lambda i(t)[1-i(t)], \qquad i(0)=i_0 \qquad\qquad ④$$

方程④是 logistic 模型，它的解为

$$i(t) = \frac{1}{1+\left(\dfrac{1}{i_0}-1\right)\mathrm{e}^{-\lambda t}} \qquad\qquad ⑤$$

当 i_0=0.09，λ=0.1 时，用 MATLAB 软件求解：

```
y=dsolve('Dy=0.1*y*(1-y)','y(0)=0.09','x')    %求解此微分方程
ezplot(y,[0,60])                               %画出微分方程的图像
ezplot('0.1*y*(1-y)',[0,1])                    %画出 y 的导数的图像
```

由式④、⑤及图 7.1.5 知，当 $i=\dfrac{1}{2}$ 时，$\dfrac{\mathrm{d}i}{\mathrm{d}t}$ 达到最大值 $\left(\dfrac{\mathrm{d}i}{\mathrm{d}t}\right)_{\mathrm{m}}$，这个时刻为

$$t_{\mathrm{m}} = \lambda^{-1}\ln\left(\frac{1}{i_0}-1\right)$$

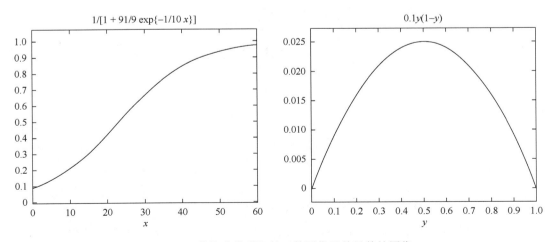

图 7.1.5　传染病模型 II 的函数图像及其导数的图像

当 $i = \dfrac{1}{2}$ 时，病人增加得最快，可以认为是医院门诊量最大的一天，预示着传染病高潮的到来，是医疗卫生部门关注的时刻. t_m 与 λ 成反比，因为日接触率 λ 表示该地区的卫生水平，λ 越小卫生水平越高. 所以，改善保健设施、提高卫生水平可以推迟传染病高潮的到来.

当 $t \to \infty$ 时，$i \to 1$，即所有人终将被传染，全变为病人，这显然不符合实际情况. 其原因是，模型中没有考虑病人可以治愈，而仅认为人群中的健康者只能变成病人，病人不会再变成健康者.

为了修正上述结果必须重新考虑模型的假设，在下面的两个模型中将讨论病人可以治愈的情况.

3）模型 III

有些传染病如伤风、痢疾等愈后免疫力很低，可以假定无免疫性，因此，病人被治愈后变成健康者，健康者还可以被感染再变成病人.

模型假设：模型 III 的前三个假设与模型 II 的假设相同.

（4）每天被治愈的病人人数占病人总数的比例为常数 μ，称为日治愈率. 病人治愈后成为仍可被感染的健康者，显然 $1/\mu$ 是这种传染病的平均传染期.

考虑到假设（4），模型 II 中的式③应修改为

$$N\frac{\mathrm{d}i}{\mathrm{d}t} = \lambda N s(t) i(t) - \mu N i(t) \qquad ⑥$$

因为 $s(t) + i(t) = 1$，所以式⑥化为

$$\frac{\mathrm{d}i}{\mathrm{d}t} = \lambda i(t)[1 - i(t)] - \mu i(t), \qquad i(0) = i_0 \qquad ⑦$$

解得

$$i(t) = \begin{cases} \left[\dfrac{\lambda}{\lambda - \mu} + \left(\dfrac{1}{i_0} - \dfrac{\lambda}{\lambda - \mu} \right) \mathrm{e}^{-(\lambda - \mu)t} \right]^{-1}, & \lambda \neq \mu \\[4mm] \left(\lambda t + \dfrac{1}{i_0} \right)^{-1}, & \lambda = \mu \end{cases} \qquad ⑧$$

定义 $\sigma = \lambda / \mu$. 注意到 λ 和 $1/\mu$ 的含义，可知 σ 是整个传染期内每个病人有效接触的平均人数，称为接触数. 利用 σ，式⑦可改写为

$$\frac{\mathrm{d}i}{\mathrm{d}t} = -\lambda i(t) \left[i(t) - \left(1 - \frac{1}{\sigma} \right) \right] \qquad ⑨$$

方程⑨和模型⑧的图形如图 7.1.6 所示.

编写 MATLAB 程序如下：

```
y=dsolve('Dy=0.01*y*(1-y)-0.05*y','y(0)=0.7','x');
%求解此微分方程
ezplot(y,[0,120])
y2=dsolve('Dy=0.3*y*(1-y)-0.15*y','y(0)=0.7','x');
%i₀=0.7,λ=0.3,σ=2
```

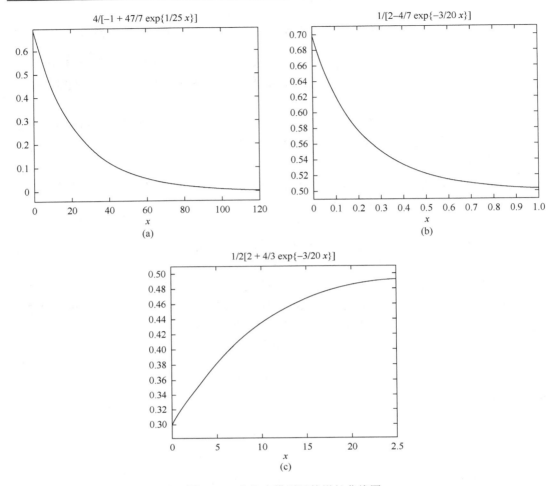

图 7.1.6　传染病模型Ⅲ的增长曲线图

```
y3=dsolve('Dy=0.3*y*(1-y)-0.15*y','y(0)=0.3','x');
figure,ezplot(y2,[0,25]);
figure,ezplot(y3,[0,25])
```

图 7.1.6（a）是当 i_0=0.7，λ=0.01，σ=0.2 时的传染病增长曲线图；图（b）是当 i_0=0.7，λ=0.3，σ=2 时的增长曲线图；图（c）是当 i_0=0.3，λ=0.3，σ=2 时的增长曲线图.

由图 7.1.6 不难看出，接触数 σ=1 是一个阈值. 当 σ>1 时，$i(t)$的增减性取决于 i_0 的大小，但其极限值 $i(+\infty)=1-\dfrac{1}{\sigma}$ 随着 σ 的增加而增加；当 $\sigma \leqslant 1$ 时，病人比例 $i(t)$越来越小，最终趋于零，这是因为传染期内健康者变成病人的人数不超过原来病人人数.

4）模型 Ⅳ

大多数传染病如天花、流感、肝炎、麻疹等治愈后有很强的免疫力，所以病愈的人既非健康者（易感染者），也非病人（已感染者），他们已经退出传染系统. 这种情况比较复杂，下面将详细分析建模过程.

模型假设:

(1) 在疾病传播期内所考察地区的总人数 N 不变,既不考虑生死,也不考虑迁移. 人群分为健康者、病人和病愈免疫的移出者,三类人在总人数 N 中所占的比例分别记为 $s(t)$,$i(t)$ 和 $r(t)$.

(2) 病人的日接触率为常数 λ,日治愈率为常数 μ,传染期接触数为 $\sigma - \dfrac{\lambda}{\mu}$.

由假设(1)知

$$s(t) + i(t) + r(t) = 1 \tag{⑩}$$

由假设(2)知方程⑥仍成立. 对于病愈免疫的移出者,有

$$N\frac{\mathrm{d}r}{\mathrm{d}t} = \mu N i(t) \tag{⑪}$$

再记初始时刻的健康者和病人的比例分别为 $s_0(s_0 > 0)$ 和 $i_0(i_0 > 0)$,且不妨假设移出者的初始值 $r_0 = 0$,则由式⑥、⑩和⑪得

$$\begin{cases} \dfrac{\mathrm{d}i}{\mathrm{d}t} = \lambda s(t)i(t) - \mu i(t),\ i(0) = t_0 \\[2mm] \dfrac{\mathrm{d}s}{\mathrm{d}t} = -\lambda s(t)i(t),\ s(0) = s_0 \end{cases} \tag{⑫}$$

式⑫即为所要建立的数学模型. 因为方程⑫无法求出 $s(t)$ 和 $i(t)$ 的解析解,所以我们研究其解在相交平面 s-i 上的性质. 由 $\sigma = \lambda / \mu$ 消去 $\mathrm{d}t$,得

$$\begin{cases} \dfrac{\mathrm{d}i}{\mathrm{d}s} = \dfrac{1}{\sigma s} - 1 \\[2mm] i\big|_{s=s_0} = i_0 \end{cases}$$

具体应用时,采用数值计算,使用数学软件来完成,其 MATLAB 程序如下:

首先,建立 M-文件.

```
functiony=ill(t,x)                    %函数 ill 表示模型 IV
a=1;b=0.3;
y=[a*x(1)*x(2)-b*x(1),-a*x(1)*x(2)]';
```

其次,建立主程序文件.

```
ts=0: 50;
x0=[0.02,0.98];
[t,x]=ode45('ill',ts,x0)              %调用 ode45 求解'ill'方程组
plot(t,x(:,1),t,x(:,2)),grid,         %画出健康者和病人的变化曲线
figure,plot(x(:,2),x(:,1)),grid       %画出相图
ill.m
```

运行结果如图 7.1.7 所示.

由图 7.1.7(a)可以看出,在初始时刻,健康者和病人百分比的总和为 1;病人的数量先增加后下降,说明在某时刻传染病得到抑制;而治愈的人群退出此系统,所以最后系统的人群数量为 0,这时所有人群均是免疫者.

关于对模型IV进行相轨线分析的问题,请有兴趣的读者参阅姜启源、谢金星、叶俊主编的《数学模型》.

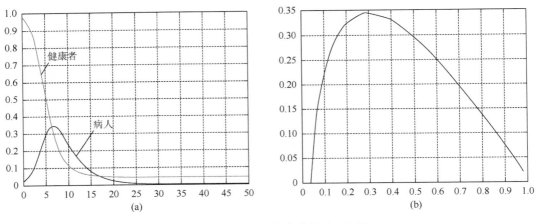

图 7.1.7　模型Ⅳ的变化曲线以及相图

4. Volterra 模型

意大利生物学家狄安科纳（D'Ancona）曾致力于鱼类种群相互制约关系的研究，在研究过程中，他无意中发现了第一次世界大战期间地中海各港口捕获的几种鱼类占捕获总量百分比的资料，从这些资料中他发现，各种软骨掠肉鱼，如鲨鱼、鲢鱼等（称为捕食者），占总渔获量的百分比，在 1914～1923 年期间，意大利阜姆港收购的捕食者所占的比例有明显的增加.

表 7.1.2　1914～1923 年意大利阜姆港收购的捕食者所占的比例

年份	1914	1915	1916	1917	1918
百分比/%	11.9	21.4	22.1	21.2	36.4
年份	1919	1920	1921	1922	1923
百分比/%	27.3	16.0	15.9	14.8	10.7

模型假设：

（1）食饵由于捕食者的存在使其增长率降低，假设降低的程度与捕食者数量成正比.

（2）捕食者由于食饵为它提供食物的作用使其死亡率降低或使之增长，假定增长的程度与食饵数量成正比.

设 $x_1(t)$ 为食饵在 t 时刻的数量，$x_2(t)$ 为捕食者在 t 时刻的数量，r_1 为食饵独立生存时的增长率，r_2 为捕食者独自存在时的死亡率，λ_1 为捕食者掠取食饵的能力，λ_2 为食饵对捕食者的供养能力，e 为捕获能力系数.

1）模型 Ⅰ（不考虑人工捕获）

$$\begin{cases} \dfrac{\mathrm{d}x_1}{\mathrm{d}t} = x_1(r_1 - \lambda_1 x_2) \\ \dfrac{\mathrm{d}x_2}{\mathrm{d}t} = x_2(-r_2 + \lambda_2 x_1) \end{cases}$$

　　该模型反映了在没有人工捕获的自然环境中，食饵与捕食者之间的制约关系，没有考虑食饵和捕食者自身的阻滞作用，是沃尔泰拉（Volterra）提出的最简单的模型.

　　针对一组具体的数据，用 MATLAB 软件进行计算. 设食饵和捕食者的初始数量分别为 $x_1(0) = x_{10}$，$x_2(0) = x_{20}$，对于数据 $r_1 = 1$，$\lambda_1 = 0.1$，$r_2 = 0.5$，$\lambda_2 = 0.02$，$x_{10} = 25$，$x_{20} = 2$，t 的终值经试验后确定为 15，即模型为

$$\begin{cases} x_1' = x_1(1 - 0.1x_2) \\ x_2' = x_2(-0.5 + 0.02x_1) \\ x_1(0) = 25, x_2(0) = 2 \end{cases}$$

首先，建立 M-文件 shier.m 如下：

```
functiondx=shier(t,x)
dx=zeros(2,1);
dx(1)=x(1)*(1-0.1*x(2));
dx(2)=x(2)*(-0.5+0.02*x(1));
```

其次，建立主程序 shark.m 如下：

```
[t,x]=ode45('shier',[0 15],[25 2]);
plot(t,x(:,1),'-',t,x(:,2),'*')
plot(x(:,1),x(:,2))
```

求解得到数值解如图 7.1.8 所示.

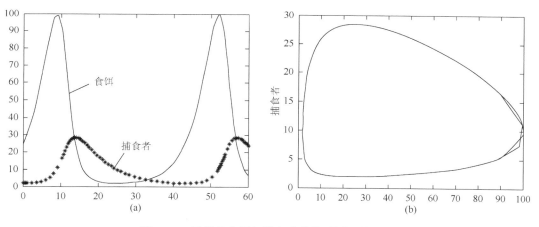

图 7.1.8　模型 I 食饵与捕食者的关系图及其相图

　　图 7.1.8（a）反映了食饵与捕食者的关系. 观察其图像可以猜测它们都是周期函数.

　　2）模型 II（考虑人工捕获）

　　下面转向考虑狄安科纳所涉及的问题，即捕鱼业对鱼类种群的影响. 考虑捕捞因素对鱼类的影响，这时反映食饵与捕食者关系的微分方程组应改写为

$$\begin{cases} \dfrac{\mathrm{d}x_1}{\mathrm{d}t} = x_1(r_1 - e) - \lambda_1 x_1 x_2 \\ \dfrac{\mathrm{d}x_2}{\mathrm{d}t} = -x_2(r_2 + e) + \lambda_2 x_1 x_2 \end{cases}$$

其中，e 为捕捞系数，它反映了捕鱼业的捕捞强弱情况. 仍取 $r_1=1$，$\lambda_1=0.1$，$r_2=0.5$，$\lambda_2=0.02$，$x_1(0)=25$，$x_2(0)=2$. 设战争前捕获能力系数 $e=0.3$，战争中降为 $e=0.1$，则战争前与战争中的模型分别为

$$\begin{cases} \dfrac{dx_1}{dt}=x_1(0.7-0.1x_2) \\ \dfrac{dx_2}{dt}=x_2(-0.8+0.02x_1) \\ x_1(0)=25,\ x_2(0)=2 \end{cases}$$

$$\begin{cases} \dfrac{dx_1}{dt}=x_1(0.9-0.1x_2) \\ \dfrac{dx_2}{dt}=x_2(-0.6+0.02x_1) \\ x_1(0)=25,\ x_2(0)=2 \end{cases}$$

建立 M-文件 shier1.m 如下：

```
function dx=shier1(t,x)
      dx=zeros(2,1);
      dx(1)=x(1)*(0.7-0.1*x(2));
      dx(2)=x(2)*(-0.8+0.02*x(1));
```

建立 M-文件 shier2.m 如下：

```
functiondy=shier2(t,y)
      dy=zeros(2,1);
      dy(1)=y(1)*(0.9-0.1*y(2));
      dy(2)=y(2)*(-0.6+0.02*y(1));
```

建立主函数 shark.m 如下：

```
[t1,x]=ode45('shier1',[0 15],[25 2]);
[t2,y]=ode45('shier2',[0 15],[25 2]);
x1=x(:,1);x2=x(:,2);x3=x2./(x1+x2);
y1=y(:,1);y2=y(:,2);y3=y2./(y1+y2);
plot(t1,x3,'-',t2,y3,'*')
```

求解得到数值解如图 7.1.9 所示.

图 7.1.9 中实线为战争前鲨鱼的比例，星号线为战争中的鲨鱼比例. 由图 7.1.9 可以得出结论：战争中鲨鱼的比例比战争前高.

7.1.4 总结与体会

微分方程在物理学、力学、经济学和管理科学等实际问题中具有广泛的应用. 通过本节的学习，读者可从中感受到应用数学建模的理论和方法解决实际问题的魅力.

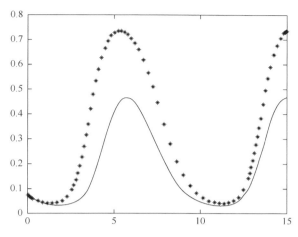

图 7.1.9　模型 II 食饵与捕食者的关系图

7.2　差分方程模型

7.2.1　差分方程模型的使用背景

差分方程反映的是离散变量的变化规律. 我们可以针对要解决的实际问题, 引入系统或过程中的离散变量, 根据实际背景的规律、性质、平衡关系, 建立离散变量所满足的平衡关系等式, 从而建立差分方程. 然后通过求出和分析方程的解, 或者分析得到方程解的性质 (平衡性、稳定性、渐近性、振动性、周期性等), 从而把握这个离散变量的变化过程的规律.

差分方程模型有着非常广泛的实际应用背景, 在经济、金融、保险、生物种群的数量结构规律分析、疾病和病虫害的控制与防治、遗传规律的研究等许多方面都有着非常重要的作用.

7.2.2　差分方程的理论和解法

规定 t 只取非负整数. 记 y_t 为变量 y 在点 t 的取值, 则称 $\Delta y_t = y_{t+1} - y_t$ 为 y_t 的一阶向前差分, 简称为差分; 称 $\Delta^2 y_t = \Delta(\Delta y_t) = \Delta y_{t+1} - \Delta y_t = y_{t+2} - 2y_{t+1} + y_t$ 为 y_t 的二阶差分. 类似地, 可以定义 y_t 的 n 阶差分 $\Delta^n y_t$.

由 t, y_t 及 y_t 的差分给出的方程称为 y_t 的差分方程, 其中, 含 y_t 的最高阶差分的阶数称为该差分方程的阶. 差分方程也可以写成不显含差分的形式. 例如, 二阶差分方程 $\Delta^2 y_t - \Delta y_t + y_t = 0$ 也可改写成 $y_{t+2} - y_{t+1} + y_t = 0$.

满足此差分方程的序列 y_t 称为差分方程的解. 类似于微分方程情况, 若解中所含有的独立常数的个数等于差分方程的阶数, 则称此解为该差分方程的通解; 若解中不含任意常数, 则称此解为满足某些初值条件的特解.

称如下形式的差分方程为 n 阶常系数线性差分方程：

$$a_0 y_{n+t} + a_1 y_{n+t-1} + \cdots + a_n y_t = b(t) \tag{①}$$

其中，$a_0, a_1, \cdots, a_n$ 为常数，$a_0 \neq 0$。其对应的齐次方程为

$$a_0 y_{n+t} + a_1 y_{n+t-1} + \cdots + a_n y_t = 0 \tag{②}$$

容易证明，若序列 $y_t^{(1)}$ 与 $y_t^{(2)}$ 均为方程②的解，则 $y_t = C_1 y_t^{(1)} + C_2 y_t^{(2)}$ 也是方程②的解（C_1, C_2 为任意常数）。若 $y_t^{(1)}$ 为方程②的解，$y_t^{(2)}$ 为方程①的解，则 $y_t = y_t^{(1)} + y_t^{(2)}$ 也为方程①的解。

方程①可用如下代数方法求其通解：

（1）先求解对应的特征方程：

$$a_0 \lambda^n + a_1 \lambda^{n-1} + \cdots + a_n = 0 \tag{③}$$

（2）根据特征根的不同情况，求齐次方程②的通解。

①若特征方程③有 n 个互不相同的实根 $\lambda_1, \lambda_2, \cdots, \lambda_n$，则齐次方程②的通解为

$$C_1 \lambda_1^t + C_2 \lambda_2^t + \cdots + C_n \lambda_n^t \quad (C_1, C_2, \cdots, C_n \text{ 为任意常数})$$

②若 λ 是特征方程③的 k 重根，通解中对应于 λ 的项为

$$(\overline{C}_1 + \overline{C}_2 t + \cdots + \overline{C}_k t^{k-1}) \lambda^t \quad (\overline{C}_i (i = 1, 2, \cdots, k) \text{ 为任意常数})$$

③若特征方程③有单重复根 $\lambda = \alpha + \beta \mathrm{i}$，通解中对应它们的项为 $\overline{C}_1 \rho^t \cos \varphi t + \overline{C}_2 \rho^t \sin \varphi t$，其中，$\rho = \sqrt{\alpha^2 + \beta^2}$ 为 λ 的模，$\varphi = \arctan \dfrac{\beta}{\alpha}$ 为 λ 的幅角。

④若 $\lambda = \alpha + \beta \mathrm{i}$ 为特征方程③的 k 重复根，则通解对应于它们的项为

$$(\overline{C}_1 + \overline{C}_2 t + \cdots + \overline{C}_k t^{k-1}) \rho^t \cos \varphi t + (\overline{C}_{k+1} + \overline{C}_{k+2} t + \cdots + \overline{C}_{2k} t^{k-1}) \rho^t \sin \varphi t$$
$$(\overline{C}_i (i = 1, 2, \cdots, 2k) \text{ 为任意常数})$$

（3）求非齐次方程①的一个特解 $\overline{y}_t$。若 y_t 为方程②的通解，则非齐次方程①的通解为 $\overline{y}_t + y_t$。

求非齐次方程①的特解一般要用到常数变易法，计算较繁。对特殊形式的 $b(t)$ 也可使用待定系数法。例如，当 $b(t) = b^t p_k(t)$ 时，$p_k(t)$ 为 t 的 k 次多项式时，可以证明：若 b 不是特征根，则非齐次方程①有形如 $b^t q_k(t)$ 的特解，$q_k(t)$ 也是 t 的 k 次多项式；若 b 是 r 重特征根，则方程①有形如 $b^t t^r q_k(t)$ 的特解。进而可利用待定系数法求出 $q_k(t)$，从而得到方程①的一个特解 $\overline{y}_t$。

在应用差分方程研究问题时，常常需要讨论解的稳定性。对常系数非齐次线性差分方程①，若不论其对应的齐次方程的通解中任意常数 $C_1, C_2, \cdots, C_n$ 如何取值，当 $t \to +\infty$ 时，总有 $y_t \to 0$，则称方程①的解是稳定的。根据通解的结构不难看出，非齐次方程①稳定的充要条件是其所有特征根的模均小于 1。

7.2.3 案例分析

1. 商业贷款

设现有一笔 p 万元的商业贷款，如果贷款期为 n 年，年利率为 r_1，今采用月还款的方

式逐月偿还，建立数学模型计算每月的还款数是多少.

（1）模型建立.

设贷款后第 k 个月后的欠款数为 A_k 元，月还款为 m 元，月贷款利息为 $r = r_1 / 12$，则

$$A_k + rA_k = A_{k+1} + m$$

即

$$A_{k+1} = (1 + r)A_k - m \qquad\qquad ④$$

（2）模型求解.

令 $B_k = A_k - A_{k-1}$，则 $B_k = B_{k-1}(1+r) = B_1(1+r)^{k-1}$，所以

$$\begin{aligned} A_k &= A_0 + B_1 + B_2 + \cdots + B_k \\ &= A_0 + B_1[1 + (1+r) + \cdots + (1+r)^{k-1}] \\ &= A_0(1+r)^k - \frac{m}{r}[(1+r)^k - 1] \quad (k = 0,1,2,\cdots) \end{aligned}$$

这就是差分方程④的解.

（3）结果分析.

将已知数据 A_0，r 代入 $A_{12n}=0$ 中，可以求出月还款额 m. 例如，当 A_0=10 000，r =0.005 212 5，n=2 时，可以求出 m=444.356 元.

模型的进一步拓广分析：拓广分析包括条件的改变、目标的改变、某些特殊结果等. 如果令 A_k=A，则 $A = \dfrac{m}{r}$，且当 $A_0 = \dfrac{m}{r}$ 时，总有 $A_k = \dfrac{m}{r}$，即表明每月只还上了利息. 只有当 $A_0 < \dfrac{m}{r}$ 时，欠款余额逐步减少，并最终还上贷款.

编写 MATLAB 程序如下：

```
r=0.0052125;                              %r 为贷款利率
A0=10000;                                 %A0 为贷款总额
n=2;                                      %n 为还款年数
m=r*A0*(1+r)^(12*n)/((1+r)^(12*n)-1)      %m 为月还款额
```

运行结果如下：

```
m=444.3560
```

由以上运行结果可知，月还款额为 444.356 0 元.

2. 离散形式的阻滞增长模型

建立人口增长的离散形式的阻滞增长模型（logistic 模型）. 在不同的增长率下讨论种群数量的变化趋势.

（1）模型构建和求解.

以种群繁殖的周期划分时段，记时段 k（第 k 代）的种群数量为 x_k，增长率为 r，种群最大容量为 N，阻滞增长模型的离散形式可表示为

$$x_{k+1} - x_k = r\left(1 - \frac{x_k}{N}\right)x_k \quad (k = 0,1,2,\cdots)$$

（2）模型分析.

①该差分方程有两个平衡点：$x = N, x = 0$.

②$x = 0$ 不稳定. $x = N$ 稳定的条件为$r < 2$. 若$r > 2$，虽然这时 x_k 不收敛，但是似乎它的变化仍有某种规律.

不妨设 $N=1$，初值 $x_0=0.1$. 取 $r=1.8$，MATLAB 程序如下：

```
r=1.8;
x=zeros(1,40)';
x(1)=0.1;                          %赋初值
n=40;
for i=1:n
    x(i+1)=x(i)+r*x(i)*(1-x(i));   %迭代计算
end
k=(0:40)';
[k,x]                              %输出结果
plot(k,x);
```

运行结果如表 7.2.1 和图 7.2.1 所示.

表 7.2.1　离散形式的阻滞增长模型计算结果

k	$x_k(r = 0.3)$	$x_k(r = 1.8)$	$x_k(r = 2.5)$
0	0.100 0	0.100 0	0.100 0
1	0.127 0	0.262 0	0.325 0
2	0.160 3	0.610 0	0.873 4
3	0.200 6	1.038 2	1.149 8
4	0.248 7	0.966 8	0.719 2
5	0.304 8	1.024 6	1.224 1
⋮	⋮	⋮	⋮
17	0.952 9	1.001 7	1.225 0
18	0.966 4	0.998 6	0.535 9
19	0.976 1	1.001 1	1.157 7
20	0.983 1	0.999 1	0.701 2
⋮	⋮	⋮	⋮
31	0.999 7	1.000 1	1.157 7
32	0.999 8	0.999 9	0.701 2
33	0.999 8	1.000 0	1.225 0
34	0.999 9	1.000 0	0.535 9
35	0.999 9	1.000 0	1.157 7
36	0.999 9	1.000 0	0.701 2
37	1.000 0	1.000 0	1.225 0
38	1.000 0	1.000 0	0.535 9
39	1.000 0	1.000 0	1.157 7
40	1.000 0	1.000 0	0.701 2

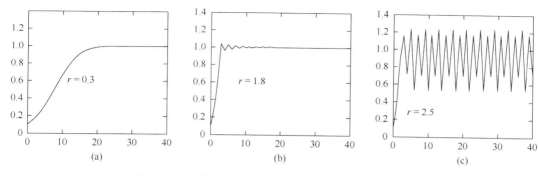

图 7.2.1　离散形式的阻滞增长模型 r 取不同值的图像

表 7.2.1 中第 2 列表示 r 取 0.3 时的运行结果，第 3 列表示 r 取 1.8 时的运行结果，第 4 列表示 r 取 2.5 时的运行结果. 图 7.2.1（a）、（b）、（c）分别表示三种情况的图像. 从图 7.2.1 可以看出，r 的取值越小，离散形式的解越接近连续情形下的解.

3. 汽车租赁公司的运营

一家汽车租赁公司在三个相邻的城市运营，为方便顾客，公司承诺，在一个城市租赁的汽车可以在任意一个城市归还. 根据经验估计和市场调查，一个租赁期内，在 A 市租赁的汽车在 A，B，C 市归还的比例分别为 0.6，0.3，0.1；在 B 市租赁的汽车在 A，B，C 市归还的比例分别为 0.2，0.7，0.1；在 C 市租赁的汽车在 A，B，C 市归还的比例分别为 0.1，0.3，0.6. 若公司开业时将 N 辆汽车按一定方式分配到三个城市，建立运营过程中汽车数量在三个城市间转移的模型，并讨论时间充分长以后的变化趋势.

（1）模型构建和求解.

记第 k 个租赁期末公司在 A，B，C 市的汽车数量分别为 $x_1(k),x_2(k),x_3(k)$，容易写出第 $k+1$ 个租赁期末公司在 A，B，C 市的汽车数量分别为

$$\begin{cases} x_1(k+1)=0.6x_1(k)+0.2x_2(k)+0.1x_3(k) \\ x_2(k+1)=0.3x_1(k)+0.7x_2(k)+0.3x_3(k) \quad (k=0,1,2,\cdots) \\ x_3(k+1)=0.1x_1(k)+0.1x_2(k)+0.6x_3(k) \end{cases}$$

记向量 $\boldsymbol{x}(k)=(x_1(k),x_2(k),x_3(k))^{\mathrm{T}}$，矩阵 $\boldsymbol{A}=\begin{pmatrix} 0.6 & 0.2 & 0.1 \\ 0.3 & 0.7 & 0.3 \\ 0.1 & 0.1 & 0.6 \end{pmatrix}$，则

$$\boldsymbol{x}(k+1)=\boldsymbol{A}\boldsymbol{x}(k) \quad (k=0,1,2,\cdots)$$

给定初始值 $\boldsymbol{x}(0)$，可以计算各个租赁期三个城市汽车数量的变化.

（2）模型分析.

猜想：时间充分长以后，三个城市的汽车数量趋向稳定，并且稳定值与汽车的初始分配无关. 为了证实该猜想，记稳定值为 $\boldsymbol{x}$，由于 $\boldsymbol{x}$ 应满足 $\boldsymbol{A}\boldsymbol{x}=\boldsymbol{x}$，表明矩阵 $\boldsymbol{A}$ 的一个特征根 $\lambda=1$，且 $\boldsymbol{x}$ 是对应的特征向量.

设初始分配城市 A：200，城市 B：200，城市 C：200. MATLAB 程序如下：

```
A=[0.6,0.2,0.1;0.3,0.7,0.3;0.1,0.1,0.6];
```

```
x(:,1)=[200,200,200]';      %赋初值
n=10;
for k=1:n
    x(:,k+1)=A*x(:,k);      %迭代计算
end
round(x);
k=0:10;
plot(k,x);grid;
```

运行结果如表 7.2.2 和图 7.2.2 所示.

表 7.2.2　三个城市的汽车数量　　　　　　　　　　（单位：辆）

k	0	1	2	3	4	5	6	7	8	9	10
$x_1(k)$	200	180	176	176	178	179	179	180	180	180	180
$x_2(k)$	200	260	284	294	297	299	300	300	300	300	300
$x_3(k)$	200	160	140	130	125	123	121	121	120	120	120

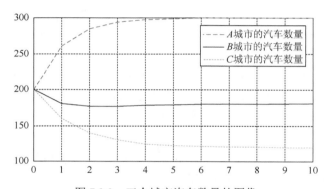

图 7.2.2　三个城市汽车数量的图像

由图 7.2.2 可以清晰地看出，时间充分长以后，三个城市的汽车数量趋向稳定，并且稳定值与汽车的初始分配无关.

4. 动物养殖问题

养殖场养殖一类动物最多三年（满三年的将送往市场卖掉），按一岁、两岁和三岁将其分为三个年龄组. 一龄组是幼龄组，二龄组和三龄组是有繁殖后代能力的成年组. 二龄组平均一年繁殖 4 个后代，三龄组平均一年繁殖 3 个后代. 一龄组和二龄组动物能养殖成为下一年龄组动物的成功率分别为 0.5 和 0.25. 假设刚开始养殖时有三个年龄组的动物各 1 000 头.

问题一：求一年后、两年后、三年后各年龄组动物的数量.

问题二：五年后农场三个年龄组的动物的情况会怎样？

问题三：如果每年平均向市场供应动物数 $c = [s, s, s]^T$，考虑每年都必须保持有每一年龄组的动物的前提下，c 应取多少为好？是否有最佳方案？

（1）模型建立.

由题设，在初始时刻一岁、两岁、三岁的动物数量分别为

$$x_1^{(0)} = 1\,000, \qquad x_2^{(0)} = 1\,000, \qquad x_3^{(0)} = 1\,000$$

以一年为一个时间段，则某时刻三个年龄组的动物数量可用向量

$$\boldsymbol{x} = [x_1, x_2, x_3]^{\mathrm{T}}$$

表示. 用向量

$$\boldsymbol{x}^{(k)} = [x_1^{(k)}, x_2^{(k)}, x_3^{(k)}]^{\mathrm{T}}$$

表示第 k 个时间段动物数量的分布. 当 $k = 0, 1, 2, 3$ 时，$\boldsymbol{x}^{(k)}$ 分别表示养殖开始时、一年后、两年后、三年后动物数量的分布. 根据二龄组和三龄组动物的繁殖能力，在第 k 个时间段，二龄组动物在其年龄段平均繁殖 4 个后代，三龄组动物在其年龄段平均繁殖 3 个后代，由此得第一个年龄组在第 $k+1$ 个时间段的数量为

$$x_1^{(k+1)} = 4x_2^{(k)} + 3x_3^{(k)}$$

同理，根据一龄组和二龄组的养殖成功率，可得

$$x_2^{(k+1)} = 0.5x_1^{(k)}, \qquad x_3^{(k+1)} = 0.25x_2^{(k)}$$

建立数学模型为

$$\begin{cases} x_1^{(k+1)} = 4x_2^{(k)} + 3x_3^{(k)} \\ x_2^{(k+1)} = 0.5x_1^{(k)} \qquad (k = 0, 1, 2, 3) \\ x_3^{(k+1)} = 0.25x_2^{(k)} \end{cases}$$

或写成矩阵形式为

$$\begin{pmatrix} x_1^{(k+1)} \\ x_2^{(k+1)} \\ x_3^{(k+1)} \end{pmatrix} = \begin{pmatrix} 0 & 4 & 3 \\ 0.5 & 0 & 0 \\ 0 & 0.25 & 0 \end{pmatrix} \begin{pmatrix} x_1^{(k)} \\ x_2^{(k)} \\ x_3^{(k)} \end{pmatrix} \quad (k = 0, 1, 2, 3)$$

由此得向量 $\boldsymbol{x}^{(k)}$ 和 $\boldsymbol{x}^{(k+1)}$ 的递推关系式为

$$\boldsymbol{x}^{(k+1)} = \boldsymbol{L}\boldsymbol{x}^{(k)} \tag{⑤}$$

其中，矩阵

$$\boldsymbol{L} = \begin{pmatrix} 0 & 4 & 3 \\ 0.5 & 0 & 0 \\ 0 & 0.25 & 0 \end{pmatrix}$$

称为莱斯利（Leslie）矩阵. 由式⑤可得

$$\boldsymbol{x}^{(k+1)} = \boldsymbol{L}^{k+1}\boldsymbol{x}^{(0)}$$

编写 MATLAB 程序如下：

问题一：由初始数据计算一年后、两年后、三年后各年龄组动物的数量.

```
x0=[1000;1000;1000];
L=[043;1/200;01/40];
x1=L*x0;
x2=L*x1;
x3=L*x2;
```

```
[x1';x2';x3']
x5=(L*L*x3)';
```

运行结果如下：

```
ans=
        7000        500        250
        2750       3500        125
       14375       1375        875
ans=   1.0e+004*
        2.9781   0.4063   0.1797
```

问题二：计算五年内动物数量的变化规律.

```
x0=[1000;1000;1000];
L=[043;1/200;01/40];
X=x0;
x(1)=X(1);y(1)=X(2);z(1)=X(3);
for k=2:6
    X=L*X;
    x(k)=X(1);y(k)=X(2);z(k)=X(3);
end
t=0:5;
bar(t,x),
figure,bar(t,y)
figure,bar(t,z)
```

运行可以得到如图 7.2.3 所示三个图像，分别表示三个龄组动物数量在五年内发展变化规律. 其中，图 7.2.3（a）、（b）、（c）分别表示一岁、两岁、三岁的动物数量在五年内的变化情况.

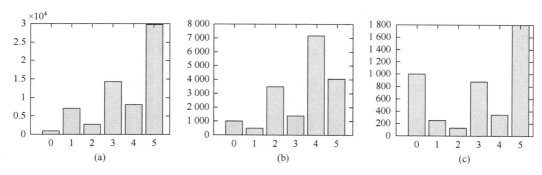

图 7.2.3　三龄组动物五年数量变化直方图

问题三：如果每年平均向市场出售动物 $c=[s,s,s]^T$，分析动物数分布向量变化规律可知

$$x(1)=Ax(0)-c$$
$$x(2)=Ax(1)-c$$

$$x(3) = Ax(2) - c$$
$$x(4) = Ax(3) - c$$
$$x(5) = Ax(4) - c$$

所以有

$$x(5) = A^5 x(0) - (A^4 + A^3 + A^2 + A + I)c$$

考虑每年都必须保持有每一年龄组的动物，应有 $x(k) > 0(k = 1, 2, 3, 4, 5)$.

MATLAB 程序如下：

```
c=input('inputc:=');
x0=[1000;1000;1000];
L=[043;1/200;01/40];
x1=L*x0-c;
x2=L*x1-c;
x3=L*x2-c;
x4=L*x3-c;
x5=L*x4-c;
disp([x1';x2';x3';x4';x5']);
```

程序运行时输入不同的参数 c，观察数据计算结果. 由实验结果可知，当取 c 取 100 时，能保证每一年龄组动物数量不为零.

第 8 章　大数据统计初步

随着互联网、物联网、便携智能终端以及云计算技术的发展，人类社会进入了大数据时代. 大数据资料量大、产生速度快、类型多样、资料完整且具有偏差性以及因素复杂，势必对数据处理带来困难. 本章将介绍数据导入、预处理以及机器学习等大数据统计的基本知识.

8.1　大数据统计方法与原理

进入 21 世纪，随着互联网、电子商务技术的不断发展，数据激增，数学建模在一定程度上为数据分析提供了一套可扩展、可深化，高质、高效地揭示有价值信息的方法. 近几年来，大数据体量不断增加，类型复杂，传统建模方法已不能全部胜任，需要更多针对大数据分析的数据建模方法. 受此影响，在近年的全国数学建模竞赛中，涉及大数据的题目也越来越多，如 2017A 题 CT 系统参数标定及成像（512×180 采样数据）、2013B 题碎纸片的拼接复原（3×11×19 纸片）、2011A 题城市表层土壤重金属污染分析（312 个地点重金属含量）、2011B 题交通巡警服务平台的设置与调度（583×4 的结点数据）、2009A 题制动器试验台的控制方法分析（470 组实验数据）、2009B 题眼科病床的合理安排（530 组住院数据）、2007B 题乘公交看奥运（520 条公交线路）. 虽然这些题目中的数据算不上海量数据，但是对建模求解也带了一些困难，仅凭简单的计算软件无法轻松获得模型的解，需要调用 MATLAB 等编程软件实现循环、判断以及后续处理. 那么首先需要将数据导入MATLAB 软件，本节将重点介绍大型数据的导入/导出.

本节所用数据和程序详见在线小程序.

8.1.1　TXT 文件的导入与导出

1. 利用向导读取 TXT 文件

学习本节需要先下载数据.

例 8.1.1　利用数据导入向导读取文件 examp02_01.txt～examp02_13.txt 中的数据.

基本流程如下：单击 MATLAB 面板右侧导入数据按钮，接下来在查找文件对话框中选定导入文件，单击"打开"（图 8.1.1）.

接下来继续单击"下一步". 操作简单易懂，但是需要注意以下几点：

（1）对于规整数据，如 examp02_01.txt、examp02_02.txt、examp02_03.txt，向导导入比较方便准确，也会自动选取分隔符；

图 8.1.1　导入文件

（2）对于分隔符较多的数据，向导无法准确导入，如 examp02_04.txt；

（3）对于有缺失项的文件，向导自动补入"NAN"，如 examp02_05.txt、examp02_06.txt；

（4）对于混有字符串（不同行）的文件，可以通过调节对话框中的"跳过标题行数"准确导入数值数据，如 examp02_07.txt、examp02_08.txt；

（5）对于复数型数据，向导无法准确导入数据，如 examp02_09.txt；

（6）对于字符串与数值混在一起的文件，向导无法准确导入数值数据，如 examp02_10.txt、examp02_11.txt、examp02_12.txt、examp02_13.txt.

数据导入向导功能类似于后面介绍的 importdata 函数，对于规范（分隔符）的数值型数据，导入方便快捷；对于分隔符不统一、字符与数值夹杂在一起的数据，一般无法准确导入.

2. importdata 函数导入 TXT 文件

调用格式如下：

```
importdata(filename)
A=importdata(filename)                          %filename 为"字符串"形式文件名
A=importdata(filename,delimiter)                %delimiter 表示分隔符
A=importdata(filename,delimiter,headerline)     %headerline 表示开头跳过几行
%A 为导入的数据文件,D 为分隔符,H 为跳过行数
[A D]=importdata(…)
[A D H]=importdata(…)
```

例 8.1.2　调用 importdata 函数读取文件 examp02_01.txt～examp02_13.txt 中的数据.

```
x=importdata('examp02_01.txt'); %准确导入
x=importdata('examp02_02.txt'); %准确导入
x=importdata('examp02_03.txt'); %准确导入
x=importdata('examp02_04.txt'); %无法准确导入,原因是分隔符不统一
x=importdata('examp02_05.txt'); %准确导入,对于有缺失项的文件,向导自动补入"NAN"
x=importdata('examp02_06.txt'); %准确导入,对于有缺失项的文件,向导自动补入"NAN"
x=importdata('examp02_07.txt');
%准确导入,对于混有字符串(不同行)的文件,本例中直接运行该命令,会导入一个结构体 x,内
　含两个部分,可以运用 x.data,x.textdata 实现数值与文本的后续调用
```

```
x=importdata('examp02_08.txt','7');
```
%准确导入,对于混有字符串(不同行)的文件,可以通过调节参数"跳过标题行数"准确导入数值
　　数据,本例中运行该命令,会导入一个结构体 x,内含两个部分,可以运用 x.data,x.
　　textdata 实现数值与文本的后续调用
```
x=importdata('examp02_09.txt');    %无法准确导入
x=importdata('examp02_10.txt');    %无法准确导入
x=importdata('examp02_11.txt');    %无法准确导入
x=importdata('examp02_12.txt');    %无法准确导入
x=importdata('examp02_13.txt');    %无法准确导入
```
　　importdata 函数与数据导入向导功能类似,对于规范（分隔符）的数值型数据,导入方便准确;对于分隔符不统一、字符与数值夹杂在一起的数据,一般无法准确导入.

3. load 函数导入 TXT 文件

调用格式如下:
```
load(filename)
```
%从 filename 加载数据. 如果 filename 是 MAT 文件,load(filename)会将 MAT 文件中的
　　变量加载到 MATLAB 工作间;如果 filename 是 ASCII 文件,load(filename)会创建一个包
　　含该文件数据的双精度数组
```
x=load(filename,variables)        %导入 MAT 文件 filename 中的指定变量
x=load(filename,'-ascii')         %将 filename 视为 ASCII 文件并导入,而不管文
                                     件扩展名如何
x=load(filename,'-mat')           %将 filename 视为 MAT 文件并导入,而不管文
                                     件扩展名如何
x=load(filename,'-mat',variables) %导入 filename 中的指定变量
```
　　load filename 是命令形式. 命令形式需要的特殊字符更少,无需键入括号,或者将输入括在单引号或双引号内,使用空格（而不是逗号）分隔各个输入项.
　　例如,要导入名为 jianmo.mat 的文件,以下语句是等效的:
```
load jianmo.mat                   %命令形式
load('jianmo.mat')                %函数形式
```
例 8.1.3　调用 load 函数读取文件 examp02_01.txt～examp02_13.txt 中的数据.
```
x=load('examp02_01.txt')          %准确导入,功能类似语句 load examp02_01.txt
x=load('examp02_02.txt')          %准确导入,功能类似语句 load examp02_02.txt
x=load('examp02_03.txt')          %准确导入,功能类似语句 load examp02_03.txt
x=load('examp02_04.txt')          %准确导入,功能类似语句 load examp02_04.txt
```
%注意尽管分隔符不同,仍能准确导入,有别于 importdata 函数
```
x=load('examp02_05.txt')          %无法准确导入,有缺失项
x=load('examp02_06.txt')          %无法准确导入,有缺失项
x=load('examp02_07.txt')          %无法准确导入,有字符串干扰
x=load('examp02_08.txt')          %无法准确导入,有字符串干扰
x=load('examp02_09.txt')          %无法准确导入,只导入了复数数据的实部
x=load('examp02_10.txt')          %无法准确导入,有字符串干扰
x=load('examp02_11.txt')          %无法准确导入,有字符串干扰
```

```
x=load('examp02_12.txt')               %无法准确导入,有字符串干扰
x=load('examp02_13.txt')               %无法准确导入,有字符串干扰
```

　　load 函数具有命令形式与函数形式,操作比较方便,对于分隔符不统一的数据仍能准确导入,但是对于数据中混有字符串的数据无法准确导入.

4. dlmread 函数导入 TXT 文件

调用格式如下:

```
x=dlmread(filename)                     %用 dlmread 函数导入文件中的数据
x=dlmread(filename,delimiter)           %用 dlmread 函数导入文件中的数据,delimiter
                                          是分隔符
x=dlmread(filename,delimiter,R,C)       %用 dlmread 函数导入文件中的数据,R+1,C+1
                                          代表读取数据的起始行与列
x=dlmread(filename,delimiter,range)
```
%用 dlmread 函数导入文件中的数据,range 代表读取数据的范围,range=[R1,C1,R2, C2],[R1+1,C1+1]表示左上角,[R2+1,C2+1]表示右下角

　　例 8.1.4　调用 dlmread 函数读取文件 examp02_01.txt~examp02_13.txt 中的数据.

```
x=dlmread('examp02_03.txt')             %准确导入
x=dlmread('examp02_03.txt',',',2,3))    %跳过原数据前 2 行前 3 列,导入剩余的数据
x=dlmread('examp02_03.txt',',',[1,2,2,5])
```
%读取第 2 行第 3 列为左上角、第 3 行第 6 列为右下角的子列数据

```
x=dlmread('examp02_04.txt')             %无法准确导入,分隔符不统一
x=dlmread('examp02_05.txt')             %准确导入,缺失项自动补 0
x=dlmread('examp02_06.txt')             %准确导入,缺失项自动补 0
x=dlmread('examp02_07.txt')             %无法准确导入
x=dlmread('examp02_08.txt')             %无法准确导入
x=dlmread('examp02_09.txt')             %准确导入复数数据
x=dlmread('examp02_10.txt')             %无法准确导入,有字符串干扰
x=dlmread('examp02_11.txt')             %无法准确导入,有字符串干扰
x=dlmread('examp02_12.txt')             %无法准确导入,有字符串干扰
x=dlmread('examp02_13.txt')             %无法准确导入,有字符串干扰
```

　　dlmread 函数可以导入用户需要的局部数据,对于有缺失项的数据自动补 0,尤其可以直接导入复数数据,比较方便操作,对于混有字符串的数据无法直接准确导入.

5. textread 函数导入 TXT 文件

调用格式如下:

```
[A,B,C,…]=textread('filename','format')
```
%用户以指定格式从数据文件中读取数据,format 格式见表 8.1.1
```
[A,B,C,…]=textread('filename','format',N)
```
%N 为正整数,重复使用 N 次由 format 制定的格式读取数据,若 N<0,读取整个文件
```
[…]=textread(…,'param','value',…)
```
%设定成对出现的参数名和参数值,可以灵活读取数据,见表 8.1.2

表 8.1.1　textread 函数读取格式表

格式字符串	说明	输出
普通字符串	忽略与 format 字符串相同的内容，例如，xie%f 表示忽略字符串 xie，读取其后的浮点数	无
%d	读取一个无符号整数，例如，%5d 指定读取的无符号整数的宽度为 5	双精度数组
%u	读取一个整数，例如，%5u 指定读取的整数的宽度为 5	双精度数组
%f	读取一个浮点数，例如，%5.2f 指定浮点数宽度为 5（小数点也算），有 2 位小数	双精度数组
%s	读取一个包含空格或其他分隔符的字符串，例如，%10s 表示读取长度为 10 的字符串	字符串元胞数组
%q	读取一个双引号里的字符串，不包括引号	字符串元胞数组
%c	读取多个字符，包括空格符，例如，%6c 表示读取 6 个字符	字符数组
%[…]	读取包含方括号中字符的最长字符串	字符串元胞数组
%[^…]	读取不包含方括号中字符的非空最长字符串	字符串元胞数组
%*…	忽略与*号后字符相匹配的内容，例如，%*f 表示忽略浮点数	无
%w…	指定读取内容的宽度，例如，%w.pf 指定浮点数宽度为 w，精度为 p	无

表 8.1.2　textread 函数参数表

参数名	参数值		说明
bufsize	正整数		设定最大字符串长度，默认值为 4095，单位是 byte
commentstyle	matlab		忽略%后的内容
	shell		忽略#后的内容
	c		忽略/*和*/之间的内容
	c++		忽略//后的内容
delimiter	一个或多个字符		元素之间的分隔符. 默认没有分隔符
emptyvalue	一个双精度数		设定在读取有分隔符的文件时在空白单元填入的值. 默认值为 0
endofline	单个字符或'\r\n'		设定行尾字符. 默认从文件中自动识别
expchars	指数标记字符		设定科学记数法中标记指数部分的字符. 默认值为 eEdD
headerlines	正整数		设定从文件开头算起需要忽略的行数
whitespace	''	空格	把字符向量作为空格. 默认值为'\b\t'
	\b	后退	
	\n	换行	
	\r	回车	
	\t	水平 tab 键	

例 8.1.5　调用 textread 函数读取文件 examp02_01.txt～examp02_13.txt 中的数据.

```
x1=textread('examp02_01.txt');   %准确导入 examp02_01.txt 中的数据
x2=textread('examp02_02.txt');   %准确导入 examp02_02.txt 中的数据
```

```
x3=textread('examp02_03.txt','','delimiter',',');
```
%准确导入 examp02_03.txt 中的数据,用逗号(',')作为分隔符,返回读取的数据矩阵 x3
```
[c1,c2,c3,c4,c5]=textread('examp02_04.txt','%f %f %f %f %f','delimiter
                        ',',;*');
```
%准确导入 examp02_04.txt 中的数据,指定读取格式,同时用逗号、分号和星号(',;*')作分
隔符
```
x5=textread('examp02_05.txt','','emptyvalue',-1)
```
%准确导入 examp02_05.txt 中的数据,不等长部分用-1 补齐,返回读取的数据矩阵 x5
```
x6=textread('examp02_06.txt','','emptyvalue',-1)
```
%准确导入 examp02_06.txt 中的数据,不等长部分用-1 补齐,返回读取的数据矩阵 x6
```
x7=textread('examp02_07.txt','','delimiter',',','headerlines',2)
```
%准确导入 examp02_07.txt 中的数据,设置头文件行数为 2
```
x8=textread('examp02_08.txt','','headerlines',7)
```
%准确导入 examp02_08.txt 中的数据,设置头文件行数为 7(跳过前 7 行),返回读取的数据矩阵 x8
```
x9=textread('examp02_09.txt','','delimiter',',','whitespace','+i')
```
%准确导入 examp02_09.txt 中的数据,同时用加号、i 和逗号('+i,')作为分隔符
```
[c1,c2,c3,c4,c5,c6,c7,c8]=textread('examp02_09.txt',...
'%f %f %f %f %f %f %f %f','delimiter',',','whitespace','+i');
x9=[c1,c2,c3,c4,c5,c6,c7,c8]
```
%准确导入 examp02_09.txt 中的数据(复数数据),用逗号和空格(',')作为分隔符,把加号和
i 作为空格,返回读取的数据矩阵 x9,读取的 8 组数据合并,并查看读取的数据
```
[c1,c2,c3,c4,c5,c6,c7]=textread('examp02_10.txt',...
                    '%4d %d %2d %d %d %6.3f %s','delimiter','-,:');
[c1,c2,c3,c4,c5,c6]
```
%准确导入 examp02_10.txt 中的数据,用破折号、逗号、冒号('-,:')作为分隔符,读取的 6
组数据合并,并查看读取的数据
```
format='%s %s %s %d %s %d %s %d %s';   %设定读取格式
[c1,c2,c3,c4,c5,c6,c7,c8,c9]=textread('examp02_11.txt',format,...
                            'delimiter',':');
[c4 c6 c8]
```
%调用 textread 函数读取文件 examp02_11.txt 中的数据,用冒号和空格(':')作为分隔符,
返回读取的数据,查看读取的数值型数据[c4 c6 c8]

textread 函数功能较强大,除常规数据以外,也能读取数值与字符串混杂的数据,使用时应注意读取数据格式的准确书写.

6. textscan 函数导入 TXT 文件

先介绍几个伴随函数:

(1) fopen 函数及其调用格式.

```
[fid,message]=fopen(filename,permission)   %fid 表示返回的文件标识符
[filename,permission]=fopen(fid)           %也可以通过打开标识符进而打开文件
```
fopen 函数参数说明见表 8.1.3.

表 8.1.3　fopen 函数参数说明

permission	说明
'rt'	以只读方式打开文件. 这是默认情况
'wt'	以写入方式打开文件，若文件不存在，则创建新文件并打开. 原文件内容会被清除
'at'	以写入方式打开文件或创建新文件. 在原文件内容后续写新内容
'r+t'	以同时支持读、写方式打开文件
'w+t'	以同时支持读、写方式打开文件或创建新文件. 原文件内容会被清除
'a+t'	以同时支持读、写方式打开文件或创建新文件. 在原文件内容后续写新内容
'At'	以续写方式打开文件或创建新文件. 写入过程中不自动刷新文件内容，适合于对磁带介质文件的操作
'Wt'	以写入方式打开文件或创建新文件，原文件内容会被清除. 写入过程中不自动刷新文件内容，适合于对磁带介质文件的操作

（2）fclose 函数及其调用格式.

```
status=fclose(fid)                    %关闭标识符为 fid 的文件
status=fclose('all')                  %关闭所有文件
```

（3）fseek 函数及其调用格式.

```
status=fseek(fid,offset,origin)       %设定文件指针位置
position=ftell(fid)                   %获取文件指针位置
frewind(fid)                          %移动当前文件指针到文件的开头
eofstat=feof(fid)                     %判断是否到达文件末尾
```

（4）fgets 函数及其调用格式.

```
tline=fgets(fid)                      %读取文件的下一行
```

接下来介绍 Textscan 函数导入 txt 文件.

textscan 函数调用格式如下：

```
x=textscan(fid,'format')
x=textscan(fid,'format',N)
x=textscan(fid,'format',param,value,...)
x=textscan(fid,'format',N,param,value,...)
```

例 8.1.6　调用 textscan 函数读取文件 examp02_08.txt 中的数据.

```
fid=fopen('examp02_08.txt','r');      %以只读方式打开文件 examp02_08.txt
fgets(fid);                           %读取文件的第 1 行
fgets(fid);                           %读取文件的第 2 行
A=textscan(fid,'%f %f %f %f %f %f','CollectOutput',1)
%读取 6 列浮点型数据，并将数据合并
fgets(fid);                           %读取文件的第 6 行
fgets(fid);                           %读取文件的第 7 行
B=textscan(fid,'%f %f %f','CollectOutput',1) %读取 3 列浮点型数据，并将数据合并
fclose(fid);                          %关闭文件
```

例 8.1.7　调用 textscan 函数读取文件 examp02_08.txt、examp02_09.txt、examp02_10.txt、examp02_13.txt 中的数据.

```
fid=fopen('examp02_09.txt','r');    %以只读方式打开文件 examp02_09.txt
A=textscan(fid,'%f %*s %f %*s %f %*s %f %*s','delimiter',' ','
        CollectOutput',1);
```
%"%f%*s"表示读入复数 1.455 390+1.360 686i;忽略字符逗号",";format 里最后一
个%s 可以去掉,不影响读入全部复数数据;collectoutput 的参数如果是 0,代表不汇总同类
型数据,注意 A 是一个元胞数组

例 8.1.8 调用 textscan 函数读取文件 examp02_10.txt 中的数据.
```
fid=fopen('examp02_10.txt','r');
A=textscan(fid,'%d %d %d %d %d %f %*s','delimiter','-,:','CollectOutput',1)
```
%读取数值型数据,忽略字符串数据,分隔符为破折号、逗号、冒号,同类型数据合并.

例 8.1.9 调用 textscan 函数读取文件 examp02_11.txt 中的数据.
```
fid=fopen('examp02_11.txt','r');    %以只读方式打开文件
A=textscan(fid,'%*s %s %*s %d %*s %d %*s %d %*s','delimiter','','
        CollectOutput',1)
```
%读取字符串、数值型数据,忽略部分字符串数据,分隔符为空格,同类型数据合并

特别是,这里"Name:"代表一个整体字符串.

textscan 函数导入文件,通常有 fopen 函数伴随使用,其功能也很强大,但是也有格
式上的约束,比较适用于复杂型数据.

例 8.1.10 调用 textread 函数读取多个文件基因数据. 2016 年全国研究生数学建模竞
赛 B 题,有 300 个基因数据,分别存储在 TXT 文件中,gene_1.dat, gene_2.dat, ⋯, gene_300.dat.
每个文件中数据形式如下:
```
gene_1.dat
rs3094315rs3131972rs3131969rs1048488rs12562034rs12124819rs4040617
```
其中每个 dat 文件中数据长度不同,请读取此 300 个基因数据,以元胞数组形式存储
(图 8.1.2).

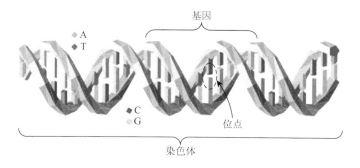

图 8.1.2 基因数据

代码如下:
```
clear
clc
G=cell(1,300);        %单元数组 G,300 个元素
for i=1: 300
```

```
       t=num2str(i);
       t1=strcat('C:\Users\yasongys\Desktop\MATLAB 高级编程(模糊数学程序+大型数据
               %导入与导出)20180721\gene 与股票数据\gene\gene_',t);
       t2=[t1,'.dat'];
       G{i}=textread(t2,'','delimiter',' ','whitespace','rs');
       %只读入数值型数据
       %文字、字母略掉单元数组 G,300 个元素;第 i 个元素存储的是 gene_i.dat 的数据
end
%注意：提取 gene_i.dat 的第几个元素,可以调用 G{i}(j)
```

7. dlmwrite 函数将数据写入 TXT 文件

```
dlmwrite(filename,M)
dlmwrite(filename,M,'D')
dlmwrite(filename,M,'D',R,C)
dlmwrite(filename,M,'attrib1',value1,'attrib2',value2,...)
dlmwrite(filename,M,'-append')
dlmwrite(filename,M,'-append',attribute-value list)
```

dlmwrite 函数参数表见表 8.1.4.

表 8.1.4   dlmwrite 函数参数表

参数名	参数值	说明
delimiter	单个字符，如','、' '、'\t'等	设定数据间分隔符
newline	'pc'	设定换行符为'\r\n'
	'unix'	设定换行符为'\n'
roffset	通常为非负整数	M 矩阵的左上角在目标文件中所处的行
coffset	通常为非负整数	M 矩阵的左上角在目标文件中所处的列
precision	以%引导的精度控制符，如'%10.5f'	和 C 语言类似的精度控制符，用来指定有效位数

例 8.1.11   用逗号作为分隔符,调用 dlmwrite 函数将如下复数矩阵写入文件 examp02_109.txt.

```
%生成一个复数矩阵
%将复数矩阵 x 写入文件 examp02_09.txt,用逗号(',')作分隔符,用'\r\n'作换行符
%原始数据 x 中第四个复数后面是一个回车,所以在写入时要换行;如果是"；",效果一样
x=[1.455390+1.360686i 8.692922+5.797046i 5.498602+1.449548i 8.530311+6.220551i
3.509524+5.132495i 4.018080+0.759667i 2.399162+1.233189i 1.839078+2.399525i
4.172671+0.496544i 9.027161+9.447872i 4.908641+4.892526i 3.377194+9.000538i];
dlmwrite('examp02_109.txt',x,'delimiter',',','newline','pc')
```

8. fprintf 函数将数据写入 TXT 文件

常用调用格式如下：

```
count=fprintf(fid,format,A,...)
```

例 8.1.12　调用 dlmwrite 函数将数据矩阵写入文件 examp02_101.txt.

% 产生一个 8 行 5 列的随机矩阵,其元素服从 [0,10] 上的均匀分布

% 以写入方式打开文件,返回文件标识符

% 把矩阵 x 以指定格式写入文件 examp02_101.txt

% 关闭文件

```
x=10*rand(8,5);
fid=fopen('examp02_101.txt','wt');
fprintf(fid,'%-f%-f%-f%-f%-f%-f%-f%-f\n',x);
fclose(fid);
```

注意,调用 fprintf 函数写入数据或在屏幕上显示数据时,format 参数指定的格式循环作用在矩阵的列上,原始矩阵的列在文件中或屏幕上就变成了行.

8.1.2　Excel 文件的导入与导出

1. 调用 xlswrite 函数读取 Excel 文件

常用调用格式如下:

```
x=xlsread(filename,sheet,range)
```

例 8.1.13　用 xlsread 向导读取文件 examp02_14.xls 第 1 个工作表中区域 A2:G4 的数据,其中,examp02_14.xls 部分数据见表 8.1.5.

表 8.1.5　数据表

序号	班名	学号	姓名	平时成绩	期末成绩	总成绩	备注
1	60101	6010101	陈亮	0	63	63	
2	60101	6010102	李旭	0	73	73	
3	60101	6010103	刘鹏飞	0	0	0	缺考
4	60101	6010104	任时迁	0	82	82	
5	60101	6010105	苏宏宇	0	80	80	
⋮	⋮	⋮	⋮	⋮	⋮	⋮	⋮

代码如下:

```
x=xlsread('examp02_14.xls','A2:G4')    %返回读取的数据矩阵 x
```

读取后返回值如下:

```
x=
    1    60101    6010101    NaN    0    63   63
    2    60101    6010102    NaN    0    73   73
    3    60101    6010103    NaN    0    0    0
```

利用 xlsread 函数读取 Excel 文件,十分灵活方便,可以选取所需范围内的数据.

2. 调用 xlswrite 函数将数据写入 Excel 文件

常用调用格式如下:

```
xlswrite(filename,M,sheet,range)
```

例 8.1.14   生成一个 10×10 的随机数矩阵，将它写入 Excel 文件 examp02_15.xls 的第 2 个工作表的指定区域.

代码如下：

```
% 生成一个10行10列的随机矩阵,其元素服从从[0,1]上的均匀分布
% 把矩阵x写入文件examp02_15.xls的第2个工作表中的单元格区域D6:M15,并返回操作
  信息
x=rand(10);
[s,t]=xlswrite('examp02_15.xls',x,2,'D6:M15');
```

例 8.1.15   定义一个元胞数组，将它写入 Excel 文件 examp02_15.xls 的自命名工作表的指定区域.

代码如下：

```
% 定义一个元胞数组x
% 把元胞数组x写入文件examp02_15.xls的指定工作表(xiezhh)中的单元格区域A3:F5
x={1,60101,6010101,'陈亮',63,'';2,60101,6010102,'李旭',73,'';3,60101,...
   6010103,'刘鹏飞',0,'缺考'}
xlswrite('examp02_15.xls',x,'xiezhh','A3:F5');
```

利用 xlswrite 保存 Excel 文件，既可以写入数值型文件，也可以写入字符串文件，并写入指定位置.

8.1.3   总结与体会

利用 MATLAB 函数可以方便地读取 TXT、DAT 和 Excel 类型的数据，不同的函数使用规则不同，适用数据类型也不同. 对于简单、规整的数值型数据，直接用 load 等函数即可；对于复杂数据可以用 textread、textscan 函数导入；对于 Excel 类型数据一般采用 xlsread 函数导入. 与导入函数相应的，还有数据写入函数. 数据的读取/写入常用数据处理函数，需要平时多加练习，熟能生巧，对于批量文件数据的导入，应写程序利用循环实现，方便快捷. 对此类函数的学习，仅是数据处理的初步获取，接下来还需要对数据进行预处理. 下一节将主要介绍各类数据预处理的常用方法.

8.2   数据的预处理

8.2.1   插值与拟合

在数学建模中，经常会遇到大量的数据需要处理,而处理数据的关键就在于这些算法、数据拟合、插值、异常点检测等相关算法，在很多赛题中都有体现，例如，1998 年美国数学建模竞赛 A 题生物组织切片的三维插值处理、1994 年 A 题山体海拔高度的插值计算、2003 年"非典"问题都要用到数据拟合算法，观察数据的走向进行处理，2001 年的公交车调度拟合问题、2003 年的饮酒驾车拟合问题、2005 年的雨量预报的评价都需要进行插值计

算，2011 年的重金属污染问题、2012 年太阳能小屋设计等都需要用到插值与拟合.

在实际中，常常要处理由实验或测量所得到的一些离散数据. 插值与拟合方法就是要通过这些数据去确定某一类已知函数的参数或寻求某个近似函数，使所得到的近似函数与已知数据有较高的拟合精度.

若要求这个近似函数（曲线或曲面）经过所有已知的数据点，则称此类问题为插值问题（不需要函数表达式）. 若不要求近似函数通过所有数据点，而是要求它能较好地反映数据变化规律，则称此类问题为数据拟合（必须有函数表达式），该近似函数（曲线或曲面）不一定通过所有的数据点.

由插值与拟合的定义可以看出，插值与拟合既有联系又有区别，总结如下：

（1）联系.

插值与拟合都是根据实际中一组已知数据来构造一个能够反映数据变化规律的近似函数的方法.

（2）区别.

插值问题不一定得到近似函数的表达形式，仅通过插值方法找到未知点对应的值；而数据拟合要求得到一个具体的近似函数的表达式.

由于拟合问题可以归结为回归问题，本小节只介绍插值的相关算法，这些算法的核心就是插值函数的构造，选用不同类型的插值函数，逼近的效果就不同，一般有拉格朗日插值、分段线性插值、埃尔米特（Hermite）插值、三次样条插值.

下面以拉格朗日插值法介绍其基本理论及其 MATLAB 实现.

1. 拉格朗日插值法

假设有 $n+1$ 个观测数据，见表 8.2.1，插值的基本思想就是要找一个函数 $y=f(x)$，使其通过所有的观测点，即 $y_i=f(x_i)\,(i=0,1,2,\cdots,n)$.

表 8.2.1　观测数据

观测点	x_0	x_1	$\cdots$	x_{n-1}	x_n
观测值	y_0	y_1	$\cdots$	y_{n-1}	y_n

拉格朗日插值法是通过构造一个 n 次多项式函数系（称为基函数），由这些函数系构造出插值函数. 拉格朗日插值法的基函数为

$$l_i(x)=\frac{(x-x_0)(x-x_1)\cdots(x-x_{i-1})(x-x_{i+1})\cdots(x-x_n)}{(x_i-x_0)(x_i-x_1)\cdots(x_i-x_{i-1})(x_i-x_{i+1})\cdots(x_i-x_n)}$$

$$=\prod_{\substack{j=0\\j\neq i}}^{n}\frac{(x-x_j)}{(x_i-x_j)}\quad(i=0,1,\cdots,n)$$

$l_i(x)$ 是 n 次多项式，显然满足

$$l_i(x)=\begin{cases}0,&j\neq i\\1,&j=i\end{cases}$$

最后构造的拉格朗日插值函数为

$$l_n(x) = \sum_{i=0}^{n} y_i l_i(x) = \sum_{i=0}^{n} y_i \left[\prod_{\substack{j=0 \\ j \neq i}}^{n} \frac{(x-x_j)}{(x_i-x_j)} \right]$$

其中，x_i 为观测点，y_i 为观测值. 显然，该函数通过已知的所有观测点，即

$$l_n(x_i) = y_i \quad (i = 0,1,2,\cdots,n)$$

在 MATLAB 中提供了相应的插值函数命令，可直接调用，常用命令如下：

interp1   一维插值
intep2   二维插值
interp3   三维插值
interpn n 维插值

下面通过案例说明用 MATLAB 进行插值的具体用法.

2. 一维插值

MATLAB 中一维插值函数调用格式如下：

```
yi=interp1(x,y,xi,'method')
```

其中，yi 为返回 xi 处的插值结果；x, y 为插值结点，即观测数据向量，需要长度一致，同时要求 x 单调；xi 为被插值点，注意不能超过 x 的范围；'method'为所用的插值方法，MATLAB 中提供了如下的插值方法对应选项参数：

'nearest'   最邻近插值
'linear'   线性插值
'spline'   三次样条插值
'cubic'   立方插值
缺省时   分段线性插值

例 8.2.1 从 1 点到 12 点的 11 h 内，每隔 1 h 测量一次温度，测得的温度的数值依次为 5，8，9，15，25，29，31，30，22，25，27，24（单位：℃）. 试估计每隔 1/10 h 的温度值.

解 用 MATLAB 编程如下（三次样条插值）：

```
hours=1:12;                                    %观测点
temps=[5 8 9 15 25 29 31 30 22 25 27 24];      %观测值
h=1:0.1:12;                                    %插值结点,步长为0.1
t=interp1(hours,temps,h,'spline');             %三次样条插值
plot(hours,temps,'+',h,t,hours,temps,'r:')     %作图
xlabel('时间'),
ylabel('温度');
legend('观测值','插值后温度变化值')
```

插值结果如图 8.2.1 所示.

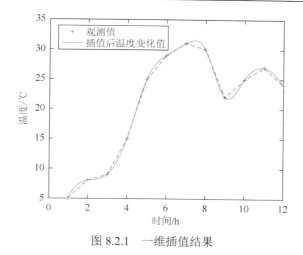

图 8.2.1　一维插值结果

3. 二维插值

MATLAB 中二维插值与一维插值的用法类似，调用格式如下：

```
z=interp2(x0,y0,z0,x,y,'method')
```

其中，x0, y0, z0 为插值结点，即观测数据向量，需要长度一致，同时要求 x0, y0 单调；x, y 为被插值点，注意不能超过 x0, y0 的范围；'method'为所用的插值方法，MATLAB 中提供了如下的插值方法对应选项参数：

'nearest'　　最邻近插值

'linear'　　双线性插值

'cubic'　　双三次插值

缺省时　　双线性插值

例 8.2.2　（山区地貌绘制）在某山区测得一些地点的高程见表 8.2.2. 平面区域为 $1\,200 \leqslant x \leqslant 4\,000, 1\,200 \leqslant y \leqslant 3\,600$. 试作出该山区的地貌图和等高线图.

表 8.2.2　坐标高程数据

y/m \ x/m	1 200	1 600	2 000	2 400	2 800	3 200	3 600	4 000
1 200	1 130	1 250	1 280	1 230	1 040	900	500	700
1 600	1 320	1 450	1 420	1 400	1 300	700	900	850
2 000	1 390	1 500	1 500	1 400	900	1 100	1 060	950
2 400	1 500	1 200	1 100	1 350	1 450	1 200	1 150	1 010
2 800	1 500	1 200	1 100	1 550	1 600	1 550	1 380	1 070
3 200	1 500	1 550	1 600	1 550	1 600	1 600	1 600	1 550
3 600	1 480	1 500	1 550	1 510	1 430	1 300	1 200	980

解　MATLAB 程序编写如下：

```
x=1200:400:4000;
y=1200:400:3600;
```

```
z=[1130    1250    1280    1230    1040     900     500     700
   1320    1450    1420    1400    1300     700     900     850
   1390    1500    1500    1400     900    1100    1060     950
   1500    1200    1100    1350    1450    1200    1150    1010
   1500    1200    1100    1550    1600    1550    1380    1070
   1500    1550    1600    1550    1600    1600    1600    1550
   1480    1500    1550    1510    1430    1300    1200     980
];
% mesh(x,y,temps)
xi=1200:50:4000;
yi=1200:50:3600;
zi=interp2(x,y,z,xi',yi,'cubic');
meshc(xi,yi,zi);      %绘制带等值线的二维曲面图
zlabel('高程');
```

插值结果如图 8.2.2 所示.

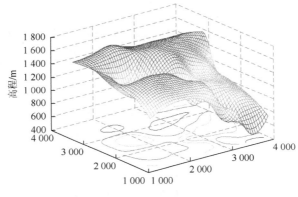

图 8.2.2   二维插值后的曲面图

4. 散乱结点插值

前面介绍的是观测点必须满足单调条件，但实际问题往往出现观测点是散乱的情况，对此，MATLAB 提供了插值函数 griddata，其调用格式如下：

```
cz=griddata(x,y,z,cx,cy,'method')
```

参数说明同二维插值，不过 MATLAB 提供了一个自带的插值方法，其选项参数为"v4".

例 8.2.3   在某海域测得一些点 (x, y) 处的水深 z，见表 8.2.3，船的吃水深度为 5 inch，在矩形区域 $(75, 200) \times (-50, 150)$ 里的哪些地方船要避免进入？

表 8.2.3   海面坐标及海底深度

x	129	140	103.5	88	185.5	195	105
y	7.5	141.5	23	147	22.5	137.5	85.5
z	4	8	6	8	6	8	8

续表

x	157.5	107.5	77	81	162	162	117.5
y	−6.5	−81	3	56.5	−66.5	84	−33.5
z	9	9	8	8	9	4	9

解　该问题分如下四步进行：

（1）输入插值结点；

（2）在矩形区域(75, 200)×(−50, 150)进行插值；

（3）作海底曲面图；

（4）作出水深小于 5 inch 的海域范围，即 $z=5$ 的等高线.

用 MATLAB 编程如下：

程序一：插值并作海底曲面图.

```
x=[129.0 140.0 103.5   88.0 185.5 195.0 105.5
   157.5 107.5  77.0  81.0 162.0 162.0 117.5];
y=[ 7.5 141.5 23.0 147.0  22.5 137.5  85.5
   -6.5 -81.0  3.0  56.5 -66.5  84.0 -33.5];
z=[4 8 6 8 6 8 9 9 8 8 9 4 9];
x1=75:1:200;
y1=-50:1:150;
[x1,y1]=meshgrid(x1,y1);
z1=griddata(x,y,z,x1,y1,'v4');    %用 MATLAB 自带的 v4 插值方法
meshc(x1,y1,z1);                  %绘制海底深度曲面
```

运行结果如图 8.2.3 所示.

程序二：插值并作出水深小于 5 inch 的海域范围.

```
x1=75:1:200;
y1=-50:1:150;
[x1,y1]=meshgrid(x1,y1);
z1=griddata(x,y,z,x1,y1,'v4');  %插值
z1(z1>=5)=nan;                  %将水深大于 5 的置为 nan,这样绘图就不会显示出来
meshc(x1,y1,z1)
```

运行结果如图 8.2.4 所示.

5. 总结与体会

插值是数学建模前的准备工作，当实际问题提供的数据较少或比较混乱，而建模的目的又需要从已给的数据找出相应的时，就需要使用插值方法. 特别是在地形地貌的绘制中，插值具有举足轻重的作用；另外，在缺失值的补全中，也经常使用插值方法. 一般来讲，各种插值方法没有优劣之分，因此，可以选用任意一种插值方法.

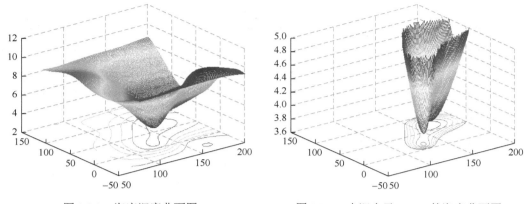

图 8.2.3　海底深度曲面图　　　　　　图 8.2.4　水深小于 5 inch 的海底曲面图

8.2.2　异常点检测

以往我们多从宏观角度进行住院费用研究，现在，住院费用的异常数据挖掘算法，使得从微观角度针对单个病例的住院费用监管成为可能．这样，一方面，可以有效地找出不合理的医疗费用支出，找出不规范的医疗行为，控制医疗费用不合理上涨；另一方面，可以找出一些违规的操作和错误的录入信息，规范新农合的信息管理，加强新农合的监管力度．这就是如何发掘"异常（outlier）"数据的问题．

现有数据挖掘研究大多集中于发现适用于大部分数据的常规模式，在许多应用领域中，异常数据通常作为噪音而被忽略，许多数据挖掘算法试图降低或消除异常数据的影响．而在有些应用领域，识别异常数据是许多工作的基础和前提，异常数据会给我们带来新的视角．例如，在欺诈检测中，异常数据可能意味着欺诈行为的发生；在入侵检测中，异常数据可能意味着入侵行为的发生．

什么是异常数据？不同的学者提出不同的定义，这里用霍金斯（Hawkins）的定义：异常数据是在数据集中偏离大部分数据的数据，使人怀疑这些数据的偏离并非由随机因素产生，而是产生于完全不同的机制．

异常挖掘（outlier mining）问题由两个子问题构成：

（1）如何度量异常；

（2）如何有效发现异常．

不同的异常点挖掘方法就是通过不同的异常度量方法，构造异常点得分（outlier score），从而发现异常点．

1. 基于统计的异常检测

假定用一个参数模型来描述数据的分布（如正态分布），应用基于统计分布的异常点检测方法依赖于三个因素：数据分布、参数分布（如均值或方差）以及期望异常点的数目．

异常点是一个对象，在数据的概率分布模型中，它具有低概率，而数据的概率分布模

型通过估计用户指定的分布及参数，由数据创建. 例如，假定数据具有高斯（Guass）分布，则基本分布的均值和标准差可以通过计算数据的均值和标准差来估计，然后可以估计每个对象在该分布下的概率. 基于统计的异常点检测方法，就是在估计出数据的分布后，找出那些小概率出现的数据点. 例如，若数据来自标准正态分布 $N(0,1)$，则对象落在 3 标准差的中心区域以外的概率仅有 0.002 7，在统计意义下，可以认为这样的数据点异常程度为 1–0.002 7. 更一般地，若 x 是属性值，则 $|x| \geqslant c$ 的概率随 c 增加而迅速减小.

假设数据服从标准化正态分布，则异常点检测步骤如下：

（1）给定阈值 α，用来衡量异常程度；

（2）找出 $P\{|x| \geqslant c\} = \alpha$ 对应的常数 c；

（3）$|x| \geqslant c$ 的点即为异常点.

基于统计方法，异常点检测技术的优缺点如下：

（1）优点.

①异常点检测的统计学方法具有坚实的基础，建立在标准的统计学技术（如分布参数的估计）之上；

②当存在充分的数据和所用检验类型的知识时，这些检验可能非常有效.

（2）缺点.

①大部分统计方法都是针对单个属性的，针对多元数据技术的方法较少；

②在许多情况下，数据分布是未知的；

③对于高维数据，很难估计真实的分布.

2. 基于距离的异常检测

基于距离的异常检测方法的基本思想是：一个对象是异常的，如果它远离大部分其他对象. 该方法的优点在于：确定数据集有意义的邻近性度量比确定它的统计分布更容易，综合了基于分布的思想，克服了基于分布方法的主要缺陷. 常用的基于距离的异常点检测方法是：利用 k 个最邻近距离的大小来判定异常的方法，通常简称为 KNN 异常点检测方法. 该方法使用 k 个最邻近距离来度量一个对象是否远离大部分点，即一个对象的异常得分为该对象到它的 k 个最邻近距离之和 d. 这种方法对 k 的取值比较敏感，若 k 太小（如 1），在给定阈值 t 的前提下，则大部分数据的异常程度都很小 $(d < t)$；若 k 太大，则很可能大部分数据都成了异常点 $(d > t)$.

KNN 异常点检测方法计算步骤如下：

（1）计算各样本点两两之间的距离矩阵；

（2）依据距离矩阵建立 k 邻近列表；

（3）计算每个点与 k 个最邻近距离之和 Sum_KNN；

（4）检测异常，确定阈值 t，只要 Sum_KNN $> t$，则该样本点被认为是异常点.

基于距离的异常点检测方法有两大缺点：

（1）时间复杂度 $O(n^2)$ 不适用于大数据集.

（2）不能处理不同密度区域的数据集，因为它使用全局阈值，不能考虑密度的变化.

3. 使用相对密度的异常点检测（LOF）

当数据集含有多种分布或数据集由不同密度子集混合而成时，数据是否异常不仅取决于它与周围数据的距离大小，而且与邻域内的密度状况有关. 密度的两种不同理解如下：

（1）到 k 个最邻近距离的大小；

（2）最邻近邻域内对象的个数.

使用相对密度的异常点检测方法：首先确定样本点 x 的 k 个最邻近距离 $y_1, y_2, \cdots, y_k$，再确定每个 y_j（$j = 1, 2, \cdots, k$）的 k 个最邻近距离，并计算每个 y_j 到它的最邻近的距离之和，由此确定每个样本点 x 的相对密度，具体计算公式如下：

$$\mathrm{density}(x, k) = \left[\frac{\sum\limits_{y \in N(x,k)} \mathrm{distance}(x, y)}{|N(x, k)|}\right]^{-1} \qquad ①$$

$$\mathrm{relativedensity}(x, k) = \frac{\mathrm{density}(x, k)}{\sum\limits_{y \in N(x,k)} \mathrm{density}(y, k) / |N(x, k)|} \qquad ②$$

$$\mathrm{LOF}(x, k) = 1 / \mathrm{relativedensity}(x, k) \qquad ③$$

其中，$N(x, k)$ 为包含 x 的 k 个最邻近距离的集合，$|N(x, k)|$ 为该集合的大小，y 为一个最邻近距离.

公式①计算 x 的 k 个最邻近构成的密度；公式②计算 x 的相对密度，它考虑了 x 的每个最邻近距离 y_j 的密度；公式③定义异常度，相对密度越小，异常分值越大.

LOF 异常点检测方法计算步骤如下：

（1）计算各样本点两两之间的距离矩阵；

（2）依据距离矩阵建立每个样本点 x 的 k 个邻近列表；

（3）对样本点 x 的每个近邻 y_j 建立相应的 k 个邻近列表；

（4）按公式①计算 y_j 的 k 个邻近密度；

（5）按公式①计算 x 的 k 个邻近密度；

（6）检测异常点，确定阈值 t，只要异常值 $\mathrm{LOF} > t$，则该样本点被认为是异常点.

簇内靠近核心点的对象的相对密度（LOF）接近于 1 或小于 1，而处于簇的边缘或是簇的外面的对象的 LOF 相对较大.

基于密度的异常检测的缺点如下：

（1）结果对参数 k 的选择很敏感，尚没有一种简单、有效的方法来确定合适的参数 k；

（2）时间复杂度为 $O(n^2)$，难以用于大规模数据集；

（3）需要有关异常因子阈值或数据集中异常数据个数的先验知识，在实际使用中有时由于先验知识不足会造成一定的困难.

4. 基于聚类的异常检测

物以类聚——相似的对象聚合在一起，基于聚类的异常点检测方法有两个共同特点：

（1）先采用特殊的聚类算法处理输入数据而得到聚类，然后在聚类的基础上来检测异常；

（2）只需要扫描数据集若干次，效率较高，适用于大规模数据集.

基于聚类的异常点检测方法计算步骤如下：

（1）把所有样本按某个聚类方法进行聚类，假设聚为 k 类：$C_1, C_2, \cdots, C_k$；

（2）对于每个对象 p，计算该对象到每个类之间的距离 $d(p, C_i)$；

（3）计算每个对象 p 的异常因子得分 $\mathrm{OF}(p) = \sum_{j=1}^{k} \dfrac{|C_j|}{|D|} \cdot d(p, C_j)$；

（4）计算所有对象的因子异常得分的平均值 Ave_OF 和标准差 Dev_OF；

（5）奇异值标定，若 $\mathrm{OF}(p) \geqslant \mathrm{Ave\_OF} + \beta \cdot \mathrm{Dev\_OF}\,(1 \leqslant \beta \leqslant 2)$，则为奇异值，通常取 $\beta = 1$ 或 1.285.

其中，对象 p 到每个类之间的距离 $d(p, C_i)$ 有两种计算方法：

（1）p 与类 C_i 的重心之间的距离；

（2）p 与类 C_i 中每个样本之间的距离的平均值.

以上异常点检测方法也称为两阶段法，简称为 TOD.

例 8.2.4　分别用基于距离、基于密度和基于聚类的方法找出附件数据表 A 中的异常数据.

解　该数据表给出了 42 个样本，每个样本有 16 个属性.

（1）基于距离的方法.

为了编程方便，先编写了一个函数：

```
NNK=sumd(x,y)
```

其中，x 为矩阵，y 为行向量，返回值 NNK 为 y 与矩阵 x 中每个行向量的距离之和.

根据前文给出的算法步骤，编写的 MATLAB 程序，程序详情见在线小程序.

运行结果：第 38 号样本为异常点.

（2）基于密度的方法.

为了编程方便，先定义函数如下：

```
function NNK=nnk(x,K,y)
```

其中，x 为矩阵，y 为行向量，k 为临近数，返回值 NNK 为向量 y 相对矩阵 x 的 k 邻域密度.

然后参照 LOF 异常点检测方法计算步骤编写程序，阈值取 1.1，程序详情见在线小程序.

运行结果：找出的异常点为 1，2，18，32 号样本.

（3）基于聚类的方法.

程序详情见在线小程序.

运行结果：找出的异常点为 35，38，40 号样本.

5. 总结与体会

异常点的检测是在数学建模前很重要的数据预处理步骤，各种检测方法各有优缺点，目前尚无充分的理论证明哪一种检测方法最好，通常可用卡巴（Kappa）检验方法确定不同检测方法之间的一致性，但在数学建模前先检测可能的异常点数据是必不可少的步骤之一.

8.3　支持向量机

　　支持向量机（support vector machines，SVM）是机器学习中的重要算法，该方法比较有效地避免了"维数灾难"，也适合小样本问题，它通过核函数技术，可以有效地解决非线性问题．目前，该方法在机器学习和人工智能中应用非常广泛．

　　支持向量机主要应用于分类和预测问题，本节将介绍支持向量机的分类原理及其MATLAB 实现．

8.3.1　最优分类超平面

　　设训练数据集为$(X_1,y_1),(X_2,y_2),\cdots,(X_l,y_i)$，其中，$X_i \in \mathbf{R}^n$ 为样本属性，$y_i \in \{1,-1\}$ $(i=1,2,\cdots,l)$．若这个向量集（即训练数据集）被某超平面没有错误地分开，且离超平面最近的向量与超平面之间的距离之和最大，则称此超平面为此向量集的最优（分类）超平面．

　　设该最优分类超平面方程为$\boldsymbol{W} \cdot \boldsymbol{X} + \boldsymbol{b} = \boldsymbol{0}$，显然，该超平面方程的左边即可作为分类判别函数，关键需要确定超平面的两个参数：法向量$\boldsymbol{W}$ 和截距$\boldsymbol{b}$．为了求解这两个参数，结合训练数据，可以作如下假设：

$$\min_{X_i} |\boldsymbol{W} \cdot X_i + \boldsymbol{b}| = 1$$

即假设训练数据离最优分类超平面的最短距离为 1，这样最优分类超平面应该满足如下条件：

$$\begin{cases} (\boldsymbol{W} \cdot X_i + \boldsymbol{b}) \geqslant 1, & y_i = 1 \\ (\boldsymbol{W} \cdot X_i + \boldsymbol{b}) \leqslant -1, & y_i = -1 \end{cases}$$

统一写为

$$(\boldsymbol{W} \cdot X_i + \boldsymbol{b})y_i \geqslant 1$$

　　根据点到平面的距离公式，训练样本到超平面的最短距离为

$$d = \frac{1}{\|\boldsymbol{W}\|^2}$$

为了求该距离的最大值点，可以把目标转化为

$$\min \frac{\boldsymbol{W} \cdot \boldsymbol{W}}{2}$$

因此，求解最优分类超平面，转化为求解如下二次规划模型：

$$\min\frac{\boldsymbol{W}\cdot\boldsymbol{W}}{2}$$

$$\text{s.t.}\,(\boldsymbol{W}\cdot X_i+\boldsymbol{b})y_i\geqslant 1\,(i=1,2,\cdots,l)$$

该优化模型直接求解比较困难，为此引入拉格朗日函数：

$$L(\boldsymbol{W},\boldsymbol{b},\boldsymbol{\alpha})=\frac{\boldsymbol{W}\cdot\boldsymbol{W}}{2}-\sum_{i=1}^{l}\alpha_i[(\boldsymbol{W}\cdot X_i+\boldsymbol{b})y_i-1]$$

其中，$\alpha_i\geqslant 0$，为拉格朗日乘子.

令

$$\begin{cases}\dfrac{\partial L(\boldsymbol{W},\boldsymbol{b},\boldsymbol{\alpha})}{\partial \boldsymbol{W}}=0\\[2mm]\dfrac{\partial L(\boldsymbol{W},\boldsymbol{b},\boldsymbol{\alpha})}{\partial \boldsymbol{b}}=0\end{cases}$$

得到

$$\begin{cases}\boldsymbol{W}=\displaystyle\sum_{i=1}^{l}\alpha_i y_i X_i\\[2mm]\displaystyle\sum_{i=1}^{l}\alpha_i y_i=0\end{cases}$$

将该结果代入拉格朗日函数，化简得到

$$L(\boldsymbol{W},\boldsymbol{b},\boldsymbol{\alpha})=-\frac{1}{2}\sum_{i,j=1}^{l}(\alpha_i y_i X_i)\cdot(\alpha_j y_j X_j)+\sum_{i=1}^{l}\alpha_i$$

这样可以将原二次规划转化为求对偶问题：

$$\max=-\frac{1}{2}\sum_{i,j=1}^{l}(\alpha_i y_i X_i)\cdot(\alpha_j y_j X_j)+\sum_{i=1}^{l}\alpha_i$$

$$\text{s.t.}\begin{cases}\displaystyle\sum_{i=1}^{l}\alpha_i y_i=0\\[2mm]\alpha_i\geqslant 0\end{cases}\qquad\qquad④$$

求解二次规划，得到 $\boldsymbol{\alpha}=(\alpha_1,\alpha_1,\cdots,\alpha_l)$，进而得到超平面的法向量为

$$\boldsymbol{W}=\sum_{i=1}^{l}\alpha_i y_i X_i$$

再由库恩-塔克（Kuhn-Tucker）条件可知，在最优解处约束条件和拉格朗日乘子满足：

$$\alpha_i[(\boldsymbol{W}\cdot X_i+\boldsymbol{b})y_i-1]=0$$

因此，可以选取某个 $\alpha_i>0$ 的 i 求出截距 $\boldsymbol{b}=y_i-\boldsymbol{W}\cdot X_i$.

从上面结果可以看出，超平面的法向即为输入向量的线性组合，且 $\alpha_i \neq 0\,(\alpha_i > 0)$ 对应的 X_i 才起支撑作用，这就是支持向量机的命名来源.

得到超平面的法向量和截距后，即可将超平面作为分类判别函数，即构造判别函数如下：

$$f(X) = \mathrm{sgn}\left\{\sum_{i=1}^{l}\alpha_i y_i X_i \cdot \boldsymbol{X} + \boldsymbol{b}\right\}$$

判别规则如下：

（1）　$f(\boldsymbol{X}) > 0$，则 $\boldsymbol{X}$ 判为 +1 所在类；

（2）　$f(\boldsymbol{X}) < 0$，则 $\boldsymbol{X}$ 判为 −1 所在类.

若实际问题不能完全满足约束条件：

$$(\boldsymbol{W} \cdot X_i + \boldsymbol{b})y_i \geq 1 \quad (i = 1, 2, \cdots, l)$$

则引入松弛变量 $\xi_i \geq 0\,(i = 1, 2, \cdots, l)$ 对分类间隔进行"软化"，即约束条件改为

$$(\boldsymbol{W} \cdot X_i + \boldsymbol{b})y_i \geq 1 - \xi_i \quad (i = 1, 2, \cdots, l)$$

同时，为避免 ξ_i 取太大的值，在目标函数中要对其进行惩罚，即需要引入惩罚系数 C，这样对应的优化模型为

$$\min \frac{\boldsymbol{W} \cdot \boldsymbol{W}}{2} + C\sum_{i=1}^{l}\xi_i$$

$$\mathrm{s.t.}\begin{cases}(\boldsymbol{W} \cdot X_i + \boldsymbol{b})y_i \geq 1 - \xi_i \\ \xi_i \geq 0\end{cases} \quad (i = 1, 2, \cdots, l)$$

同样构造拉格朗日函数：

$$L(\boldsymbol{W}, \boldsymbol{b}, \boldsymbol{\xi}, \boldsymbol{\alpha}, \boldsymbol{\gamma}) = \frac{\boldsymbol{W} \cdot \boldsymbol{W}}{2} + C\sum_{i=1}^{l}\xi_i - \sum_{i=1}^{l}\alpha_i[(\boldsymbol{W} \cdot X_i + \boldsymbol{b})y_i - 1 + \xi_i] + \sum_{i=1}^{l}\gamma_i\xi_i$$

其中，$\alpha_i \geq 0$，$\xi_i \geq 0$，$\gamma_i \geq 0\,(i = 1, 2, \cdots, l)$.

按前面的方法，令相应的偏导数为 0，再回代，同理可以得到相应的对偶二次规划为

$$\max = -\frac{1}{2}\sum_{i,j=1}^{l}(\alpha_i y_i X_i) \cdot (\alpha_j y_j X_j) + \sum_{i=1}^{l}\alpha_i$$

$$\mathrm{s.t.}\begin{cases}\sum_{i=1}^{l}\alpha_i y_i = 0 \\ 0 \leq \alpha_i \leq C\end{cases}$$

⑤

进而得到相应的判别函数为

$$f(\boldsymbol{X}) = \mathrm{sgn}\left\{\sum_{i=1}^{l}\alpha_i y_i X_i \cdot \boldsymbol{X} + \boldsymbol{b}\right\}$$

从以上推导可以发现，最优分类超平面的求解只需要解决两个关键问题：

（1）二次规划；

（2）内积计算.

若原来的数据为非线性可分类问题，则上面构造的分类函数无能为力；但是，若将原空间的数据映射到更高维空间中，则在映射后的空间中仍然可能线性可分. 按上面分析，只需要解决映射后空间中的内积运算. 为此，引入核函数 $K(X, Y)$ 来代替高维空间中的内积运算. 常见的核函数如下：

（1）线性核函数：

$$K(X, Y) = X \cdot Y$$

（2）多项式核函数：

$$K(X, Y) = [(X \cdot Y) + 1]^q$$

（3）径向基核函数：

$$K(X, Y) = \exp\left\{ -\frac{\|X - Y\|^2}{\sigma^2} \right\}$$

（4）S 形内核函数：

$$K(X, Y) = \tanh[v(X \cdot Y) + C]$$

通过引入核函数，与前文推导类似，可以构造映射到高维空间中的最优分类超平面，例如，模型⑤可以转化为

$$\max = -\frac{1}{2} \sum_{i,j=1}^{l} [\alpha_i y_i K(X_i \cdot X_j) \alpha_j y_j] + \sum_{i=1}^{l} \alpha_i$$

$$\text{s.t.} \begin{cases} \sum_{i=1}^{l} \alpha_i y_i = 0 \\ 0 \leqslant \alpha_i \leqslant C \end{cases} \tag{⑥}$$

求解相应的二次规划得到 $\boldsymbol{\alpha} = (\alpha_1, \alpha_2, \cdots, \alpha_l)$，进而与待判样本 X 一起构造求出相应的截距为

$$\boldsymbol{b} = y_i - W \cdot X_i = y_i - \sum_{i=1}^{l} \alpha_i y_i K(X_i, X)$$

进而得到判别函数为

$$f(X) = \text{sgn}\left\{ \sum_{i=1}^{l} \alpha_i y_i K(X_i \cdot X) + \boldsymbol{b} \right\}$$

8.3.2　案例分析

例 8.3.1　（乳腺癌诊断）乳腺肿瘤通过穿刺采样进行分析可以确定其为良性或恶性。医学研究发现乳腺肿瘤病灶组织的细胞核显微图像的 30 个量化特征——细胞核直径、质地、周长、面积、光滑度、紧密度、凹陷度、凹陷点数、对称度、断裂度与该肿瘤的性质有密切的关系。现试图根据已获得的实验数据建立起一种诊断乳腺肿瘤是良性还是恶性的方法。数据来自确诊的 100 个病例，每个病例的一组数据包括采样组织中各细胞核的这 30 个特征量作为已知样本，通过训练支持向量机，对待判样本进行诊断。100 个病例数据与待判样本数据分别命名为 8.3.1-1 和 8.3.1-2，详情见在线小程序。

解　用从网络上下载支持向量机工具箱求解，工具箱文件夹名称为 regressSVM，该工具箱可以用支持向量机进行分类和回归。显然，此问题为二分类问题，因此调用工具箱的主函数 SVM_classify.m 进行求解，步骤如下：

（1）读取数据；

（2）用极差归一化方法对训练数据各指标进行归一化；

（3）确定训练样本的类别，第一类标记为 1，第二类标记为–1；

（4）用两类样本的前两个属性作散点图，观测类别的大概分布；

（5）选取径向基核函数对样本进行训练；

（6）将训练样本代入训练完的支持向量机中，检验训练效果；

（7）对未知类别的样本进行判别分类。

两类训练样本前两个属性散点图如图 8.3.1 所示。

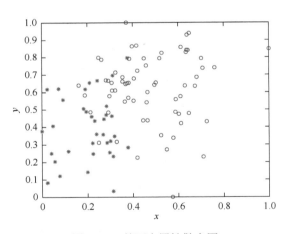

图 8.3.1　前两个属性散点图

经统计，训练效果正确率为 100%，因此可以用训练好的 SVM 对未知样本进行识别，其中有 100 个待判样本，识别结果见表 8.3.1。

表 8.3.1　待判样本识别结果

样本号	1	2	3	4	5	6	7	8	9	10
识别结果	−1	1	1	1	1	−1	−1	1	−1	−1
样本号	11	12	13	14	15	16	17	18	19	20
识别结果	1	1	−1	1	1	−1	1	−1	−1	−1
样本号	21	22	23	24	25	26	27	28	29	30
识别结果	1	−1	−1	1	1	1	−1	−1	1	−1
样本号	31	32	33	34	35	36	37	38	39	40
识别结果	1	−1	−1	−1	−1	−1	1	1	−1	1
样本号	41	42	43	44	45	46	47	48	49	50
识别结果	1	−1	1	1	1	1	1	1	−1	1
样本号	51	52	53	54	55	56	57	58	59	60
识别结果	1	−1	−1	1	1	1	−1	−1	1	1
样本号	61	62	63	64	65	66	67	68	69	70
识别结果	1	−1	−1	1	−1	1	1	−1	−1	1
样本号	71	72	73	74	75	76	77	78	79	80
识别结果	1	−1	−1	1	1	1	1	−1	1	1
样本号	81	82	83	84	85	86	87	88	89	90
识别结果	−1	−1	−1	1	−1	1	−1	1	1	1
样本号	91	92	93	94	95	96	97	98	99	100
识别结果	−1	1	1	−1	−1	1	−1	−1	−1	−1

8.3.3　总结与体会

　　支持向量机是现在比较流行的机器学习算法, 它可用于分类和回归, 这里只介绍了二分类原理, 对于多分类问题需要转化为二分类问题. 与神经网络相比, 该算法更适合小样本问题. 另外, 它还能有效解决高维问题, 在使用该方法时需要选取合适的核函数, 最好在前期对数据进行标准化等处理.

　　与神经网络类似, 该方法也类似于 "黑箱", 即不能得到显式的判别或回归函数.

参 考 文 献

高尚，杨静宇，2006. 群智能算法及其应用. 北京：中国水利水电出版社

黄友锐，2008. 智能优化算法及其应用. 北京：国防工业出版社

姜启源，谢金星，叶俊，2008. 数学模型. 3 版. 北京：高等教育出版社

刘承平，2002. 数学建模方法. 北京：高等教育出版社

刘勇，等，1995. 非数值并行计算——遗传算法. 北京：人民邮电出版社

曲庆云，等，2004. 统计分析方法. 北京：清华大学出版社

司守奎，孙玺菁，2016. 数学建模算法与应用. 北京：国防工业出版社

汪晓银，等，2018. 数学建模方法入门及其应用. 北京：科学出版社

汪晓银，邹庭荣，2008. 数学软件与数学实验. 北京：科学出版社

吴启迪，汪镭，2006. 群能蚁群逢法及应用. 上海：上海科技教育出版社

谢金星，谢毅，2005. 优化建模与 LINDO/Lingo 软件. 北京：清华大学出版社

谢中华，2010. MATLAB 统计分析与应用——40 个案例分析. 北京：北京航空航天大学出版社

袁新生，邵大宏，郁时炼，2007. Lingo 和 Excel 在数学建模中的应用. 北京：科学出版社

赵静，但琦，2000. 数学建模与数学实验. 北京：高等教育出版社

周明，孙树栋，1999. 遗传算法原理及其应用. 北京：国防工业出版社